北大社 "十三五"普通高等教育本科规划教材
高等院校电气信息类专业"互联网+"创新规划教材

集成电路版图设计

(第2版)

主　编　陆学斌

副主编　董长春

北京大学出版社
PEKING UNIVERSITY PRESS

内 容 简 介

本书主要介绍集成电路版图设计，主要内容包括半导体器件和集成电路工艺的基本知识，集成电路常用元器件的版图设计方法，流行版图设计软件的使用方法，版图验证的流程，以及集成电路版图实例等。

本书适合作为高等院校微电子技术专业和集成电路设计专业版图设计课程的教材，也可作为集成电路版图设计者的参考书。

图书在版编目(CIP)数据

集成电路版图设计/陆学斌主编. —2版. —北京：北京大学出版社，2018.9
（高等院校电气信息类专业“互联网+”创新规划教材）
ISBN 978-7-301-29691-2

Ⅰ. ①集…　Ⅱ. ①陆…　Ⅲ. ①集成电路—电路设计—高等学校—教材　Ⅳ. ① TN402

中国版本图书馆 CIP 数据核字（2018）第 156973 号

书　　名	集成电路版图设计（第 2 版） JICHENG DIANLU BANTU SHEJI（DI - ER BAN）
著作责任者	陆学斌　主编
责 任 编 辑	程志强
数 字 编 辑	刘　蓉
标 准 书 号	ISBN 978-7-301-29691-2
出 版 发 行	北京大学出版社
地　　址	北京市海淀区成府路 205 号　100871
网　　址	http://www.pup.cn　新浪微博：@北京大学出版社
电 子 信 箱	pup_6@163.com
电　　话	邮购部 010 - 62752015　发行部 010 - 62750672　编辑部 010 - 62750667
印 刷 者	河北滦县鑫华书刊印刷厂
经 销 者	新华书店
	787 毫米×1092 毫米　16 开本　16.5印张　384 千字
	2012 年 11 月第 1 版
	2018 年 9 月第 2 版　2022年12月第 5 次印刷（总第 8 次印刷）
	总印数 16001—18000
定　　价	42.00 元

第 2 版前言

集成电路版图是电路设计与集成电路工艺之间必不可少的环节。通过集成电路版图设计，可以将立体的电路结构转变为二维的平面图形，再经过工艺加工使之转换为基于硅材料的立体结构。集成电路的版图设计起到了上承电路、下启集成电路芯片的重要作用。

随着科技的进步，芯片尺寸不断减小，集成电路的版图设计越来越重要，一个有经验的版图设计师可以为公司大大降低产品研发成本。相信随着集成电路技术的不断发展以及芯片特征尺寸的不断减小，版图设计工作将会越来越受到人们的重视和青睐。

经过多年的调查发现，市面上专门介绍集成电路版图设计知识的书籍比较少，很多都是在集成电路原理或超大规模集成电路设计书籍的一些章节中出现，这些章节往往都是在讲授复杂的工艺原理或电路设计，而且鉴于篇幅限制，对版图设计无法提供全面介绍；即使专门的版图设计书籍，通常也以理论介绍为主，读者在学习的时候总是感到晦涩难懂，实用性不高，动手操作性不强。目前，国内很多高校都设立了微电子技术专业，并把版图设计作为微电子技术专业一门重要的专业课，因此急需一本合适的以介绍版图设计为主要内容的教材。

本书从半导体器件理论基础入手，在讲授集成电路制造工艺的基础上，循序渐进地介绍了集成电路版图设计的基本原理与方法，分门别类地介绍了集成电路中常用器件的版图设计。本书的突出特点是：在讲解版图设计的过程中，尽量减少复杂的理论讲解，巧妙地将必需的理论讲解和工艺实践经验相结合，使读者能够明白版图设计是科学和经验二者的有机结合。在一些重要章节的最后一小节都有设计规则或设计经验的介绍，无论是对新手还是对有经验的设计者来说，都非常有帮助。书中的实例都是作者多年实践的结果，对读者具有指导性。为了方便读者阅读并使用，本书采用了“互联网+”教材模式，读者通过扫描相应位置的二维码便可获得相关知识链接、知识扩展和文件下载，从而亲自实践操作。

全书共分为 9 章：第 1 章、第 2 章、第 4 章、第 5 章、第 6 章和第 8 章由哈尔滨理工大学的陆学斌编写，第 3 章、第 7 章和第 9 章由哈尔滨理工大学的董长春编写。本书作为教材使用，建议各章节的学时安排如下：第 1 章和第 2 章主要讲解为了学习版图设计所需要的半导体器件和集成电路工艺的一些基础知识，如果专业课程体系中已经包含相关课程，则这两章应以学生自学复习为主，不占课时；第 3 章主要讲解操作系统和 Cadence 软件，这是上机操作的必备知识，最好在实验中讲解，建议学时为 12 实验学时——操作系统与软件使用介绍 2 实验学时，CMOS 反相器的电路图 2 实验学时，CMOS 反相器的版图设计 4 实验学时，CMOS 反相器的 DRC 验证 2 实验学时，CMOS 反相器的 LVS 验证 2 实验学时；第 4 章主要讲解电阻的版图设计，建议学时为 2 学时；第 5 章主要讲解电容和电感的版图设计，建议学时为 2 学时；第 6 章主要讲解二极管和外围器件的版图设计，建议学时为 2 学时；第 7 章主要讲解双极型晶体管的版图设计，建议学时为 2 学时；第 8 章主要讲解集成电路中最重要的器件——MOS 晶体管的版图设计，建议学时为 6 学时；第 9 章主要介绍集成电路版图设计实例，建议学时为 6 学时。总计：理论学时 20 学时，实验学时 12 学时。

本书在编写过程中得到了哈尔滨理工大学崔林海教授、任明远副教授和哈尔滨铁道职业技术学院孙伟副教授的热心帮助，北京大学出版社的程志强编辑在组织出版和编辑工作中给予了很大的支持，在此一并表示感谢！

由于编者水平有限，书中缺点在所难免，敬请读者批评指正！

编 者

2018 年 5 月

目　　录

第 1 章

半导体器件理论基础

【本章知识架构】

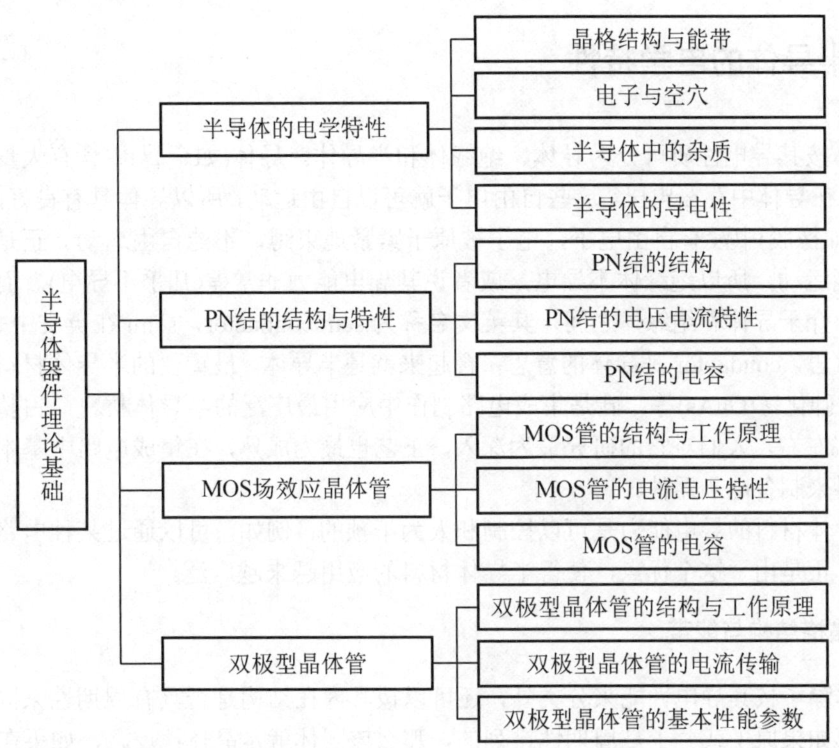

【本章教学目标与要求】

- 了解半导体材料的晶格结构与能带
- 了解半导体中的电子与空穴
- 熟悉半导体的掺杂与导电机理
- 掌握 PN 结的结构、基本原理、电流电压特性以及结电容
- 掌握 MOS 场效应晶体管的结构与工作原理
- 掌握 MOS 场效应晶体管的电流电压特性
- 了解 MOS 管的电容
- 了解双极型晶体管的结构与工作原理

【引言】

人们日常生活中总会直接或间接地使用或接触各式各样的集成电路芯片，例如，在手机的电路板上就有很多个正方形或长方形的集成电路芯片，这些芯片以模块的形式出现在手机中，完成各种功能。

集成电路芯片是利用半导体材料制成的。半导体是介于导体和绝缘体之间的一种材料，由于其具有独特的电学特性而得到了广泛的应用。本章主要介绍半导体物理和器件物理的相关理论知识，这些理论知识不但可以帮助大家深入了解半导体材料，而且也是学习集成电路版图设计的重要理论基础。

1.1 半导体的电学特性

固体按其导电性质可分为导体、绝缘体和半导体。导体(如金属)中含有大量的自由电子，如果在导体中存在电压，这些自由电子就可以自由运动，所以导体具有良好的导电性。绝缘体(如橡胶)中没有自由电子，电子被原子紧紧地束缚，不能自由运动。正是由于这些电子不能运动，所以绝缘体不导电，或者说其导电能力非常差(几乎不导电)。而半导体的导电能力介于导体和绝缘体之间，其英文名称为 semiconductor，semi 在英文中是准、半、部分的意思，conductor 是导体的意思，合起来就是半导体。最重要的半导体材料有硅(Si)、锗(Ge)和砷化镓(GaAs)等。硅是集成电路制作中应用最广泛的半导体材料，占整个电子材料的 95%左右，人们对它的研究最为深入，工艺也最为成熟，在集成电路中基本上都是使用硅材料来制备电子器件。

半导体材料的导电能力是可以控制和人为干预的，例如，可以通过某种电路控制它的导电性，正是由于这个优点，使得半导体材料的应用越来越广泛。

1.1.1 晶格结构与能带

固体除了按其导电性能来分类外，还可以按其内在结构是否具有周期性来区分。在固体的内部如果原子或分子是周期性排列的，那么该固体就是晶体；反之，如果在固体的内部原子或分子不是周期性排列的，该固体就是非晶体。集成电路制作所涉及的硅、锗和砷化镓等半导体材料都是晶体。半导体材料都能得到广泛的应用，主要归功于现在的制作工艺已经能够制作出非常纯净的、完美的半导体单晶材料。

硅、锗等半导体材料在化学元素周期表中都属于第Ⅳ族元素，原子的最外层都具有 4 个价电子。在硅、锗半导体晶体中，大量的硅、锗原子依靠共价键相结合，其晶格结构是金刚石型。这种结构的特点是：每个原子的周围都有 4 个最邻近的原子，这 5 个原子组成如图 1.1 所示的正四面体结构。在正四面体结构中，最邻近的 4 个原子位于四面体的 4 个顶角处，每一个顶角处的原子与中心原子各贡献一个价电子为该两个原子所共有，共有的电子在两个原子间形成共价键。于是在硅晶体中，每个原子都和邻近的 4 个原子形成 4 个共价键。将图 1.1 所示的正四面体累积起来就可以得到硅的金刚石型晶胞，如图 1.2 所示，

图 1.2 中 a 为硅的晶格常数，数值为 0.5431nm。

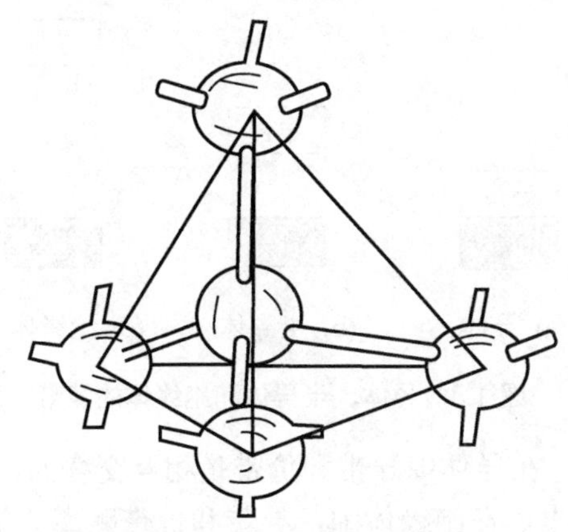

图 1.1　硅的正四面体结构

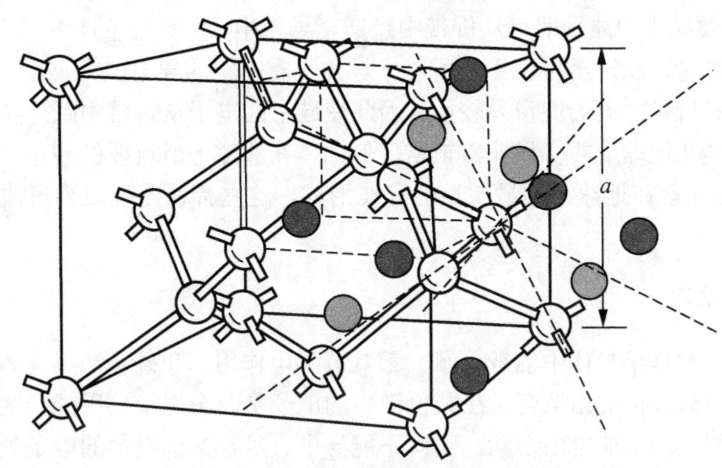

图 1.2　硅的金刚石型晶胞

硅的金刚石型晶胞是立方对称的。原子在晶胞中的排列情况如下：8 个原子位于立方体的 8 个顶角处，6 个原子位于立方体的 6 个面中心处；晶胞内部有 4 个原子，这 4 个原子分别位于立方体对角线的 1/4 处。

制作集成电路的半导体材料基本上都是晶体。晶体是由原子周期性排列构成，相邻原子之间的距离小于 1nm。正是由于这种紧密的排列，使得原子组成晶体后，原子核外的电子不再局限于某一个原子上，可以由一个原子转移到相邻的原子上，因此电子可以在整个晶体中运动，这称为电子的共有化，可以理解为电子不再只是属于某一个原子，而是属于整个晶体。为了描述电子的这种共有化运动，引入了能带结构，能带是表明电子在晶体中的能量可能具有哪些值。根据能带理论，在固体中的能带可分为导带、价带和禁带。在导带中的电子具有足够的能量可以自由运动，因此导带中的电子可以导电；在价带中的电子是紧密排列的不能运动，因此价带中的电子不能导电；在导带和价带之间是禁带，在禁带中不允许电子存在，也就是电子要想导电就必须从价带直接跃迁至导带。

下面利用能带理论来解释固体的导电性。固体按其导电性质可分为导体、半导体和绝缘体，各自的能带如图 1.3 所示。

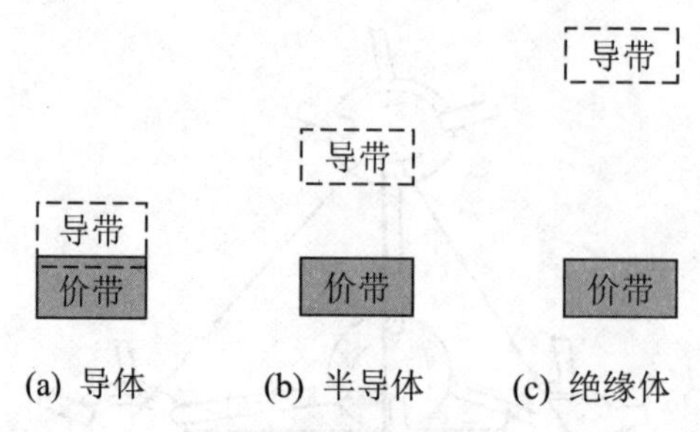

图 1.3　导体、半导体和绝缘体的能带

通过图 1.3 可以看出，在导体中导带和价带是相互交叠的，因此电子可以在导带和价带之间运动，从而可以导电。在绝缘体中，导带和价带距离非常远(能量差大)，价带中的电子很难跃迁至导带中，因此绝缘体不导电。而在半导体中，导带和价带距离较近(能量差小)，电子只需要很小的能量即可从价带中跃迁至导带中，在室温条件下，已经有一部分电子具备了这个能量，跃迁至导带中，所以半导体具有一定的导电能力。

硅的导带和价带之间的能量差较小，因此使硅中的电子从价带中跃迁至导带中比较容易；而且由于硅在地球上的含量非常丰富，例如，在沙滩上所玩耍的沙子，其中的二氧化硅(SiO_2)就是硅元素在地球上的最常见的存在形式，这些都使得硅成为集成电路制备最常用的材料。

1.1.2　电子与空穴

电子和空穴都是半导体中的载流子，都具有导电作用。在硅、锗半导体晶体中，大量的硅、锗原子依靠共价键相结合。在共价键中的电子是两个原子共用的，这些电子被束缚在这两个原子附近，不能自由运动，因此不能导电。尽管共价键中的电子处于束缚态，但是只要给电子以足够的能量，它们就能冲破束缚，成为可以自由运动的导电电子。实验表明，对于硅的共价键电子，只需要提供 1.1eV(eV，电子伏特)的能量就使其可以成为导电电子；这个 1.1eV 的能量实际上就是图 1.3(b)中半导体导带和价带之间的能量差。

在绝对零度温度(−273℃)附近，电子被原子紧紧束缚，一动不动。随着温度升高，晶体中的原子要做热运动，在它们原来的位置附近来回地振动，这种热运动有一定的能量，共价键电子可以从原子的热运动中得到能量。当温度升高到室温时，这种热运动更加剧烈，使得一部分电子从束缚的状态激发到自由的状态，成为导电电子。这种共价键电子激发成为导电电子的过程称为本征激发。硅的本征激发过程如图 1.4 所示。

本征激发除了能提供导电电子外，还有另外一个作用：提供空穴。共价键电子脱离束缚成为导电电子后，这时在原来的共价键上就留下了一个缺位，因为邻近共价键上的电子随时可以跳过来填补这个空位，从而使缺位转移到邻近共价键上去，所以空位也是可以移动的，这种可以自由移动的空位通常被称为空穴。半导体就是依靠电子和空穴的移动来导电的，因此，电子和空穴统称为载流子，它们起到承载电流的作用。电子是带负电的，电荷是$-q$(q=1.602×10^{-19}C)，而空穴刚好相反，空穴带正电，电荷是$+q$。

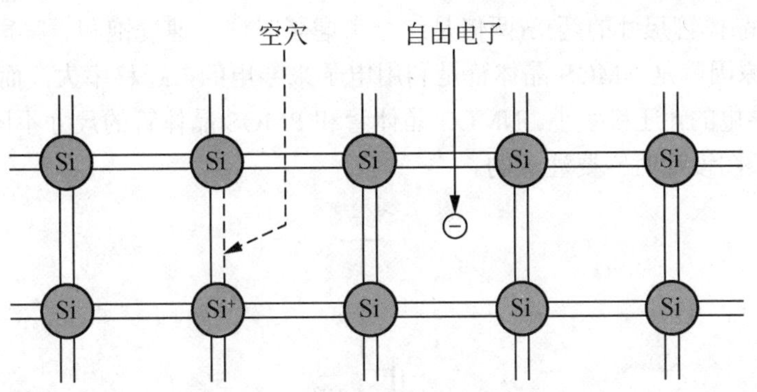

图 1.4　硅的本征激发示意图

空穴的导电作用如图 1.5 所示。在图 1.5 中，位置 1 有一个空穴，它附近的价键上的电子就可以过来填补这个空位，例如，从位置 2 跑一个价键电子到位置 1 去，但在位置 2 却留下了一个空位，相当于空穴从位置 1 移动到位置 2 去了。同样，如果从位置 3 又跑一个电子到位置 2 去，空穴就又从位置 2 跑到位置 3，……。如果用虚线箭头代表空穴移动的方向，实线箭头代表价键电子移动的方向，就可以看出，空穴的移动可以等效于价键电子在相反方向的移动。

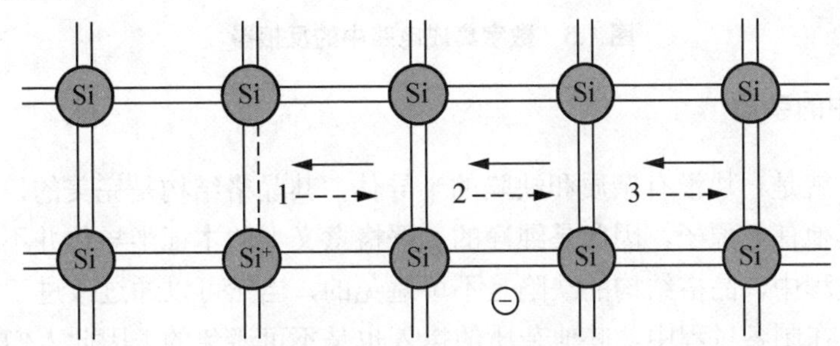

图 1.5　空穴的导电作用

当有外加电场时，半导体内的电子(和空穴)会受到电场力的作用，沿着电场反方向(和正方向)作定向运动，从而构成电流。电流的大小与载流子的迁移率有关，迁移率表示单位电场强度下载流子的平均漂移速度，单位为 $cm^2/V \cdot s$。根据半导体物理可知，在室温附近，当硅的掺杂浓度约为 $10^{16}cm^{-3}$ 时，硅中电子的迁移率为 $1350cm^2/V \cdot s$，而空穴的迁移率为 $500cm^2/V \cdot s$，电子的迁移率是空穴的迁移率的两倍之多。从定性的角度来分析，在半导体中的电子属于自由电子，它的运动除了受到原子核周期性势场的约束外，基本上是不受其他约束的，所以迁移速度快，迁移率大；而空穴就不一样了，虽然空穴是由电子的缺位产生，但是产生的缺位是在原子之间的共价键处，也就是说，空穴除了要受到原子核周期性势场的约束外，还要受到共价键的约束，因此迁移速度慢，迁移率小。

电子的迁移率是空穴的迁移率的两倍之多，这一点对于集成电路设计比较重要。以数字集成电路中的反相器为例，如图 1.6 所示。该反相器由一个 PMOS 晶体管和一个 NMOS 晶体管构成，为了保证反相器的上升和下降延迟相等，PMOS 晶体管的尺寸[宽(W)、长(L)]

大约是 NMOS 晶体管尺寸的两倍(两倍是综合考虑了时序、速度饱和、噪声容限等多个因素的结果)，其原因就是 NMOS 晶体管是利用电子来导电的，迁移率大，而 PMOS 晶体管是利用空穴来导电的，迁移率小。NMOS 晶体管和 PMOS 晶体管的尺寸不同，这是在进行数字集成电路版图设计时需要注意的。

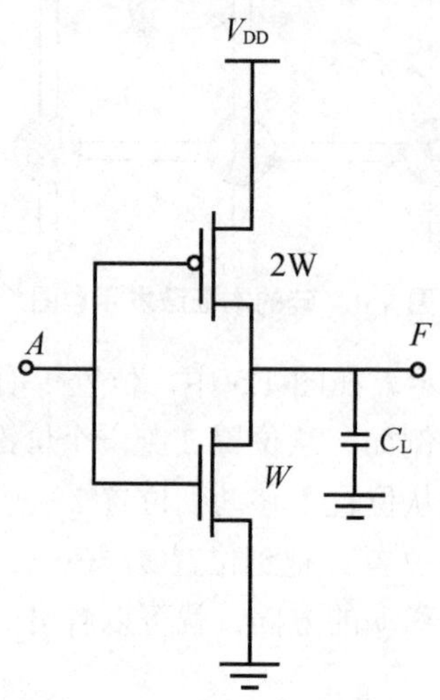

图 1.6 数字集成电路中的反相器

1.1.3 半导体中的杂质

本征半导体就是一块没有杂质和缺陷的半导体，其晶格结构是完美的，在其内部除了硅原子外没有其他任何原子，因此是纯净的。严格意义上的本征半导体并不存在，因为在半导体的制备过程中，晶格结构的缺陷是不可避免的，当然可以通过改进工艺来将缺陷降低至很小；而且在制备过程中，其他杂质的掺入也是不可避免的，因此人们通常将无人为因素掺入杂质的半导体称为本征半导体。

在绝对零度附近，本征半导体的共价键是完整的、饱和的，无本征激发，自然没有电子和空穴；当温度升高时，本征激发过程产生了电子和空穴。由于电子和空穴是成对产生的，因此二者的浓度相等，用 n_0 表示电子的浓度，用 p_0 表示空穴的浓度，于是有

$$n_0 = p_0 = n_i \tag{1-1}$$

式(1-1)中的 n_i 为本征载流子浓度，实验表明本征载流子浓度与禁带宽度、温度都有关。禁带宽度越大，n_i 越小，温度越高，n_i 越大。热力学温度为 300K 时，硅的本征载流子浓度 n_i=1.5×10^{10}cm^{-3}，这个浓度还是比较低的，因此本征半导体的导电能力很弱。而且由于本征载流子的浓度随温度的变化而迅速变化(指数次幂变化)，因此采用本征半导体材料来制备集成电路其性能是不稳定的，通常制备集成电路都是采用掺有适量杂质的半导体，即掺杂半导体。

实际的半导体材料中，总是含有一定量的杂质，这些杂质的掺入可以通过在单晶半导体材料的制备过程中直接完成，也可以在半导体材料制备完成后通过后续工艺来完成。由

于掺入杂质的数量远大于硅的本征载流子浓度，因此这些半导体材料的导电性不是由本征激发产生的载流子决定，而是受控于材料中所掺入的杂质(包括杂质的数量和类型)。在半导体中可以掺入各种各样的杂质，但为了更好地控制半导体材料的导电性，通常掺入元素周期表中的 III、V 族元素。在元素周期表中，半导体材料属于 IV 族元素，III、V 族元素与半导体材料在原子半径、外层电子数和原子量等方面都比较接近，因此通常掺入 III、V 族元素来控制半导体材料的导电性。

1. P 型半导体

用来掺杂的 III 族元素主要包括硼(B)和铝(Al)，III 族元素的杂质原子最外层只有 3 个价电子，其代替硅或锗原子形成 4 个共价键，就必须从其邻近的硅或锗原子的共价键上夺取一个电子，这样就产生了一个空穴，而该杂质原子由于接受了一个电子而成为带负电的离子。因为这种杂质在硅或锗中能接受电子从而产生空穴，所以称为受主杂质或 P 型杂质(P 是英文 Positive 的第一个字母)，而掺杂了 P 型杂质的半导体则称为 P 型半导体。

带负电的杂质离子同带正电的空穴之间由于电荷的相互作用而有吸引力，由于空穴还会受到一些束缚，只能在杂质离子的附近活动，不像本征激发的空穴可以自由运动，因此还不能导电。但是如果给它一些能量，帮助它挣脱束缚，也就是运动到距离杂质离子较远的地方，使得杂质离子对它的吸引作用变得微不足道，那么这个空穴就同本征激发的空穴一样可以自由运动，参与导电了。使空穴摆脱受主离子的束缚的过程称为受主电离，电离过程所需要的能量称为 P 型杂质的电离能。在硅中硼的电离能为 0.045eV，铝的电离能为 0.057eV。这两个电离能都很小，在室温条件晶格原子热振动的能量就可以使得硼和铝几乎全部电离。

在硅中掺杂硼元素电离产生空穴的过程如图 1.7 所示。

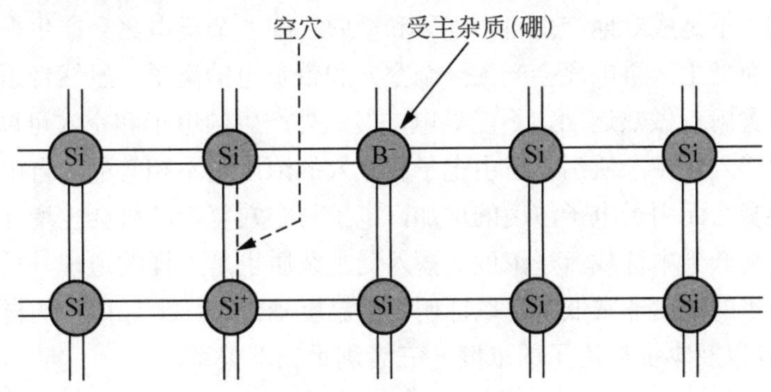

图 1.7　掺硼硅电离产生空穴示意图

2. N 型半导体

用来掺杂的 V 族元素主要包括磷(P)和砷(As)，V 族元素的杂质原子最外层有 5 个价电子，其代替硅或锗原子形成 4 个共价键时，只需要拿出 4 个价电子同 4 个邻近硅或锗原子共用就可以了，这样在杂质原子的最外层还剩余一个价电子，而该杂质原子由于施放出了一个电子而成为带正电的离子。因为这种杂质在硅或锗中能施放电子，所以被称为施主杂质或 N 型杂质(N 是英文 Negative 的第一个字母)，而掺杂了 N 型杂质的半导体则称为 N 型半导体。施放出的多余的一个电子虽然没有被束缚在共价键中，但仍然会受到磷原子核的正电荷的吸引束缚，因此只能在磷原子的周围运动，不能导电。可是这种束缚作用要比对价键电子的束缚作用弱得多，只要很小的能量就可以使它挣脱这种吸引而成为导电电子，而磷原子也因为少了一个电子变成带正电的磷离子。使电子摆脱施主离子束缚的过程称为施主电离，电离过程所需要的能量称为 N 型杂质的电离能。在硅中磷的电离能为 0.044eV，砷的电离能为 0.049eV，同样这两个电离能也都很小，在室温条件晶格原子热振动的能量就可以使得磷和砷几乎全部电离。

在硅中掺杂磷元素电离产生电子的过程如图 1.8 所示。

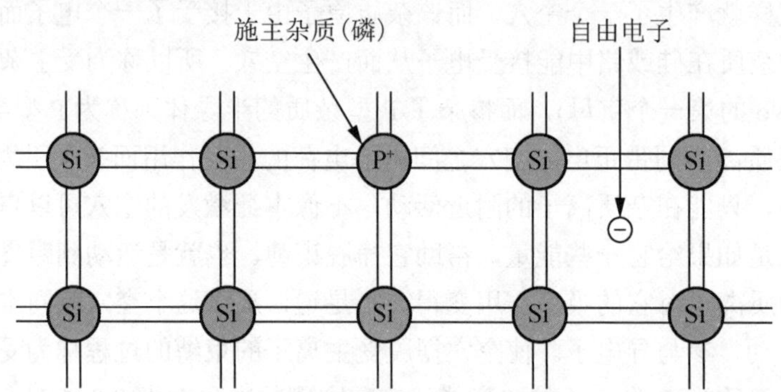

图 1.8　掺磷硅电离产生电子示意图

在本征半导体中，只存在本征激发；但在杂质半导体中，杂质电离和本征激发同时存在。本征激发是成对地产生自由电子和空穴，因此自由电子和空穴的浓度相等。杂质电离与本征激发不同，不是成对地产生自由电子和空穴。施主杂质电离会产生一个自由电子和带正电的离子，而受主杂质电离会产生一个空穴和带负电的离子。虽然带正负电的离子只能在自己原来位置附近做热运动，不能导电，但额外产生的电子和空穴可以参与导电。

在半导体中掺入施主杂质后，自由电子和空穴的浓度是不相等的。自由电子要比本征载流子浓度高得多，而由于电子浓度的增加，电子与空穴复合的机会也增加了，导致空穴的浓度降低，甚至低于本征载流子浓度。掺入受主杂质也是一样的道理，只是空穴的浓度很高，而自由电子的浓度非常低。可以证明，当温度确定时，半导体中的自由电子的浓度 n、空穴的浓度 p 以及本征载流子的浓度 n_i 三者满足如下关系：

$$np = n_i^2 \tag{1-2}$$

在 N 型半导体材料中，电子的浓度远大于空穴的浓度，半导体的导电能力主要取决于电子的浓度，此时，称电子为多数载流子(多子)，而空穴为少数载流子(少子)。在 P 型半导体材料中，空穴为多子，而电子为少子。

如果在半导体材料中同时掺入施主和受主杂质，则这两种杂质的作用将相互抵消，半导体的导电类型取决于掺杂浓度大的那种杂质，这就是杂质补偿。例如，掺入施主杂质的

浓度大于受主杂质的浓度，那么该半导体将是 N 型半导体。

小思考： 如果实验测量得到一块半导体材料的载流子浓度非常低，接近于其本征载流子浓度，请问该半导体材料是本征半导体吗？

1.1.4　半导体的导电性

人们知道，如果在导体材料的两端施加电压 V，导体内就存在电流 I，电压与电流的关系为

$$I = \frac{V}{R} \tag{1-3}$$

式中，R 为导体的电阻。如果 R 为常数，则式(1-3)就称为欧姆定律。

电阻 R 与导体材料的长度 L、电阻率 ρ、截面积 s 都有关：

$$R = \rho \frac{L}{s} \tag{1-4}$$

如果将式(1-4)应用于半导体材料，则有

$$R = \rho \frac{L}{Wh} \tag{1-5}$$

式中，W 为半导体材料的宽度；h 为半导体材料的厚度。如果定义 $R_S = \frac{\rho}{h}$，则有

$$R = R_S \frac{L}{W} \tag{1-6}$$

式中，R_S 称为方块电阻，Ω/□，而 $\frac{L}{W}$ 被称为方块数。方块电阻在集成电路中经常被用到，根据方块电阻的定义可知，对于某一种半导体材料，其电阻率是确定的，而且对于某一确定的工艺制程，半导体材料的厚度也是确定的，因此方块电阻也是可以确定的，那么只需要知道该半导体材料的方块数，就能够求得该材料的电阻，而方块数只需要用沿电流方向的材料长度除以材料的宽度即可，这非常容易求得。

半导体的电阻率与其掺杂浓度密切相关，通常掺杂浓度越高，电阻率越低。实验得到的室温下硅电阻率和掺杂浓度的关系如图 1.9 所示。

可以看出，在图 1.9 中，无论是掺杂磷杂质还是掺杂硼杂质，硅的电阻率都随掺杂浓度的增加而减小，而且基本上是呈线性关系。因此利用图 1.9 来进行杂质浓度与电阻率之间的换算是很方便的。通常将掺杂浓度在 10^{15}～10^{18}cm^{-3} 称为低掺杂浓度(轻掺杂)，掺杂浓度在 10^{18}～10^{20}cm^{-3} 称为中等掺杂浓度，掺杂浓度在 10^{20}cm^{-3} 以上称为高掺杂浓度(重掺杂)。通常在 N 和 P 后加上角标“+”或“－”来表示掺杂浓度的高低，例如，N^+表示 N 型重掺杂，而 P^- 表示 P 型轻掺杂。N 或 P 表示 N 型或 P 型中等掺杂浓度。利用掺杂技术控制半导体材料的电阻率是非常重要的。

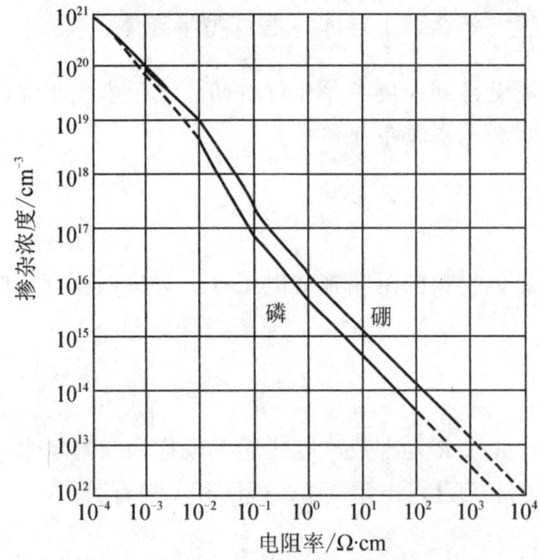

图 1.9　室温下硅电阻率和掺杂浓度的关系

【二极管的单向导电示意图】

1.2　PN 结的结构与特性

PN 结是很多半导体器件的重要组成部分，例如，PN 结可以构成二极管；PN 结还可以实现 MOS 管和衬底之间的隔离，该隔离的有效性是保证 MOS 管正常工作的基础。PN 结的性质集中反映了半导体导电性能的特点：半导体内存在 N、P 两种类型的载流子，载流子存在漂移、扩散和产生复合 3 种运动形式。

1.2.1　PN 结的结构

如图 1.10 所示，在一块半导体材料中，如果一部分是 N 型区，另一部分是 P 型区，那么在 N 型区和 P 型区的交界面处就形成了 PN 结(简称为结)。图 1.10(a)表示 N 型区和 P 型区接触之前各自的状态，P 型区中有大量过剩的空穴，而 N 型区中有大量过剩的电子。图 1.10(b)表示 N 型区和 P 型区接触后在交界面形成 PN 结。当 P 型区和 N 型区相接触时，一些空穴就从 P 型区扩散到 N 型区中。同样，一些电子也从 N 型中扩散到 P 型区中。需要注意的是，PN 结形成的必要条件是存在不同类型载流子的漂移与扩散。

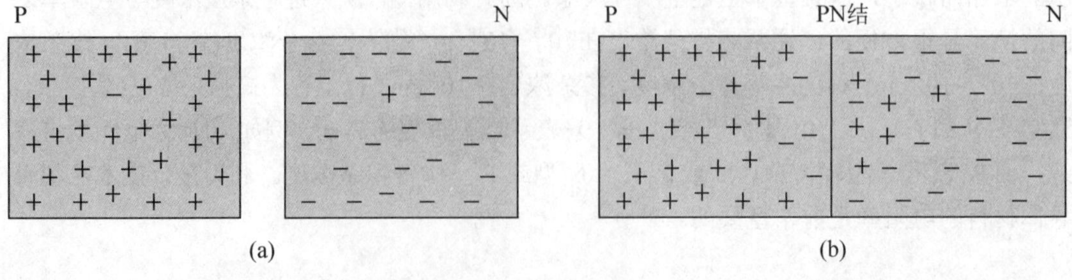

图 1.10　PN 结的形成

图 1.10 表明，当 P 型区和 N 型区相接触时存在多数载流子的扩散运动，即空穴从 P 型区扩散到 N 型区，而电子从 N 型中扩散到 P 型区中，该扩散运动的产生是由于电子和空穴的浓度差造成的。由于 P 区中的空穴向 N 区扩散，在 P 区将留下带负电的电离受主，形成一个带负电(负离子)的区域；N 区中的电子向 P 区扩散，在 N 区将留下带正电的电离施主，形成一个带正电(正离子)的区域；这样在 N 型区和 P 型区的交界面处的两侧形成了带正、负电荷的区域，称为空间电荷区，如图 1.11 所示，在空间电荷区内，载流子的浓度远小于正、负离子的浓度，可以看成是电子和空穴都被“耗尽”了，因此也可以把空间电荷区称为耗尽区或势垒区。

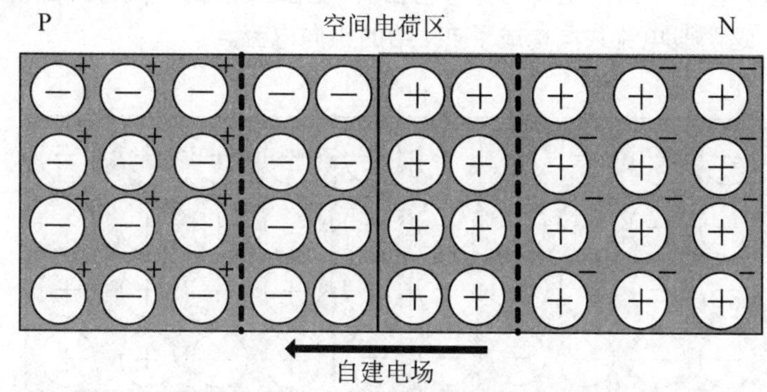

图 1.11　PN 结的空间电荷区

在空间电荷区内由于存在正负离子将形成电场，这个电场称为自建电场，电场的方向从 N 型区指向 P 型区。自建电场的存在会推动带正电的空穴沿电场方向作漂移运动，即由 N 区向 P 区运动推动，同时会推动带负电的电子沿电场的相反方向作漂移运动，即由 P 区向 N 区运动。这样在空间电荷区内，自建电场引起的电子和空穴的漂移运动的方向与电子和空穴各自扩散运动的方向正好相反。在 P 型区和 N 型区刚开始接触时，空间电荷的数量较少，自建电场较弱，此时扩散运动大于漂移运动。随着扩散的进行，空间电荷数量开始不断增加，自建电场也变得越来越强，漂移运动变强，而扩散运动却由于 P 型区和 N 型区载流子的浓度不断接近而变弱，这样直到载流子的漂移运动和扩散运动相互抵消(二者大小相等，方向相反)时，空间电荷区达到动态平衡，此时称为 PN 结的平衡状态。当 PN 处于平衡状态时，载流子并不是静止不动的，而是扩散和漂移的动态平衡，空间电荷的数量达到动态平衡。

小思考：如果将两块非常平整的导电类型不同的半导体材料紧紧靠在一起，在二者的交界面处是否能形成 PN 结？

1.2.2　PN 结的电压电流特性

由于 PN 结内存在自建电场，因此 PN 结的电压电流特性与外加电压的方向有关。在 P 区加正电压，而在 N 区加负电压，称为正向偏置(或正向偏压)；在 P 区加负电压，而在 N 区加正电压，则称为反向偏置(或反向偏压)。PN 结的正向偏置与反向偏置的电压电流特性是不同的。

1. 正向偏置 PN 结

当在 PN 结上加正向偏压时，由于外加电压方向与自建电场方向相反，削弱了空间电荷区中的自建电场，扩散和漂移运动之间的相对平衡被打破，载流子的扩散运动超过了漂移运动。PN 结的正向偏置如图 1.12 所示，与平衡状态的 PN 结相比较，此时空间电荷区的宽度减少，电子将从 N 区扩散到 P 区，空穴将从 P 区扩散到 N 区，成为非平衡载流子，正向偏置 PN 结的这一现象称为 PN 结的正向注入效应。无论是从 N 区注入 P 区的电子，还是从 P 区注入 N 区的空穴，它们都是非平衡载流子，主要是以扩散方式运动，虽然它们运动的方向相反，但由于所带电荷的符号也相反，因此二者的电流方向是相同的，都是从 P 区流向 N 区，这两股电流共同构成了 PN 结的正向电流。

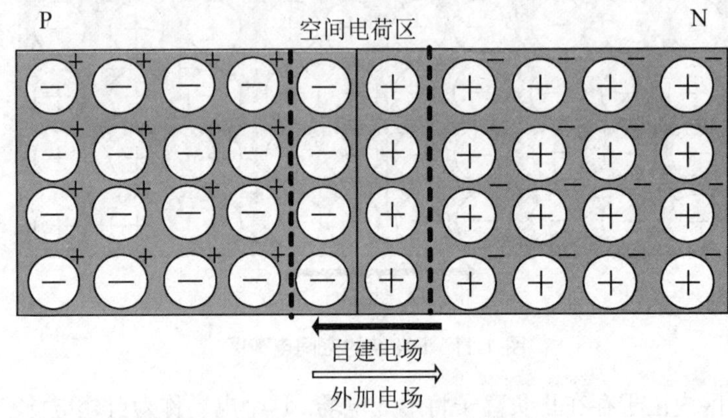

图 1.12　PN 结的正向偏置

正向偏置可以使边界少数载流子的浓度增加几个数量级，从而形成大的浓度梯度和大的扩散电流，而且注入的少数载流子浓度也随正向偏压的增加呈指数规律增长，因此 PN 结的电流 J 与正向偏置电压 V 之间的关系为

$$J \propto e^{\frac{qV}{kT}-1} \tag{1-7}$$

式中：k 为波耳兹曼常数(1.38×10^{-23} J/K)；T 为热力学温度，K(开尔文)；q 为电子电荷[量]，1.602×10^{-19} C。

2. 反向偏置 PN 结

当在 PN 结上加反向偏压时，由于外加电压方向与自建电场方向相同，这相当于增强了空间电荷区中的自建电场，扩散和漂移运动之间的相对平衡被打破，载流子的漂移运动超过了扩散运动。PN 结的反向偏置如图 1.13 所示，与平衡状态的 PN 结比较，此时空间电荷区的宽度增加了。N 区中的空穴一旦到达空间电荷区的边界，就要被电场拉向 P 区，而 P 区中的电子一旦到达空间电荷区的边界，就被电场拉至 N 区，这称为 PN 结的反向抽取效应。反向偏置 PN 结对 N 区和 P 区少子的抽取形成了 PN 结反向电流，一般称为反向漏电流(Leakage Current)，反向漏电流非常小，通常在 fA($1f=10^{-15}$)数量级。

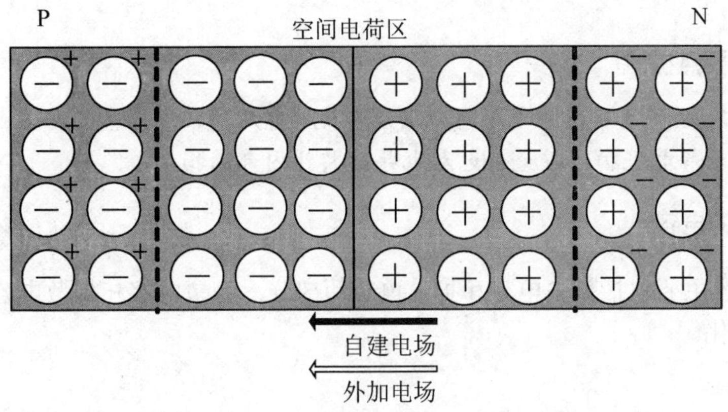

图 1.13　PN 结的反向偏置

可以证明，当反向偏压不是很大时，PN 结的反向漏电流先随着反向偏压的增加而迅速增加，然后就不再随反向偏压的变化而变化了，这时可以把反向电流看作趋近于一饱和值，因此有时也把反向漏电流称为反向饱和电流。反向抽取效应使边界少数载流子浓度减少，并随反向偏压的增加而迅速趋于零，由于边界处少子浓度的变化量最大也不会超过平衡时的少子浓度，因此 PN 结反向电流随反向电压的增长而增加并很快趋于饱和。

PN 结的反向偏压并不是可以无限增大，当 PN 结的反向偏压达到某一电压 V_B 时，反向漏电流会突然急剧增加，这种现象称为 PN 结的击穿(反向击穿)，发生击穿时的电压称为击穿电压。击穿电压是 PN 结的一个重要电学性质，提供了 PN 结所能承受的反向偏压的上限。在击穿现象中，反向电流增大的基本原因不是由于载流子迁移率的增大，而是由于载流子数目的增大。PN 结的击穿机制主要包括：热电击穿、雪崩击穿和隧道击穿。其中热电击穿属于不可恢复的击穿，它将造成 PN 结的永久性损坏，因此器件应用时应尽量避免此类击穿。雪崩击穿和隧道击穿属于可恢复击穿，反向偏压撤掉后，PN 结将恢复原样，没有物理损伤。

综合 PN 结的正向偏置和反向偏置，PN 结的电压电流特性如图 1.14 所示。

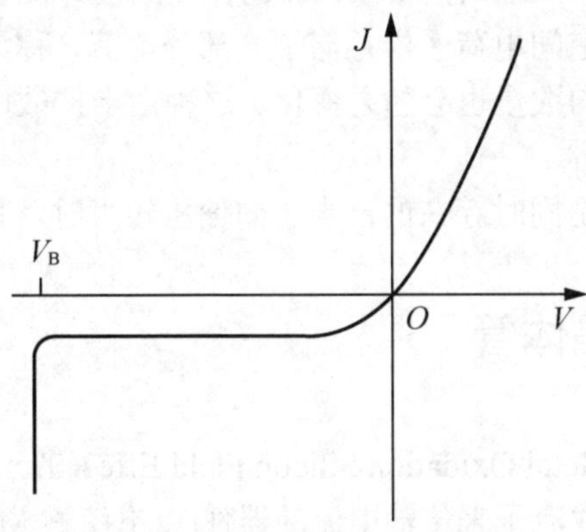

图 1.14　PN 结的电压电流特性

通过分析 PN 结的正向偏置和反向偏置可知，PN 结具有单向导电性，即正向导通反向截止。这是它最基本的性质之一。

知识要点提醒

PN 结(或二极管)的单向导电性可以实现整流、电压箝位等功能，在集成电路版图设计中二极管多用于静电保护，避免静电放电导致芯片内部的损坏。

1.2.3 PN 结的电容

PN 结电容主要包括势垒电容和扩散电容两部分，势垒电容和扩散电容都随着外加电压的变化而变化。

1. 势垒电容

当在 PN 结上施加正向偏压时，空间电荷区的自建电场随着正向偏压的增加而减弱，空间电荷区宽度变窄，空间电荷数量减少，如图 1.12 所示。由于空间电荷是由不能移动的杂质离子构成，所以空间电荷的减少是由于 N 区中的电子和 P 区中的空穴移动至空间电荷区，中和了空间电荷区中的一部分电离施主和电离受主。也就是说，当在 PN 结上施加正向偏压时，将有一部分电子和空穴“存入”空间电荷区。当在 PN 结上施加反向偏压时，空间电荷区的自建电场随着反向偏压的增加而增强，空间电荷区的宽度增加，空间电荷数量增多，如图 1.13 所示，这相当于有一部分电子和空穴从空间电荷区中“取出”。

当施加在 PN 结上的偏置电压发生变化时，空间电荷区的宽度发生变化，引起了电子和空穴在空间电荷区的“存入”和“取出”作用，导致空间电荷的数量发生变化，相当于给空间电荷区进行充电或放电，所以空间电荷区表现出电容效应，这种 PN 结电容效应称为势垒电容。

2. 扩散电容

当在 PN 结上施加正向偏压时，有空穴从 P 区注入 N 区，于是在空间电荷区与 N 区边界 N 区一侧会形成非平衡空穴和电子的积累，同样在 P 区一侧也会有非平衡电子和空穴的积累。这种积累相当于在空间电荷区内存储了一部分电荷，称为电荷存储效应。如果正向偏压发生变化，存储电荷的数量也会随之变化。这种由于扩散电荷随外加电压的变化而产生的电容效应称为扩散电容。

扩散电容和势垒电容是同时存在的，当正向偏压较大时，扩散电容起主要作用。

1.3 MOS 场效应晶体管

MOS 场效应晶体管(Metal Oxidation Silicon Field Effect Transistor，MOSFET)是一种表面场效应器件，是靠多数载流子来传输电流的器件(以下简称 MOS 管)。如果 MOS 管利用电子来传输电流，则该 MOS 管属于 N 型 MOS 管，简称为 NMOS 管；如果 MOS 管利用空穴来传输电流，则该 MOS 管属于 P 型 MOS 管，简称为 PMOS 管。MOS 管由于具有面积小、功耗低、器件尺寸可等比例缩小、制作成本低等优点，已经成为集成电路设计中最重要的组成部分。

1.3.1　MOS 管的结构与工作原理

1. MOS 管的结构

按照导电类型的不同，MOS 管可分为 NMOS 管和 PMOS 管，二者的剖面结构如图 1.15 所示。

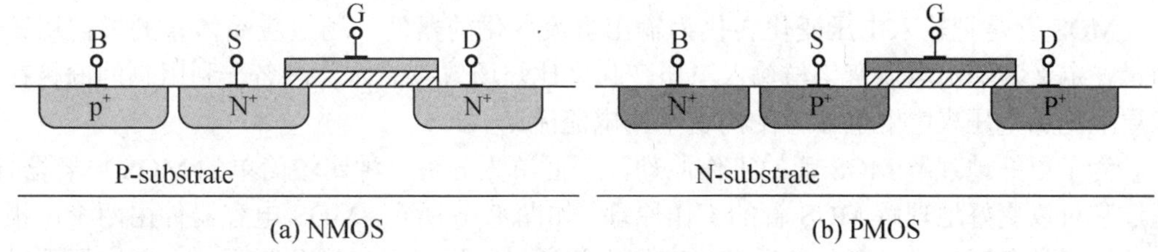

图 1.15　MOS 管的结构

图 1.15(a)所示为 NMOS 管的结构，NMOS 管制作在 P 型硅衬底(P-substrate)上(或 P 阱中)，有两个重掺杂的 N^+区，分别称为源区(S，Source)和漏区(D，Drain)，源区和漏区的物理结构是相同的，二者的区别在于电位不同。在源和漏之间 p 型硅上有二氧化硅薄层，该二氧化硅薄层起到绝缘的作用，称为栅氧化层。在二氧化硅上有一导电层，称为栅极(G，Gate)，该电极如果是金属铝就称为铝栅，利用铝栅制作 MOS 管的工艺称为铝栅工艺；如果用重掺杂的多晶硅则称为硅栅，利用硅栅制作 MOS 管的工艺称为硅栅工艺。20 世纪 60 年代，人们采用金属铝作为 MOS 管的栅极。铝栅工艺比较简单，工艺流程中所需的光刻掩膜版数量较少，成本低，但由于铝栅工艺存在栅覆盖，即为了保证金属栅极能够有效控制沟道，需要金属铝覆盖源区和漏区的部分面积，这样会产生较大的栅源和栅漏寄生电容，降低集成电路的工作速度，因此铝栅工艺被先进的硅栅工艺所替代。由于使用多晶硅而不是金属作为栅极材料，MOSFET 的名称应该改为 SOSFET(Silicon Oxidation Silicon Field Effect Transistor)。但由于人们已经习惯了 MOS 管的称呼方式，因此利用硅栅工艺制作的晶体管还是称为 MOS 管。

源区和漏区与衬底的导电类型相反，这样源区、漏区与衬底交界处都存在 PN 结，这两个 PN 结的反向偏置是保证 MOS 管正常工作的基础。源区和漏区之间的区域称为导电沟道(简称沟道)，通常用 L 表示沟道的长度，用 W 表示沟道的宽度。W/L 称为宽长比，是集成电路版图设计中最重要的参数。在 NMOS 管的源漏之间加偏压后，将电位低的一端称为源，而电位较高的一端称为漏，电子由源区经过沟道流向漏区，而电流方向由漏区流向源区。

图 1.15(b)所示为 PMOS 管的结构，PMOS 管制作在 N 型硅衬底(N-substrate)上(或 N 阱中)，有两个重掺杂的 P^+区，同样分别称为源区(S，Source)和漏区(D，Drain)，源区和漏区也是靠电位来区别的。在 PMOS 管的源漏之间加偏压后，将电位高的一端称为源，而电位低的一端称为漏，空穴由源区经过沟道流向漏区，而电流方向也是由源区流向漏区。综

合 NMOS 管与 PMOS 管可知，源区和漏区的定义为：载流子从源区流出，流入漏区。

在图 1.15 中，PMOS 管和 NMOS 管还分别存在一个重掺杂的 N^+区和 P^+区，这两个区分别称为 PMOS 管和 NMOS 管的体区或衬底(B，Bulk or Body)，其作用为控制 MOS 管的衬底电位。通过图 1.15 可知，MOS 管为四端器件，存在源极(S)、漏极(D)、栅极(G)和衬底(B)共 4 个电极。

2. MOS 管的工作原理

MOS 管是把输入电压变化转化为输出电流变化的器件。场效应晶体管的增益用跨导衡量，定义为输出电流变化与输入电压变化之比。场效应晶体管得名于利用它的栅极在绝缘层上施加电压来影响晶体管中沟道中的电流流动。

为了更好地理解 MOS 管的工作原理，下面首先分析一种比较简单的 MOS 电容器件，通过它可以更好地理解 MOS 管的工作原理。如图 1.16 所示，MOS 电容器件由两个电极组成，一个是金属，另一个是杂质硅，它们之间通过一层薄氧化层分隔开。金属电极形成栅极，而半导体区构成体区(有时又称背栅)，栅极与体区之间的绝缘氧化层称为栅绝缘。图 1.16 所示器件的衬底是由轻掺杂的 P 型硅构成。通过把衬底接地，栅极接不同的电压来说明这个 MOS 电容的电学特性。

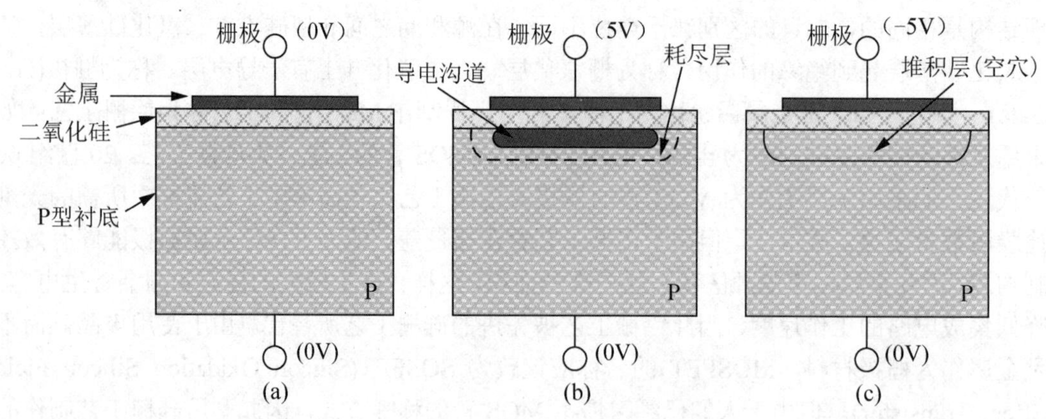

图 1.16　MOS 电容

图 1.16(a)中 MOS 电容的栅极电压为 0V。如果忽略金属栅和半导体体区之间的电子势能差，则在绝缘氧化层中不存在电场。所以绝缘氧化层下的体区的载流子浓度基本不变。如果在栅极加上一正电压，即栅极相对于体区正偏的情况，如图 1.16(b)所示。由于栅极上存在正电压，则在 MOS 电容器件中存在电场，方向从栅极指向体区。该电场的存在使得多子(空穴)被驱离体区的表面，形成耗尽层。随着偏压的进一步增加，少子(电子)将被拉至体区表面并出现了一个薄层，就如同出现了一层掺杂类型相反的硅。这种掺杂极性的反转称为反型，而反型的硅层(反型层，Inversion Layer)构成导电沟道。随着栅电压的继续增强，更多的电子在体区表面积累，沟道的反型将加剧。沟道刚开始形成时的电压称为阈值电压。可以理解为当栅极与背栅之间电压差小于阈值电压时不会形成沟道，而栅极与背栅之间电压差大于阈值电压时将有沟道形成。图 1.16(c)是 MOS 电容的栅极相对于体区反偏的情况。此时电场反向，它把空穴吸引至体区表面，而将电子驱离。此时硅表面的掺杂显得更重，

因此器件处于堆积状态，堆积了大量的空穴。

将关于 MOS 电容特性的分析应用于 NMOS 管上，如图 1.17 所示，保持栅极、绝缘氧化层和体区不变。在栅极的两侧分别增加了重掺杂的区域，这两个区域一个构成源区，另一个构成漏区。假设源区、漏区和体区都接地。只要栅极和体区之间的电压差不超过阈值电压，就不会形成沟道。此时即使源区和漏区之间存在电压差，由于源区和漏区与体区形成的两个 PN 结是背靠背的，那么在源区和漏区之间也不会存在电流。如果栅极和体区之间的电压差超过阈值电压，那么在绝缘层下面就会形成沟道。这个沟道就像一个连接漏区和源区的 N 型硅薄层，此时如果在源区和漏区之间存在电压差，则导电沟道的存在将允许电子从源区通过沟道流向漏区，从而形成源漏电流 I_{DS}。

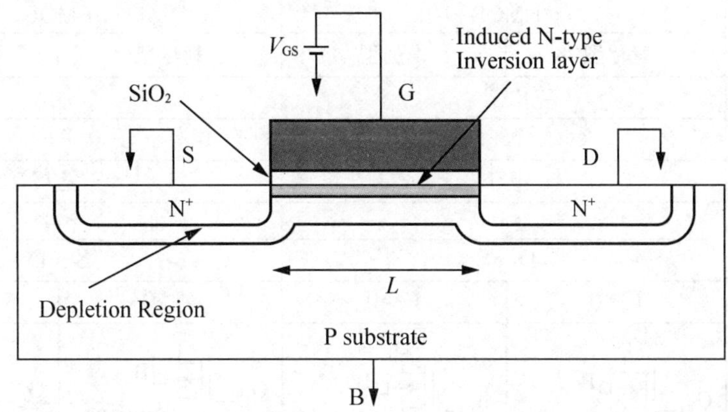

图 1.17　NMOS 管的导通状态

同样，PMOS 管是由轻掺杂的 N 型体区和重掺杂的 P 型源、漏区构成。如果该晶体管的栅极相对于体区正偏，那么体区表面将吸引电子而排斥空穴。此时硅表面积累电子，不会形成沟道。如果栅极相对于体区偏压为负，那么空穴被吸引到表面，从而形成沟道，因此 PMOS 管的阈值电压为负。在一般情况下 NMOS 管的阈值电压为正，而 PMOS 管的阈值电压为负。

3. MOS 管的阈值电压

对于 NMOS 管，当栅源电压 V_{GS} 大于阈值电压 V_T 时，器件开始导通；而对于 PMOS 器件，当 V_{GS} 的绝对值大于阈值电压的绝对值时，器件开始导通。以这种方式工作的 MOS 管称为增强型 MOS 管(常闭型)。

相对于增强型 MOS 管，还有一种称为耗尽型的 MOS 管(常开型)。当 V_{GS}=0 时，在体区的表面区域就形成了导电沟道，器件已经导通，这类 MOS 器件称为耗尽型 MOS 管。同样，耗尽型 MOS 管包括 PMOS 管和 NMOS 管。对于耗尽型 MOS 管，由于 V_{GS}=0 时就存在导电沟道，因此要关闭器件就必须施加相对于同种沟道增强型 MOS 管的反极性电压。例如，NMOS 耗尽型器件，在 V_{GS}=0 时已经存在沟道，必须在栅极上加负电压才能使导电沟道消失；而对 PMOS 耗尽型器件，则必须在栅极上加正电压才能使导电沟道消失。

NMOS 耗尽型器件在 V_{GS}=0 时就存在初始导电沟道，主要是由于在栅与衬底之间的二氧化硅绝缘层中含有氧化层陷阱电荷、氧化层固定电荷、可动离子电荷和界面陷阱电荷，这些电荷是在二氧化硅制备过程中引入的，是不希望存在的，但通常无法避免。这些电荷总的效果呈现出正电性，等价于在栅极上施加一正电压，从而导致初始导电沟道的出现。

由于增强型 MOS 管属于常闭型器件，只有在需要其工作的时候，才在其栅极上施加电压；而耗尽型 MOS 管属于常开型，即使不需要其工作，也要在其栅极施加电压，比较麻烦。因此在 MOS 器件构成的电路中，几乎都只用增强型 MOS 管，而耗尽型 MOS 管基本不用。

综上所述，MOS 管主要分 4 种，这 4 种 MOS 管的特点和电路符号见表 1-1。

表 1-1　4 种 MOS 管

类　型	NMOS		PMOS	
	耗尽型	增强型	耗尽型	增强型
衬底	P 型		N 型	
源、漏区	N+		P+	
沟道载流子	电子		空穴	
V_{DS}	>0		<0	
I_{DS}	D→S		S→D	
阈值电压	$V_T<0$	$V_T>0$	$V_T>0$	$V_T<0$
电路符号	D G B S NMOS	D G B S NMOS	S G B D PMOS	S G B D PMOS

通过以上分析可知，对于 MOS 管，阈值电压是非常重要的参数，控制着 MOS 管的导通与截止。MOS 管的阈值电压等于在衬底与源极相连的情况下形成沟道所需的栅源电压。如果栅源电压小于阈值电压，就不会形成沟道，MOS 管关闭。晶体管的阈值电压与很多因素有关，包括衬底掺杂、衬底电位、介质层和栅极材料。下面对每个因素进行简单的分析。

衬底掺杂是影响阈值电压的最主要因素。衬底掺杂越重，越不容易反型，因此就需要更强的电场(更大的栅极电压)以获得反型，从而导致阈值电压上升。MOS 管的衬底掺杂可以通过改变栅介质层表面下的衬底的杂质浓度来进行，以实现对沟道区的掺杂。利用离子注入工艺可以实现阈值电压的调整，这种注入称为阈值电压的调整注入。考虑调整注入对 NMOS 管阈值电压的影响，如果注入的是受主杂质，则硅表面就更加难以反型，因而阈值电压升高；而如果注入的是施主杂质，那么硅表面就比较容易反型，因而阈值电压降低。

衬底电位也是影响阈值电压非常重要的因素。以 NMOS 管为例，之前的分析总是认为 NMOS 管的源极与衬底是处于同一电位的，而如果源极电位高于衬底电位，就会发生体效应(又称背栅效应)。体效应会导致阈值电压的增加。

介质层会影响晶体管的阈值电压。厚介质层能够通过把电荷分隔较长的距离从而削弱电场。因此，厚介质层会增加阈值电压，反之薄介质层会减小阈值电压。不同的介质材料也会影响电场强度。但实际上大多数 MOS 管都采用纯二氧化硅作为栅下的介质材料，而二氧化硅可以生长成为极纯净且均匀的薄膜，其与硅的完美界面接触没有任何其他物质能够与之相比，因此通常只使用二氧化硅作为栅下的介质材料。虽然介质层会影响阈值电压，

但通常不采用改变介质层属性的方式来控制阈值电压。

栅电极材料会影响晶体管的阈值电压。大部分实际应用的晶体管都是使用重掺杂的多晶硅作为栅电极，通过改变栅掺杂可以在一个有限的范围内改变晶体管的阈值电压。

1.3.2　MOS 管的电流电压特性

MOS 管的电流电压特性指的是在不同的栅源电压 V_{GS} 条件下 MOS 管的源漏电流 I_{DS} 和源漏电压 V_{DS} 之间的关系。

根据不同的栅源电压和不同的源漏电压，MOS 管的工作区域可分为：截止区、线性区、饱和区。以 NMOS 管为例，MOS 管在不同工作区域下的电流电压公式为

$$
\begin{aligned}
&I_{DS}=0 && V_{GS}<V_{TH} && \text{截止区}\\
&I_{DS}=\mu_n C_{ox}\frac{W}{L}\left[\left(V_{GS}-V_{TH}\right)V_{DS}-\frac{1}{2}V_{DS}{}^{2}\right] && V_{DS}<V_{GS}-V_{TH} && \text{线性区}\\
&I_{DS}=\frac{1}{2}\mu_n C_{ox}\frac{W}{L}\left(V_{GS}-V_{TH}\right)^{2}\left(1+\lambda V_{DS}\right) && 0<V_{GS}-V_{TH}\leqslant V_{DS} && \text{饱和区}
\end{aligned}
\tag{1-8}
$$

式中，μ_n 为电子的迁移率；C_{ox} 为单位面积栅氧化层电容；$\frac{W}{L}$ 为 MOS 管的宽长比；V_{TH} 为 MOS 管的阈值电压；λ 为沟道长度调制系数。

对于模拟集成电路来说，MOS 管的宽长比是最重要的参数，通过调整不同的宽长比来使电路达到需要的性能指标，而且宽长比也是进行 MOS 管版图设计时需要考虑的第一要素。

通过式(1-8)可知，对于 MOS 管来说，当栅源电压小于阈值电压时，MOS 管处于截止区，器件关闭，没有源漏电流。当栅源电压大于阈值电压时，MOS 管开启，在此基础上，如果 $V_{DS} < V_{GS}-V_{TH}$，则 MOS 管工作于线性区(也称为三极管区或非饱和区)，此时源漏电压较低，MOS 管表现出类似于电阻的特性，源漏电流随着源漏电压线性增加；如果 $V_{GS}-V_{TH}<V_{DS}$，则 MOS 管工作于饱和区，此时源漏电压较高，由于存在沟道夹断现象，源漏电流几乎稳定成一个不变的值(如果忽略沟道长度调制效应，即 λ=0)。当 MOS 管工作于饱和区时，源漏电流与源漏电压无关，此时完全可以通过栅极电压来控制 MOS 管的源漏电流，这是非常方便的，因此在进行模拟电路的设计分析时通常都会要求 MOS 管工作于饱和区。

式(1-8)表示的是 NMOS 管的电流电压特性，对于 PMOS 管也有类似的表达式。

NMOS 管的电流-电压特性曲线如图 1.18 所示。在图 1.18 中，共有 4 条曲线，对应 4 个不同的 V_{GS}，从下到上 V_{GS} 不断增加。对于每一条曲线，当 $V_{DS}<V_{GS}-V_{TH}$ 时，MOS 管处于线性区(Linear Region)，即点画线的左侧；当 $V_{DS}\geqslant V_{GS}-V_{TH}$ 时，MOS 管处于饱和区(Saturation Region)，即点画线的右侧。通过图 1.18 可以看出，随着 V_{GS} 的增加，电流 I_{DS} 增加；当 V_{GS} 确定时，随着 V_{DS} 的增加，电流 I_{DS} 增加。如果不考虑沟道长度调制效应，曲线在饱和区将是平的，如图中饱和区中的虚线所示。如果考虑沟道长度调制效应，曲线在饱和区将是斜的，而且这些斜线的反向延长线将在 X 轴(V_{DS})上交于 $1/\lambda$ 点。

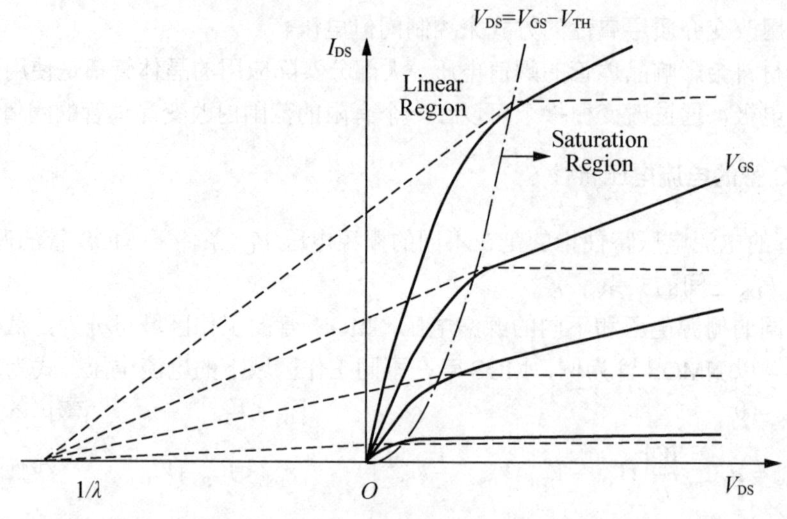

图 1.18　MOS 管的电流电压特性曲线

1.3.3　MOS 管的电容

对于 MOS 管来说，具有栅极、漏极、源极和衬底等 4 个节点，在这 4 个节点之间存在着电容，如图 1.19 所示。在图 1.19 中，G 表示栅极，S 表示源极，D 表示漏极，W 表示沟道宽度，L 表示沟道长度，T_{poly} 表示多晶硅栅极的厚度，t_{ox} 表示二氧化硅的厚度，x_j 表示源漏区与衬底形成 PN 结的深度。

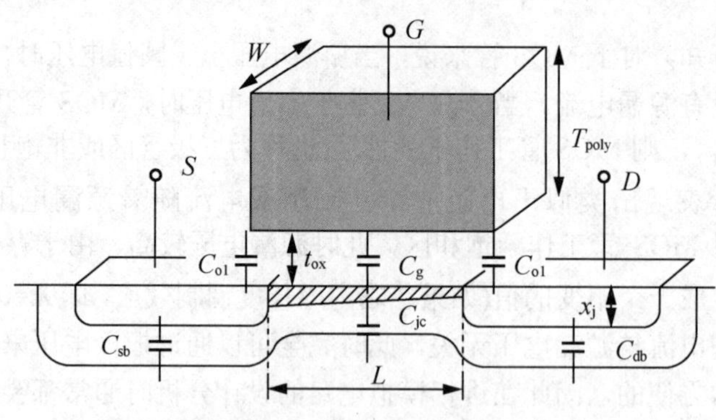

图 1.19　MOS 管的电容

在图 1.19 中，MOS 管主要包括 4 种电容：薄氧化物电容 C_g、PN 结电容 C_{sb} 和 C_{db}、交叠电容 C_{ol} 和耗尽层电容 C_{jc}。

1. 薄氧化物电容

在 MOS 管，薄氧化物电容是最重要的电容。此电容的两个极板分别为栅极和沟道，夹在中间的氧化物(二氧化硅)作为电介质材料，因此有时又称栅极电容。薄氧化物的总电容为

$$C_G = WLC_{ox} = W\varepsilon_{ox}\frac{L}{t_{ox}} = WC_g \tag{1-9}$$

式中：C_{ox} 为栅极电介质上单位面积的电容，$C_g = \varepsilon_{ox}\dfrac{L}{t_{ox}}$。

通过 C_g 的定义可以看出，C_g 与沟道长度和氧化层厚度有关，也就是与集成电路制造工艺有关。有趣的是，集成电路从发明至今，器件尺寸一直在等比例缩小，即 L 和 t_{ox} 以同样的比率在缩小，因此，C_g 几乎一直保持不变，约等于 1.6fF/μm。

薄氧化物电容可分为 3 个部分：栅-源电容 C_{gs}、栅-漏电容 C_{gd} 和栅-衬底电容 C_{gb}，每一部分电容都与 MOS 管的工作区域有关，如图 1.20 所示。

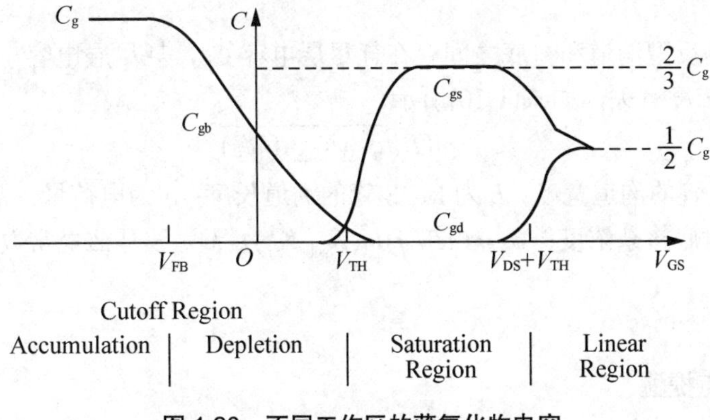

图 1.20　不同工作区的薄氧化物电容

在图 1.20 中，3 部分电容都作为电压 V_{GS} 的函数。在线性区(Linear Region)，沟道从源端一直扩展到漏端，C_{gs} 和 C_{gd} 大约都等于 $C_g/2$，而 C_{gb} 等于零；在饱和区(Saturation region)，沟道从源端一直扩展到接近于漏端，所以大多数电容来源于源节点，并认为来源于漏节点的电容几乎可以忽略，于是有 $C_{gs}=2C_g/3$，$C_{gd}\approx 0$，$C_{gb}\approx 0$；在截止区(Cutoff Region)，可以认为所有电容都来源于栅-衬底电容，于是 $C_{gs}=C_{gd}\approx 0$，当 $V_{gs}=0$ 时，$C_{gb}\approx C_g/2$。

2. PN 结电容

MOS 管的源区、漏区与衬底形成 PN 结，从而产生 PN 结电容。该 PN 结电容与之前讨论的 PN 结电容原理一样，为了计算 MOS 管的 PN 结电容，需要分析 MOS 管的版图。图 1.21 所示为 MOS 管的简化版图，在图中标出了晶体管的尺寸，其中 W 为沟道宽度，L 为沟道长度，Y 为源区或漏区的宽度。

MOS 管的 PN 结电容与版图尺寸有关，W 和 Y 越大，结电容就越大，而且该电容还包括底部电容和侧壁电容，精确计算非常复杂，这里不详细分析。

3. 交叠电容

通过图 1.19 可以看出，由于横向扩散和边缘扩散导致栅极和源极、漏极存在交叠部分，交叠部分的大小取决于横向扩散和边缘扩散长度，交叠部分的存在会产生电容。在早期的集成电路

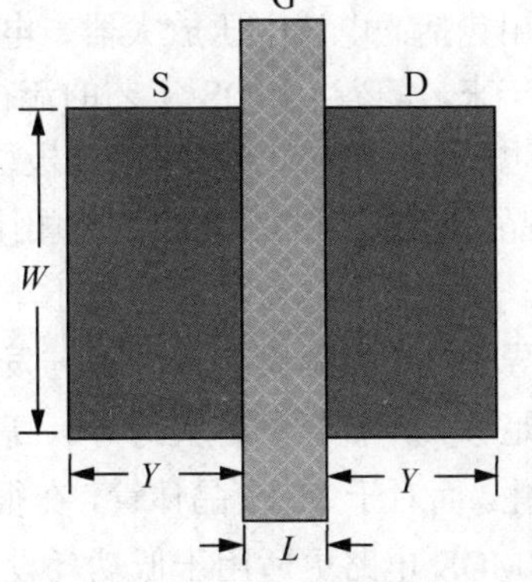

图 1.21　MOS 管的简化版图

【MOS 管的简化版图彩图】

制造工艺中，由于利用扩散工艺而不是离子注入工艺实现有源区的掺杂，栅极和源区、漏区之间的交叠部分大，电容也大。近年来，由于利用了离子注入工艺来实现有源区掺杂，交叠电容略有减小，但多晶硅栅极的侧壁与源区和漏区的表面之间的边缘电容却有所增大，这部分电容是由于边缘电力线产生的。

交叠电容与多晶硅栅极的厚度、二氧化硅层的厚度、二氧化硅的介电常数以及横向扩散长度都有关。

4. 耗尽层电容

在 MOS 管的反型沟道和衬底之间存在耗尽层电容 C_{jc}，耗尽层电容与 MOS 管的版图尺寸和衬底掺杂浓度有关，如式(1-10)所示。

$$C_{jc} = WL\sqrt{q\varepsilon_{Si}N_{sub}/(4\phi_F)} \tag{1-10}$$

式中：W 为 MOS 管的沟道宽度；L 为 MOS 管的沟道长度；q 为电荷量；ε_{Si} 为硅材料的介电常数；N_{sub} 为衬底掺杂浓度；$\phi_F = (kT/q)In(N_{sub}/n_i)$；$k$ 为波耳兹曼常数；n_i 为本征载流子浓度。

知识要点提醒

MOS 管的电容构成比较复杂，而且电容与版图面积有关。版图面积越大，MOS 管的电容就越大，由此产生的寄生效应就越明显。为了减小寄生效应的影响，在版图设计中，MOS 管的沟道长度通常采用最小尺寸(即工艺特征尺寸)，这样可获得最小面积的 MOS 晶体管。

1.4 双极型晶体管

双极型晶体管(Bipolar Junction Transistor，BJT)是半导体器件中较为通用的一种，之所以称之为双极型，是因为这种晶体管在工作时，同时利用电子和空穴这两种载流子，就好像存在两个电极，一个吸引电子，另一个吸引空穴，故称为双极型。双极型晶体管在电路中的主要作用包括：电流电压放大器、电压基准源、振荡器、非线性信号处理器和功率开关等。近些年来，随着 CMOS 工艺的流行，绝大部分数字逻辑都采用 CMOS 电路，大部分模拟电路也采用 CMOS 电路，但双极型晶体管仍是模拟电路中的重要组成部分。

双极型晶体管工艺和 CMOS 工艺相比较具有两个突出优点，一是高的跨导，二是优越的器件匹配。双极型晶体管的跨导等于集电极电流变化与发射结电压变化的比值，双极型晶体管的跨导正比于发射极电流，而与发射极面积无关。即使面积很小的双极型晶体管，只要其电流足够大，就会具有大跨导。高跨导使得可通过小的发射结电压变化获得大的集电极电流变化。而对于 MOS 晶体管，在很小电流的情况下 MOS 晶体管能保持比较适中的跨导，所以 MOS 电路更适用于低功耗设计。然而随着电流的增大，由于具有高跨导使得双极型晶体管变得更具吸引力。双极型晶体管的高跨导也改善了发射结电压的匹配性。成

比例的双极型晶体管能够生成非常精确的微分电压，这是构成大多数电压和电流参考源的基础，而 MOS 参考源即使经过非常细心的设计制造也很难与双极型晶体管相媲美。

双极型晶体管具有高的跨导和优越的器件匹配，这使得双极电路速度更快、精度更高。尽管与 MOS 晶体管相比，双极型晶体管具有明显的优点，但是越来越多的人还是不愿采用双极型晶体管设计电路。这是因为和 CMOS 电路相比较，双极型电路具有功耗大，失效机制多，易受温度梯度影响，面积大等缺点。

BiCMOS 工艺将高密度 CMOS 工艺和高性能双极型工艺相结合，BiCMOS 工艺越来越广泛的应用确保了双极型晶体管在未来的模拟电路中仍将扮演重要的角色。

1.4.1　双极型晶体管的结构与工作原理

双极型晶体管的基本结构是由两个相距非常近的 PN 结构成。双极型晶体管可分为 NPN 和 PNP 型两种，如图所示 1.22 所示。图 1.22(a)为 NPN 型晶体管的结构示意图，其中，第一个 N 区为发射区，一般是重掺杂的，用 N^+表示，由该区引出的电极称为发射极(Emitter，e)；中间的 P 区称为基区，基区通常非常薄，由基区引出的电极称为基极(Basic，b)；第二个 N 区为集电区，由集电区引出的电极称为集电极。在发射区和基区之间的 PN 结称为发射结，如图中虚线所示；在集电区和基区之间的 PN 结称为集电结，如图中虚线所示。图 1.22(b)为 PNP 型晶体管示意图，PNP 晶体管 3 个电极和 2 个 PN 结与 NPN 晶体管是完全对应的，而 3 个区的掺杂情况与 NPN 型晶体管刚好相反。

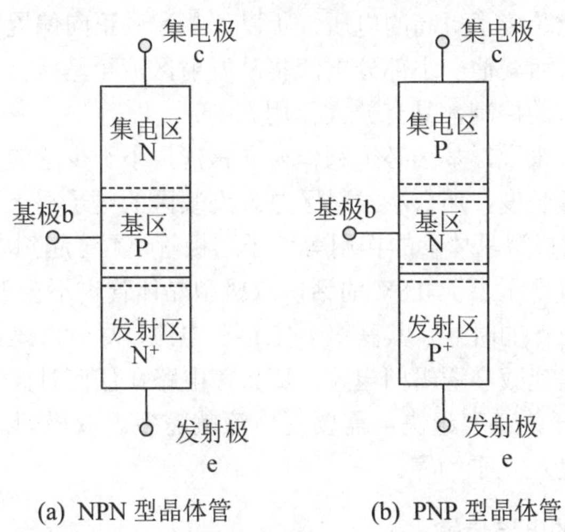

(a) NPN 型晶体管　　(b) PNP 型晶体管

图 1.22　双极型晶体管的结构示意图

以 NPN 型晶体管为例来说明双极型晶体管的工作原理。双极型晶体管有两个 PN 结，为了使双极型晶体管能正常工作，发射结必须正偏，由于 PN 结的正向导通电压约为 0.7V，所以发射结的正向偏压大约需要 0.8V，而在集电结上施加一数值较大的反向偏压，例如 5−0.8=4.2V，如图 1.23 所示。

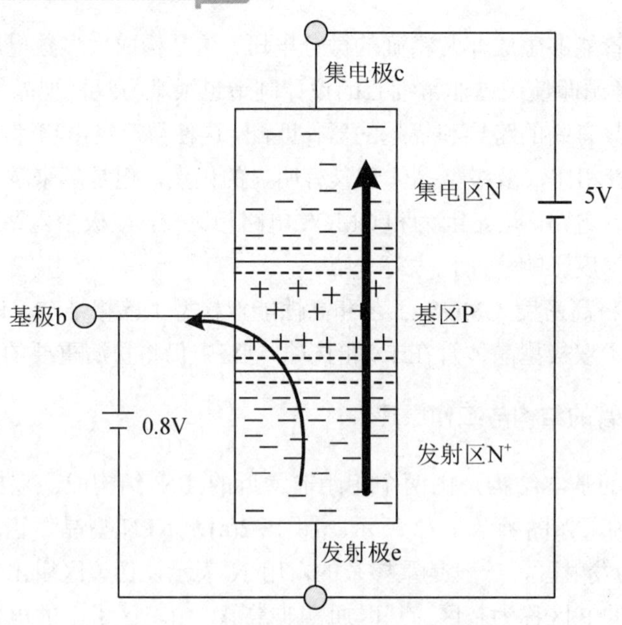

图 1.23　NPN 型晶体管的工作原理

在图 1.23 中，由于发射极正向偏置，电子开始从发射区漂移至基区。由于基区非常薄，小于少子(电子)的扩散长度，所以漂移至基区内的电子不会停止运动，而是依靠扩散运动至集电结附近，并被反向偏置的集电结空间电荷区的电场拉至集电区内，最后从集电极流出。由于在整个器件上跨接了更高的电压，所以那些流进正向偏置发射结的电流大部分都流入了顶部的集电区，而其他一小部分电流将从发射区流至基区，并从基极流出。这时输出电流受基极输入电流的控制，具有放大作用。

对于双极型晶体管来说，基区必须制作得非常薄，小于少子的扩散长度。如果基区的宽度远大于少子的扩散长度，那么从发射区进入到基区的电子将不再向集电区流动，而只是从基极流出，这时双极型晶体管的作用等效于二极管，不再起到电流放大的作用。同样，如果发射结的正向偏置电压小于 0.8V 的话，双极型晶体管也不会工作。

双极型晶体管在工作的时候，其基极一定存在电流，尽管这是人们所不希望的。如果利用双极型晶体管来搭建数字逻辑门电路，那么该电路在任何时候都存在一个固定的静态电流，而且门电路的开关速度越快，需要的电流就越多。双极型晶体管的功耗较大，而 CMOS 管电路的静态功耗几乎为零。

1.4.2　双极型晶体管的电流传输

通过双极型晶体管的工作原理分析可知，对于 NPN 型晶体管，正向偏置的发射结把电子注入基区内，由于基区的宽度远小于电子的扩散长度，所以注入基区内的电子来不及复合就扩散到反向偏置的集电结附近，并被集电结强大的电场抽取至集电区。集电结虽然处于反向偏置，却流过很大的电流。

NPN 型晶体管内电子的传输过程为：电子从发射极出发，通过发射区到达发射结，由发射结发射到基区，再由基区输运到集电结边缘，然后由集电结收集，流过集电区，到达集电极，成为集电极电流。

在双极型晶体管内存在多种电流成分，如图 1.24 所示。

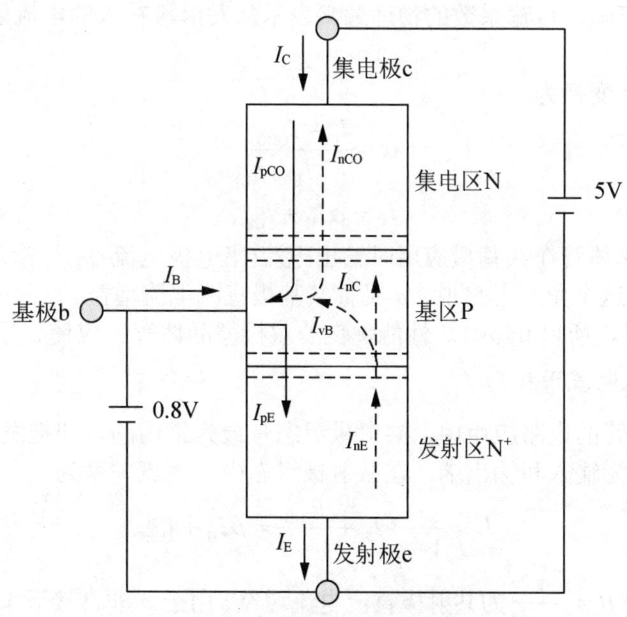

图 1.24　NPN 型晶体管的各种电流成分

在图 1.24 中虚线代表电子流动，实现代表空穴流动，空穴流动的方向与电流方向一致，电子流动的方向与电流相反。其中，I_{pE} 表示发射结反向注入电流，I_{nE} 表示发射结正向注入电流，该电流往集电结运动过程中会有极小一部分与基区多子复合产生复合电流 I_{vB}，绝大部分电流达到集电结被抽取至集电区形成电流 I_{nC}，I_{pCO} 表示集电极反向扩散空穴流，I_{nCO} 表示集电极反向扩散电子流，I_{pCO} 和 I_{nCO} 构成集电结的方向饱和电流 I_{CBO}。

从图 1.24 可得到双极型晶体管各电极电流之间的关系：

$$I_E = I_{nE} + I_{pE} \tag{1-11}$$

$$I_C = I_{nC} + I_{CBO} \tag{1-12}$$

$$I_B = I_{pE} + I_{vB} - I_{CBO} \tag{1-13}$$

$$I_{nE} = I_{nC} + I_{vB} \tag{1-14}$$

根据电流的连续性可知

$$I_E = I_C + I_B \tag{1-15}$$

对于双极型晶体管，I_E 和 I_C 非常接近，I_B 很小。

1.4.3　双极型晶体管的基本性能参数

1. 共基极直流电流增益

通过对双极型晶体管电流构成的分析可知，双极型晶体管的作用是将发射极电流(输入)尽可能多地传输到集电极(输出)。定义传输系数 α 如下：

$$\alpha = \frac{I_{nC}}{I_E} \tag{1-16}$$

通过式(1-16)可知，传输系数的物理意义表示从发射极输入的电流 I_E 中有多大比例传输到集电极。

将式(1-16)进行变换为

$$\begin{aligned} \alpha &= \frac{I_C - I_{CBO}}{I_E} \\ I_C &= \alpha I_E + I_{CBO} \end{aligned} \tag{1-17}$$

式(1-17)表明晶体管在共基极应用时输出电流(集电极电流 I_C)与输入电流(发射极电流 I_E)之间的关系。从这个角度上来说，α 又称共基极直流电流增益。

由于 $I_{nC}<I_{nE}<I_E$，所以 $0<\alpha<1$。性能优良的双极型晶体管，应使 α 尽可能地接近于 1。

2. *共射极直流电流增益*

在双极型晶体管的电路应用中，共射极组态是最为常用的，即把发射极作为公共端，基极和集电极分别为输入和输出端。在共射极组态中，电流关系为

$$I_C = \frac{\alpha}{1-\alpha} I_B + \frac{I_{CBO}}{1-\alpha} = \beta I_B + I_{CEO} \tag{1-18}$$

在式(1-18)中，$\beta = \dfrac{\alpha}{1-\alpha}$ 为共射极直流电流增益，由于 α 非常接近 1，所以 β 远大于 1；$I_{CEO} = \dfrac{I_{CBO}}{1-\alpha}$。

在直流工作点附近，电流 I_{CBO} 远远小于 I_C，于是由式(1-18)可得

$$I_C = \beta I_B \tag{1-19}$$

式(1-19)表明，若基极流过一个很小的电流 I_B，则在集电极将流过一个较大的电流 βI_B，实现了电流放大作用。

通常把集电极(或发射极)电流与基极电流之比称为双极型晶体管的增益，该增益与晶体管的驱动方式有关。

3. *发射效率和基区输运系数*

双极型晶体管内的电流传输过程可以简单地概括为：发射结发射电流→基区输运电流→集电结收集电流。引入发射效率 γ_E 和基区输运系数 γ_B 来表示前两个环节传输电流的效率，二者的定义如下：

$$\left.\begin{aligned} \gamma_E &= \frac{I_{nE}}{I_E} \\ \gamma_B &= \frac{I_{nC}}{I_{nE}} \end{aligned}\right\} \tag{1-20}$$

通过式(1-20)可知，γ_E 为正向注入到基区的电子电流与发射极总电流之比，代表在发射极电流中对电流放大起作用的有效部分，γ_E 越接近于 1 越好。γ_B 为通过基区输运到集电结的电子电流与注入到基区的电子电流之比，反映了由发射结注入到基区中的电子中有多少被输运到集电结，γ_B 也是越接近于 1 越好。

小思考：通过分析 MOS 晶体管和双极型晶体管的工作原理，请思考二者中哪种属于电压控制电流器件，哪种属于电流控制电流器件。

本章小结

本章主要介绍半导体物理和器件物理的相关理论知识，主要内容如下：

1. 半导体中的电子与空穴的导电机理
2. 半导体的掺杂机理
3. PN 结的结构和电流电压特性、PN 结电容
4. MOS 场效应晶体管的结构和工作原理
5. MOS 场效应晶体管的电流电压特性和 MOS 管电容
6. 双极型晶体管的结构与工作原理
7. 双极型晶体管的基本性能参数

【习题】

【第 1 章习题解答】

1. 如何理解本征半导体和掺杂半导体材料的导电机理？
2. 如何理解空穴的导电机理？
3. 简述 PN 结的结构与导电特性。
4. PN 结电容主要包括(　　)和(　　)两部分。
5. 简述 MOS 场效应晶体管的结构。
6. MOS 场效应晶体管可分为(　　)、(　　)、(　　)和(　　)共 4 类。
7. 简述 MOS 场效应晶体管的电流电压特性。
8. MOS 场效应晶体管的电容主要包括(　　)、(　　)、(　　)和(　　)这 4 种。
9. 画出 MOS 管的电流电压特性曲线，并对各个工作区域进行简要分析。
10. 简述双极型晶体管的结构与工作原理。
11. 双极型晶体管的基本性能参数主要包括(　　)、(　　)、(　　)和(　　)。

第2章

集成电路制造工艺

【本章知识架构】

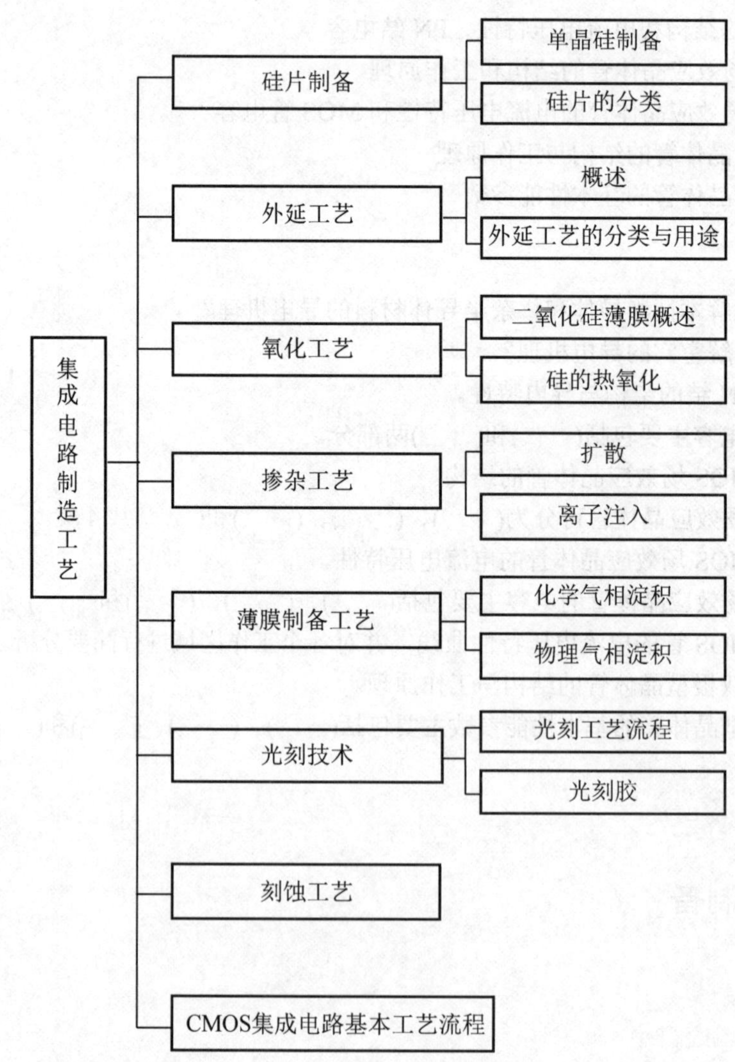

【本章教学目标与要求】

- 了解硅片制备的方法，包括直拉法、磁控直拉法和悬浮区熔法
- 熟悉外延工艺的方法与用途
- 熟悉氧化工艺的原理、方法以及二氧化硅薄膜的用途
- 熟悉掺杂工艺的原理、方法，包括扩散掺杂与离子注入掺杂
- 熟悉薄膜制备工艺的原理与方法，包括化学气相淀积与物理气相淀积
- 掌握光刻的基本工艺流程
- 了解刻蚀工艺，包括干法刻蚀与湿法刻蚀
- 掌握 CMOS 集成电路的基本工艺流程

【引言】

近年来，通信、信息、计算机等产业取得了迅速的发展，这一切都要归功于微电子工业的发展。集成电路是最重要的微电子产品，其发展水平已经成为代表一个国家科技发展水平的重要标志。

集成电路制造工艺(见图 2.0)是一项复杂而又高精度的制造过程，是实现半导体硅片至集成电路芯片的桥梁。

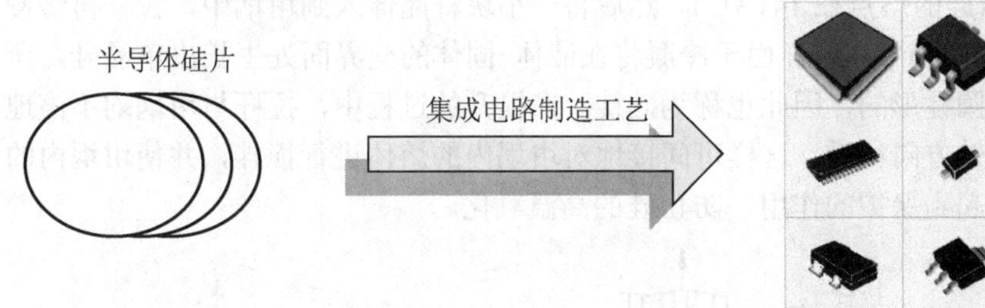

图 2.0　集成电路制造工艺

本章主要介绍集成电路制造工艺的相关理论知识，使大家熟悉和了解各项集成电路制造工艺的基本原理和用途。本章的知识内容可以帮助大家熟悉集成电路制造的基本工艺流程，为学习集成电路版图设计的相关设计规则奠定了基础。

2.1　硅片制备

硅、锗和砷化镓都是集成电路产品中使用最多的半导体衬底材料。其中，锗材料最早被使用，现在已经很少使用了；砷化镓材料主要用于高频(>GHz)、高速模拟电路的衬底材料以及光电应用的微电子产品；硅材料与锗和砷化镓相比较具有原材料充分、密度低、热学性能好、机械性能好等优点，因此成为集成电路应用最广泛的半导体材料，无论是在大

规模、超大规模集成电路上还是大功率器件上，都普遍采用硅材料作为衬底材料。人们对硅的研究最为深入，硅片的制备工艺也最为成熟。

2.1.1 单晶硅制备

集成电路通常采用硅材料制备，制备集成电路的硅材料必须是非常“完美”的单晶，而自然界中的硅元素通常都是以化合物的形式存在，并不是以单质的形式存在，因此必须经过冶金提炼等多道工序才能获得硅单晶材料。

石英砂(又称硅石)的主要成分是二氧化硅，由于石英砂在地球上的存在非常普遍，因此可利用石英砂来制备硅单晶材料。石英砂首先通过冶炼得到冶金级硅，冶金级硅中硅的含量在 98%～99%，其中还含有铁、铝、碳、铜等杂质，所以冶金级硅也称为粗硅；粗硅的纯净度低和晶体结构的无序性使其并不适用于制备单晶材料；于是再经过酸洗、蒸馏等一系列提纯方法得到高纯度的多晶硅(纯度达到 99.9999999%，即 11N)，又称电子级多晶硅，电子级多晶硅的纯度越高，制备的单晶硅晶格才越完整，电子级多晶硅的纯度较高，但仍然属于多晶材料；最后再利用熔融的多晶硅拉制出单晶硅。利用熔融多晶硅制备单晶硅的方法主要有直拉法、磁控直拉法和悬浮区熔法。

直拉法是比较常用的制备单晶材料的方法，是由切克劳斯基(J.Czochralski)在 1918 年发明的，因此由熔融多晶硅中拉制出单晶硅的方法又称 Czochralski 法，简称 CZ 法。如图 2.1 所示，该方法采用一个装有电子级多晶硅的石英坩埚，用加热器将坩埚的温度升高至 1420℃左右使硅融化(硅的熔点在 1417℃)。然后将一小块籽晶伸入到坩埚中，拉杆再缓慢提升，提升速度约为 10μm/s，这样由于冷凝将在液体-固体的交界面处生长出单晶硅，所制备的单晶硅通常是圆柱形的，因此也称为硅锭。在提升的过程中，拉杆与坩埚均不停地缓慢旋转且二者的旋转方向相反，这样可间接地对坩埚内的熔体进行搅拌，并使坩埚内的温度均匀。惰性气体起到保护的作用，防止硅的高温氧化。

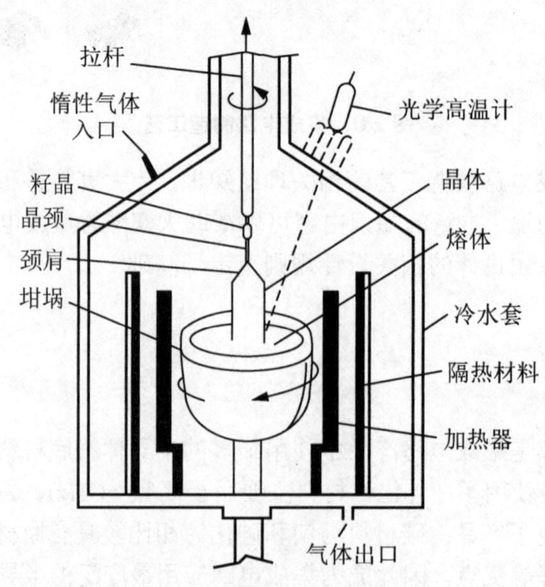

图 2.1 直拉法生长单晶硅

籽晶是制备单晶硅必不可少的种子。籽晶作为晶核必须首先保证其晶格完好，表面无氧化层、无划伤。籽晶作为复制样本，使得拉制出的单晶硅的晶向与籽晶的晶向相同。而且籽晶的存在使得熔体向晶体转化的势垒降低，于是单晶硅的拉制变得相对容易。

知识要点提醒

拉制出的单晶硅的晶向取决于籽晶的晶向。

Czochralski 法需要精确控制晶体的尺寸。在拉制初期通常先快速提拉形成颈部，颈部的直径在 2～3mm，因此快速提拉过程也称为缩颈。然后再逐渐放慢速度使得单晶硅达到所需的直径，该过程称为放肩，最后再匀速拉制出等直径的单晶硅硅锭，该过程如图 2.2 所示。缩颈是直拉法中比较重要的步骤。在单晶制备初期，在籽晶与熔体交界面处位错与表面划痕等缺陷较多，因此缩颈能够终止这些缺陷向晶体内部延伸，缩颈的长度只大于 3mm 即可满足要求。通常使用具有自动控制系统的单晶炉来制备单晶硅。

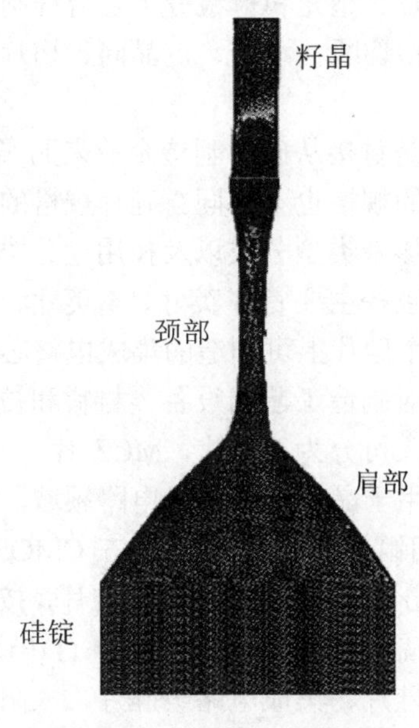

图 2.2　缩颈作用示意图

磁控直拉法(Magnetism CZ，MCZ)是在直拉法的基础上发展起来的。由于存在地球引力以及温度差的作用，使得坩埚内的熔体产生对流，对流不但会将坩埚表面的氧带入到熔体内，而且使得生长出的硅锭表面有条纹，影响晶体的均匀性。如果在单晶炉上施加一强磁场，利用磁场产生的洛仑兹力来抑制熔体对流的产生，就会减少氧的掺入，保证单晶硅生长环境的稳定性，硅锭表面无条纹，晶体均匀性好。因此磁控直拉法能够生长出无氧、高阻、均匀性好的大直径单晶硅锭。但由于必须产生强磁场，所以磁控直拉法的设备相对复杂，生产成本也较高。

悬浮区熔法(Frozen Z，FZ)是一种无坩埚的生长方法，是将多晶硅锭和单晶籽晶分别由卡具加持并反向旋转，利用高频加热器在二者连接处产生悬浮的熔融区，多晶硅锭连续地通过熔融区并熔化，然后由于冷凝在熔体-晶体的交界面处转化为单晶。悬浮区熔法与直拉法和磁控直拉法相比较，不存在坩埚，因此没有坩埚带来的污染，能够制备出高纯度、高阻、高品质的单晶硅。

小思考：*在制备单晶硅的 3 种方法中，哪种方法制备的单晶硅的直径最大？*

2.1.2 硅片的分类

由于集成电路通常都是制作在硅晶体的表面，透入到表面的深度并不是很深(约几微米)，所以硅锭通常被切割为多个薄片，称为晶圆(即硅片)。在每个硅片上能制造成百上千个集成电路，硅片的直径越大，能制造的集成电路芯片就越多，每个集成电路芯片的成本也就越低，因此人们一直在提高工艺手段、改进工艺方法，尽可能地制造大直径的硅片。目前人们已经可以制造出直径达到 18 英寸的硅片。

单晶硅锭要经过切片、磨片、抛光和检验等工艺流程制备成集成电路所使用的衬底材料——硅片，而切片流程又包括切断、滚圆、定晶向、切片、倒角、研磨、腐蚀、抛光、清洗和检验等多个步骤。

集成电路制造企业一般都是直接从硅片制造企业来购买硅片的，所要制造的集成电路芯片的用途不同，采购的硅片的规格也不相同。硅片规格的分类方法有很多，例如，按直径分类，按生长方法分类，按掺杂类型分类以及按用途分类等。

如果按直径分类，硅片的直径主要有 3 英寸、4 英寸、6 英寸、8 英寸、12 英寸、18 英寸等规格。直径越大，在一个硅片上可制造的集成电路芯片就越多，每个芯片的成本就越低。当然硅片的尺寸越大，对制造工艺的设备、材料和技术的要求也越高。

如果按单晶生长方法分类，可分为 CZ 片、MCZ 片、FZ 片以及外延硅片。外延硅片是利用外延技术制造的，主要用于晶体管和集成电路领域，由于具有硅单晶衬底和外延层的独特结构，使得其具有消除闩锁效应的能力，因此在 CMOS 集成电路的制造中使用较多。

如果按掺杂类型分类，可分为 N 型硅片和 P 型硅片，按掺杂程度分为轻掺杂、中掺杂和重掺杂硅片。还可按硅片的晶向分类，包括(100)、(110)、(111)晶向硅片。还可以按硅片的用途分类，包括二极管级硅片、集成电路级硅片、太阳能电池级硅片等。

2.2 外延工艺

2.2.1 概述

在合适的晶体衬底上利用化学或物理的方法规则地生长单晶半导体薄膜的工艺称为外延工艺。新生长的晶体称为外延层，有外延层的硅片称为外延硅片。对于外延工艺来说，衬底必须是晶体，新生长的外延层是沿着衬底晶向生长的，与衬底成键，晶向一致。衬底既可以由与淀积半导体材料相同的晶体组成的，也可以由不同材料的晶体构成。外延层和衬底的材料相同称为同质外延，外延层和衬底的材料不同称为异质外延。单晶硅薄膜已经

可以在合成蓝宝石或尖晶石的衬底上生长，因为这些物质都具有与硅一样可以形成晶核的晶体结构，这项技术称为 SOI(Silicon on Insulator)技术。SOI 技术能有效地防止元件之间的漏电流，抗辐照闩锁，而且，由于取消了元件之间的隔离环，使器件尺寸变得更小。但由于制作蓝宝石或尖晶石晶圆的成本要远远超过同样尺寸的硅片，因而大多数外延淀积还是由生长在硅衬底上的硅薄膜构成的。即使这样，外延硅片还是比普通硅片要贵得多。

大多数硅的外延工艺都采用低压化学气相淀积(Low Pressure Chemical Vapor Deposition，LPCVD)进行外延，称为气相外延。气相外延就是含外延层材料的物质以气相形式流向衬底，在衬底上发生化学反应，生长出与衬底晶向相同的外延层。如图 2.3 所示，外延气体四氯化硅($SiCl_4$)与还原气体氢气(H_2)一起被通入到反应器中，发生化学反应，四氯化硅被还原成硅，在衬底的表面缓慢地形成外延层，同时生成氯化氢(HCl)气体。氢化砷(AsH_3)和氢化硼(B_2H_6)为掺杂剂，用来改变外延层的掺杂类型和掺杂浓度。RF 线圈对装有衬底的基座进行加热。真空泵将产生的有害气体排出。图 2.3 只是硅的气相外延示意图，实际的外延设备要复杂得多。

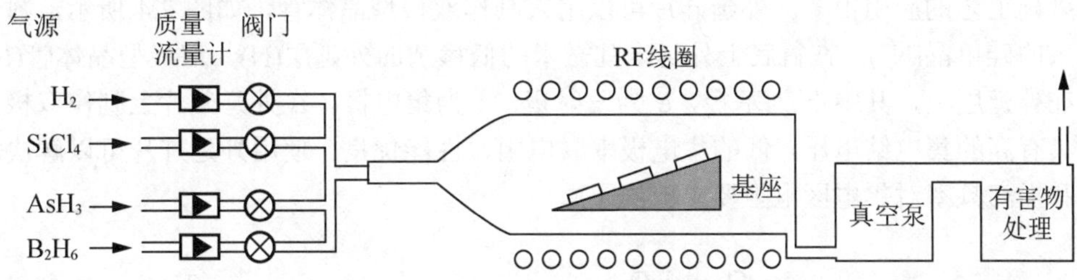

图 2.3　硅的气相外延示意图

在衬底上生长外延层有很多优点。尽管外延层的晶向与衬底相同，但外延生长时掺入杂质的类型、浓度都可以与衬底不同。例如，在高掺杂衬底上生长低掺杂的外延层；P 型外延层可以生长在 N 型衬底上，通过外延工艺直接生成 PN 结；外延硅不会像直拉法生成的硅一样被氧或碳元素沾污，质量好；外延层的厚度可以调节，多个外延层可以连续生长，并且形成的堆叠结构可以用于形成晶体管或其他器件；利用多次外延可以得到不同掺杂类型、不同掺杂浓度、不同厚度、不同材料的复杂结构的外延层。正因为有这些优点，外延工艺已经成为集成电路工艺的一个重要组成部分，推动了集成电路芯片的发展，提高了集成电路的性能，增加了制作工艺的灵活性。

外延工艺的缺点包括设备复杂，造价昂贵，外延生长速度缓慢(约 1μm/min)，生产效率低，成本高。

2.2.2　外延工艺的分类与用途

1. 外延工艺的分类

外延工艺种类繁多，可以按工艺方法、外延层/衬底材料、工艺温度、外延层结构、外延层电阻率等分类。

按工艺方法分类，外延工艺主要有气相外延、液相外延、固相外延和分子束外延。其中气相外延工艺最为成熟，是硅外延的主要工艺。分子束外延属于物理气相外延，多用于

外延层薄、杂质分布复杂的多层外延，能制造出高质量、高精度的外延层，但设备复杂，价格昂贵，生产效率低，成本高，一般只有在生长的外延层结构非常复杂时才采用。

按外延层/衬底材料分类，外延工艺可分为同质外延和异质外延。同质外延指的是外延层与衬底材料相同的外延，也称为均匀外延。异质外延指的是外延层与衬底材料不同，也称为非均匀外延。由于外延层与衬底材料不同，异质外延具有相容性问题。衬底与外延层的化学特性是否相同、热力学参数是否匹配、晶格参数是否接近，都会影响外延层的生长质量。

按工艺温度分类，外延工艺可分为高温外延(工艺温度 1000℃以上)、低温外延(工艺温度 1000℃以下)、变温外延(先低温后高温)。

按外延层结构分类，外延工艺可分为普通外延、选择外延和多层外延。普通外延是指在整个衬底上生长外延层；选择外延是指在衬底的部分区域上外延；多层外延是指不止一层外延，例如，采用分子束外延生成 $P/N/N^+$外延硅片。

2. 外延工艺的用途

外延工艺的应用很多。外延硅片可以用来制作双极型晶体管，如图 2.4 所示，衬底为重掺杂的硅单晶(N^+)，在衬底上外延十几微米的低掺杂的外延层(N)，双极型晶体管(NPN)制作在外延层上，其中 b 为基极，e 为发射极，c 为集电极。在外延硅片上制作双极型晶体管具有高的集电结电压，低的集电极串联电阻，性能优良。使用外延硅片可以解决增大功率和提高频率对集电区电阻要求上的矛盾。

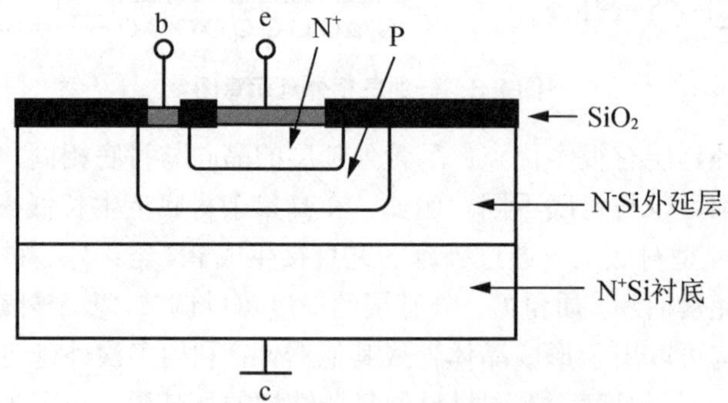

图 2.4　外延硅片上的双极型晶体管

集成电路制造中，各元件之间必须进行电学隔离。利用外延技术的 PN 结隔离是早期双极型集成电路常采用的电隔离方法。利用外延硅片制备 CMOS 集成电路芯片可以避免闩锁效应，避免硅表面氧化物的淀积，而且硅片表面更光滑，损伤小，芯片成品率高。外延工艺已经成为超大规模 CMOS 集成电路中的标准工艺。

2.3　氧化工艺

氧化工艺指的是在硅片表面上生长二氧化硅薄膜的工艺方法，由于工艺温度高(900℃～1200℃)，所以又称热氧化工艺。

2.3.1　二氧化硅薄膜概述

1. 薄膜概述

如果将硅片暴露在空气中，在常温下它的表面就会生长一薄层二氧化硅。由于常温下的氧化速度非常慢，而且生成的氧化层太薄，因此通常需要在高温下进行硅的热氧化。在现代集成电路工艺中，氧化是必不可少的工艺手段。二氧化硅在集成电路中有极其重要的作用，二氧化硅与硅之间的完美界面特性成就了集成电路的硅时代。

二氧化硅是自然界中普遍存在的物质，二氧化硅的基本结构是 Si-O 四面体网络状结构，如图 2.5 所示，四面体的中心为硅原子，4 个顶角上为氧原子。二氧化硅也分为结晶型和无定形，无定形又称玻璃体，属于“长程无序、短程有序”的物质结构。在集成电路工艺中，制作和利用的都是无定形的二氧化硅。

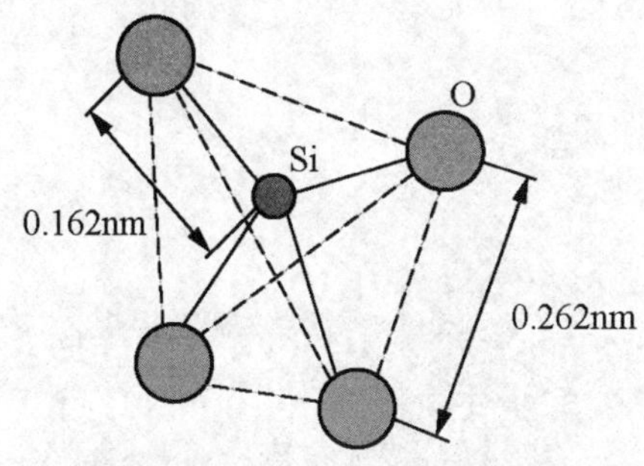

图 2.5　二氧化硅的基本结构

热氧化生长的二氧化硅与硅的界面特性非常完美，图 2.6 为利用透射电子显微镜(Transmission Electron Microscope，TEM)拍摄的在单晶硅表面上热氧化生长的二氧化硅薄膜照片，照片的上半部分为二氧化硅，下半部分为硅。从图 2.6 中可以看出，二氧化硅与硅的交界面非常完整，原子分布连续，结合紧密，几乎没有缺陷。这种完美的界面特性使得二氧化硅非常适合作为集成电路结构的一部分，如 MOS 场效应晶体管的栅氧。

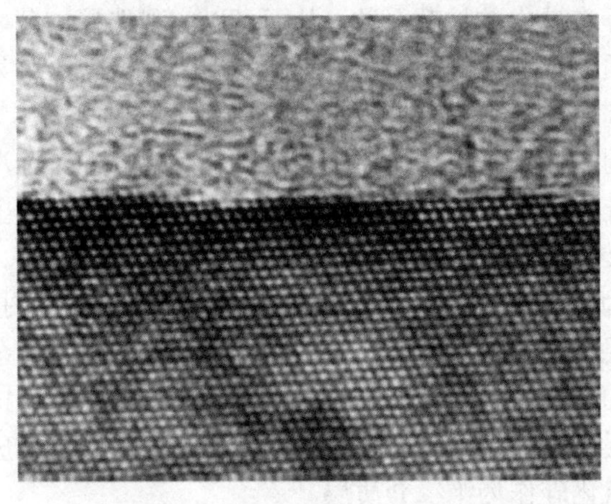

图 2.6　硅/二氧化硅界面的 TEM 照片

2. 二氧化硅薄膜作用

二氧化硅是集成电路工艺中使用最多的介质薄膜，其在集成电路中的应用也非常广泛。二氧化硅薄膜的作用包括：器件的组成部分、离子注入掩蔽膜、金属互连层之间的绝缘介质、隔离工艺中的绝缘介质、钝化保护膜。

二氧化硅可以作为器件的组成部分，例如，MOS 场效应晶体管栅极下面的介质层就是由二氧化硅薄膜构成的，这层二氧化硅薄膜又称栅氧。如图 2.7 所示，图中有两条白色虚线，虚线的左上部分为多晶硅(Polysilicon)，多晶硅作为 MOS 场效应晶体管的栅极。虚线的右下部分为硅衬底，两条虚线之间部分为二氧化硅薄膜，作为栅极下面的介质层，厚度很薄，只有 0.8nm(栅氧厚度小于 3 个原子层，Gate oxide less than 3 atomic layers thick)。由于栅氧的厚度很薄，就必须要求栅氧的致密度非常高，才能保证足够的绝缘强度。

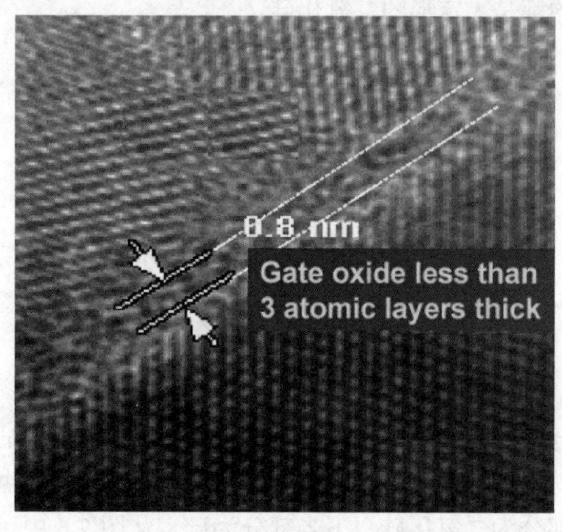

图 2.7　二氧化硅薄膜作为栅氧

二氧化硅的另一个重要作用是对某些杂质能起到掩蔽作用。由于某些杂质在二氧化硅中的扩散系数要远小于在硅中的扩散系数，从而可以实现选择扩散，即二氧化硅保护了某些区域从而避免了杂质的进入。例如，在离子注入工艺中，需要对某些区域选择性地注入杂质，而其他区域不需要注入杂质，这时就可以使用二氧化硅来作为掩蔽膜，如图 2.8 所示，有二氧化硅存在的区域受到保护，杂质不能进入，杂质进入了没有二氧化硅保护的区域。正是由于二氧化硅的制备与离子注入、光刻等工艺相结合，才出现了平面工艺并推动了集成电路的迅速发展。

二氧化硅可以作为金属互连层之间的绝缘介质。随着集成电路技术的发展，集成电路的规模不断提高。单层金属互连系统已经无法满足需要，多层互连金属系统可以在更小的芯片面积上实现相同的功能，从而提高集成度，因此多层金属互连技术已经成为集成电路发展的必然要求。多层金属互连系统由金属导电层和绝缘介质层构成，在不同的金属导电层之间，可以使用二氧化硅作为绝缘介质层。

二氧化硅还可以作为隔离工艺中的绝缘介质。在集成电路制造中，各元件之间必须进

行电学隔离。以 CMOS 集成电路工艺为例，每个 MOS 场效应晶体管与衬底之间依靠 PN 结隔离，但在 PMOS 管和 NMOS 管之间需要介质隔离。CMOS 的介质隔离工艺主要包括局部场氧化工艺(Local Oxidation Silicon，LOCOS)和浅槽隔离(Shallow Trench Isolation，STI)。这两项工艺都利用二氧化硅作为绝缘介质(Isolation Oxidation)，实现元件之间的电学隔离，如图 2.9 所示。

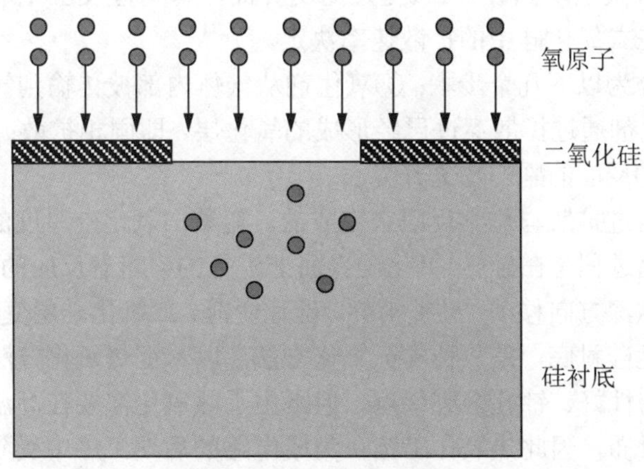

图 2.8　二氧化硅薄膜的杂质掩蔽作用

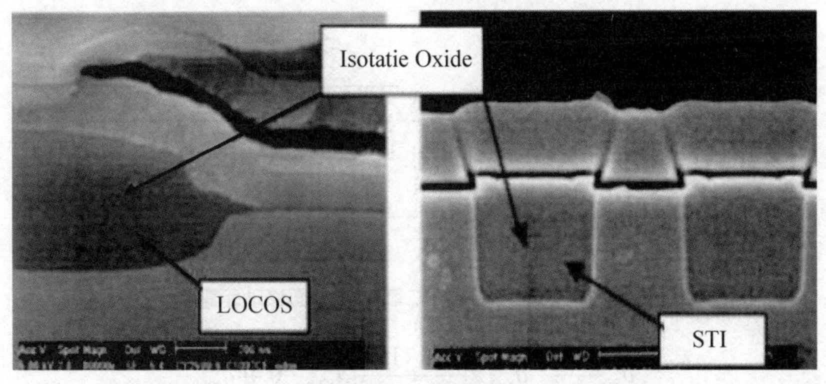

图 2.9　二氧化硅薄膜作为隔离工艺的绝缘介质

二氧化硅还可以作为钝化保护膜。集成电路芯片制造完毕后，需要在其表面上淀积一层钝化膜，起到保护芯片表面、避免划伤、免于沾污、避免化学腐蚀等作用。常用的钝化保护膜有二氧化硅和氮化硅(Si_3N_4)。

2.3.2　硅的热氧化

【热氧化工艺视频】

制备二氧化硅的工艺有很多，主要包括热氧化、化学气相淀积和物理气相淀积。热氧化制备二氧化硅就是在高温和氧化物质(氧气或水蒸气)存在的条件下，在硅片表面上生长出所需厚度的二氧化硅。采用热氧化工艺制备的二氧化硅，其质量好，物理化学稳定性高，工艺重复性好。热氧化已经成为制备二氧化硅的最常用的工艺方法。

1. 热氧化机理

硅的热氧化是一个表面过程，氧化剂(氧气或水蒸气)与硅原子发生化学反应生成二氧化硅。如果硅表面上原来没有氧化层，则氧化剂直接与硅反应生成二氧化硅，这时的生长速率由表面化学反应的快慢决定。当硅表面上已经生长(或者原有)一定厚度的二氧化硅时，氧化剂必须以扩散方式运动到硅-二氧化硅的交界面，再与硅反应生成二氧化硅，此时的生长速率由氧化剂在二氧化硅中的扩散速率决定。

氧化过程主要分为以下几个步骤：①氧化剂从气体内部被传输到气体/氧化物界面，即氧化剂输运；②氧化剂通过扩散穿过已经形成的氧化层，即固相扩散；③在氧化层/硅界面处发生化学反应；④反应的副产物离开界面。

硅的热氧化是通过扩散与化学反应来完成的。随着二氧化硅厚度的增加，生长速率将逐渐下降。由于氧化过程是在硅-二氧化硅界面上进行的，随着反应的进行，硅-二氧化硅界面将不断向硅片纵深方向移动。硅被消耗，硅片变薄，二氧化硅层变厚，如图 2.10 所示。热氧化方法需要消耗硅衬底，是一种本征氧化方法。以本征热氧化方法生长的二氧化硅薄膜具有沾污少、致密性好、针孔少等优点。但是由于热氧化需要在高温下进行，而高温会影响硅片内的杂质分布，因此热氧化工艺在集成电路的后期工序中受到严格的限制；而且热氧化只能在硅衬底上生长二氧化硅，在非硅衬底上不能生长二氧化硅，钝化保护膜不能采用热氧化方法制备。

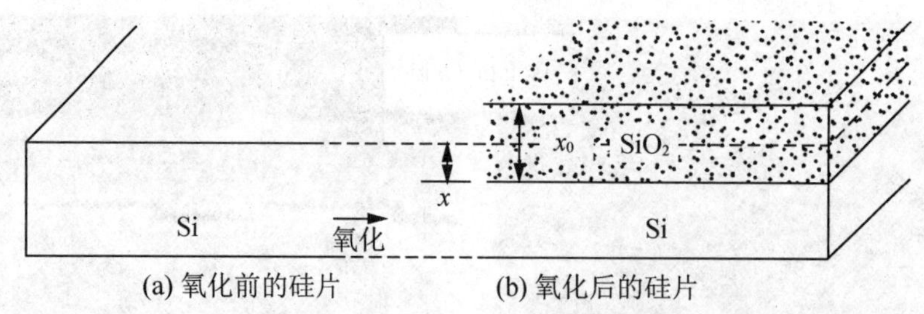

(a) 氧化前的硅片　　(b) 氧化后的硅片

图 2.10　热氧化中硅-二氧化硅界面移动示意图

$$d_{Si}=\frac{n_{SiO_2}}{n_{Si}}d_{SiO_2}=\frac{2.2\times10^{22}}{5\times10^{22}}d_{SiO_2}=0.44d_{SiO_2} \tag{2-1}$$

根据质量守恒定律，利用式(2-1)可知，生长 1μm 厚的二氧化硅大约需要消耗 0.44μm 厚的硅。

知识要点提醒

硅的热氧化只能在硅衬底上生长二氧化硅，属于本征氧化方式。由于热氧化不能在非硅衬底上生长二氧化硅，所以如果利用二氧化硅作为芯片的钝化保护膜，则该保护膜不能采用热氧化方法制备，一般可利用化学气相沉积工艺制备。

2. 热氧化分类

热氧化工艺按使用的氧化气氛可分为干氧氧化、水汽氧化和湿氧氧化。

干氧氧化就是将干燥纯净的氧气直接通入到高温反应炉内，氧气与硅表面的原子反应生成二氧化硅。其反应式为

$$Si(s)+O_2(g)=SiO_2(s) \tag{2-2}$$

式中：s 表示固体(Solid)，g 表示气体(Gas)。

干氧氧化的特点：二氧化硅结构致密、均匀性和重复性好、针孔密度小、掩蔽能力强、与光刻胶黏附良好不易脱胶；生长速率慢、易龟裂不宜生长厚的二氧化硅。目前制备高质量的二氧化硅薄膜基本上都是采用这种方法，例如，MOS 场效应晶体管的栅氧。

水汽氧化指的是高纯水蒸汽水通入到反应炉内，水蒸汽与硅原子反应生成二氧化硅，其反应式为

$$Si(s)+2H_2O(g)=SiO_2(s)+2H_2(g) \tag{2-3}$$

水汽氧化的特点：氧化速率快、生成的二氧化硅质量差、结构疏松、致密性差、针孔密度大，与光刻胶粘附性差易浮胶。

湿氧氧化就是使氧气先通过加热的高纯去离子水(95℃)，氧气中携带一定量的水汽，使氧化气氛既含有氧，又含有水汽。因此湿氧氧化兼有干氧氧化和水汽氧化的作用，氧化速率和二氧化硅质量介于二者之间。

实际热氧化工艺通常采用干、湿氧交替的方式进行，例如，先干氧 15min，然后再湿氧 30min，最后再干氧 15min。这种干氧—湿氧—干氧相结合的方式可获得结构致密、针孔密度小、质量好、适合光刻的二氧化硅薄膜，同时又能提高氧化速率，缩短氧化时间。

2.4　掺杂工艺

集成电路中的掺杂工艺就是将一定数量的某种杂质(硼、磷和砷等元素)掺入到半导体衬底材料中，以改变衬底的电学特性，并使掺入杂质的数量、分布形式和深度等都满足要求。掺杂工艺包括扩散和离子注入。

2.4.1　扩散

扩散是一种自然现象，是微观粒子普遍的运动形式。如果存在杂质浓度梯度，那么运动的结果将是使浓度分布趋向于均匀。

扩散工艺是集成电路中最基本的工艺之一，指的是在高温(1000℃左右)及有特定杂质气氛条件(N 型或 P 型杂质)下，杂质以扩散方式进入衬底的确定区域，实现衬底定域、定量掺杂或形成 PN 结的工艺方法，也称为热扩散。

杂质原子进入到半导体材料中有两种扩散方式，一种是杂质原子占据硅原子的位置，称为替位式扩散；另一种是杂质原子位于晶格间隙中，称为间隙式扩散。集成电路工艺常用的硼、磷和砷等杂质在硅中的扩散都是替位式扩散。

在集成电路工艺中，杂质在硅中的扩散通常有两种方式：恒定表面源扩散和限定表面源扩散。

1. 恒定表面源扩散

恒定表面源扩散是指在扩散过程中，硅片表面的杂质浓度始终保持不变。恒定表面源扩散是将硅片处于恒定浓度的杂质气氛中，硅片表面的浓度 C_s 达到该温度下杂质在硅中的固溶度，从而使杂质扩散到硅表面的薄层的一种扩散方式。

恒定表面源扩散的杂质分布形式如图 2.11 所示。在图 2.11 中，横轴(x)表示至硅片表面的距离(即深度)，纵轴表示杂质的浓度[C(x，t)]。C_s 表示硅片的表面浓度，C_B 表示衬底原有杂质的浓度，如果扩散杂质的类型与衬底原有杂质的类型不同，那么在二者相等的位置将形成 PN 结，$x_{j1\text{-}3}$ 表示结的深度。

通过图 2.11 可知，在表面浓度一定的条件下，扩散时间(t)越长，杂质扩散的就越深，扩散到硅中的杂质数量也就越多，不同时间内扩散到硅中的杂质由该曲线与横、纵坐标轴围成的面积决定。恒定表面源扩散的优点是可以通过扩散时间来控制掺入杂质的数量。在通常的扩散条件下，表面杂质浓度可近似地等于在该扩散温度下杂质在硅中的固溶度，而固溶度在扩散温度范围内(900℃～1200℃)基本不变。因此对于恒定表面源扩散，它的缺点就是无法通过改变温度来控制表面杂质浓度。

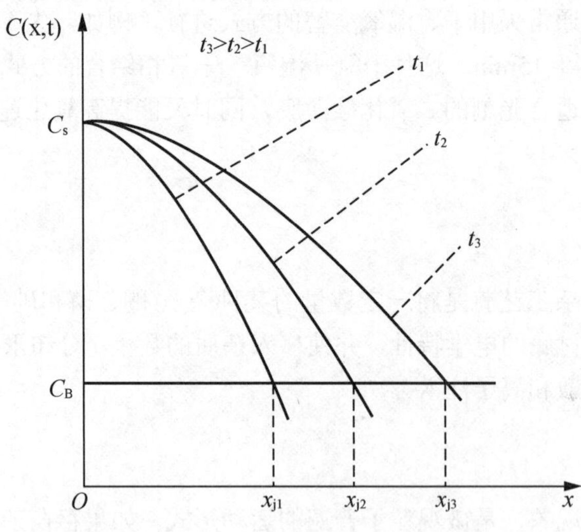

图 2.11　恒定表面源扩散的杂质分布

2. 限定表面源扩散

限定表面源扩散是指在扩散过程中硅片外部不存在杂质气氛，杂质源限定于扩散前淀积在硅片表面一薄层内的杂质总量，而扩散过程中无新的杂质加入，单纯依靠这些有限的杂质向硅片内进行的扩散。限定表面源扩散的杂质分布形式如图 2.12 所示。

由图 2.12 所知，限定表面源扩散的杂质分布与扩散温度和扩散时间有关。当扩散温度相同而扩散时间不同时，扩散时间越长，杂质扩散就越深，表面浓度就越低。当扩散时间相同而扩散温度不同时，扩散温度越高，杂质扩散就越深，表面浓度就越低。由于限定表面源扩散的杂质数量是一定的，因此在图 2.12 中，无论是图(a)还是图(b)，每条曲线与横、纵坐标轴围成的面积都是相等的。限定表面源扩散的优点是可以制备形成低表面浓度，缺点是不能控制掺入杂质的数量。

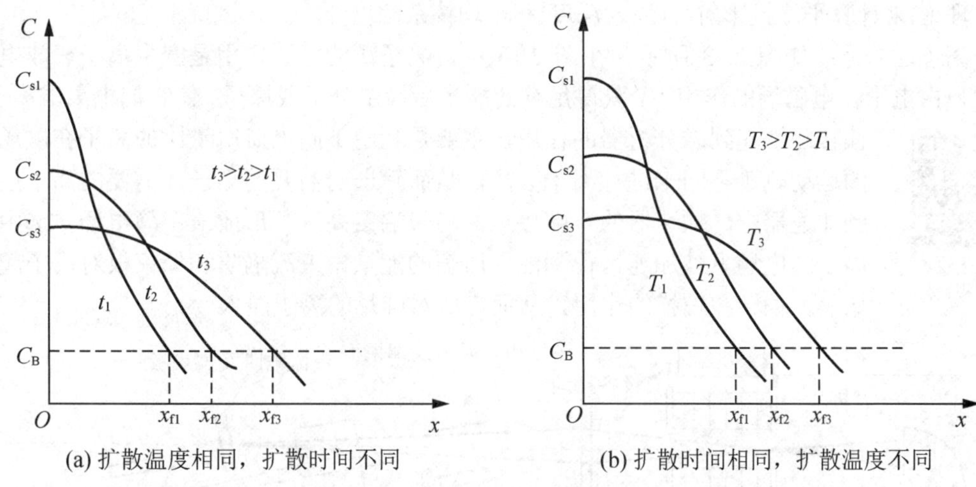

(a) 扩散温度相同，扩散时间不同　　(b) 扩散时间相同，扩散温度不同

图 2.12　限定表面源扩散的杂质分布

3. 两步扩散工艺

恒定表面源扩散虽然能够控制掺入杂质的数量，但不能任意控制表面杂质浓度；而限定表面源扩散虽然能控制表面杂质浓度，但不能控制掺入杂质的数量。因此为了同时满足对表面杂质浓度、杂质数量等要求，在实际的生产过程中，通常采用将恒定表面源扩散和限定表面源扩散相结合的方式完成杂质的掺杂。这种相结合的扩散工艺称为两步扩散工艺。

【扩散工艺杂质原子运动机制】

两步扩散工艺中的第一步称为预扩散或预淀积，是采用恒定表面源扩散的方式，在硅片表面上淀积一定数量的杂质，目的是控制掺入杂质的总量。该过程扩散温度较低，扩散时间较短，杂质原子在硅片中的扩散深度很浅，就如同淀积在硅片表面一样。第二步称为主扩散或再分布，是采用恒定表面源扩散的方式，将经过预淀积的硅片放入反应炉内，使杂质向硅片内部推进，达到所需的表面杂质浓度和扩散深度。由于杂质的数量一定，要想使杂质向硅片内部推进，就必须在较高的温度下进行。

2.4.2　离子注入

离子注入指的是将离子化的杂质用电场加速射入衬底，并通过高温退火激活注入杂质并恢复晶格的掺杂工艺。离子注入是集成电路中重要的定域、定量掺杂工艺，它在很多方面都优于扩散方法。

1. 离子注入原理

离子注入指的是离子被强电场加速射入衬底(靶材料)，离子受到靶原子阻止而停留其中，经高温退火后离子成为具有电活性杂质的非平衡的物理过程。

离子进入靶中受到核碰撞和电子碰撞两种机制的影响。注入离子在靶中的分布与注入离子的能量、性质和靶的具体情况等因素都有关。在入射离子进入靶时，每个离子的运动都是无规则的，但是对于大量以相同能量入射的离子来说存在统计规律性，可以利用 J.Lindhard、Scharf 和 H.E. Schiott 等人在 1963 年提出的离子注入杂质原子分布理论(简称 LSS 理论)来计算平均投影射程(注入深度)和平均掺杂浓度。

离子注入系统如图 2.13 所示。在图 2.13 中，离子源的主要作用是产生离子。放电管内的自由电子在电磁场的作用下，获得足够的能量后撞击分子或原子，使它们电离成离子。

【离子注入工艺视频】

偏转磁铁起到磁分析器的作用，主要是利用不同电荷质量比的离子在磁场中的运动轨迹不同来进行离子分离，从而筛选出需要的离子，需要的离子进入到加速器中。加速器的一端接地，另一端接高压，形成一个静电场，选中的离子的电场下被加速，得到注入所需的能量。束流陷阱和偏束板对离子起到聚焦、偏转和扫描的作用，从而完成对硅片的离子注入。

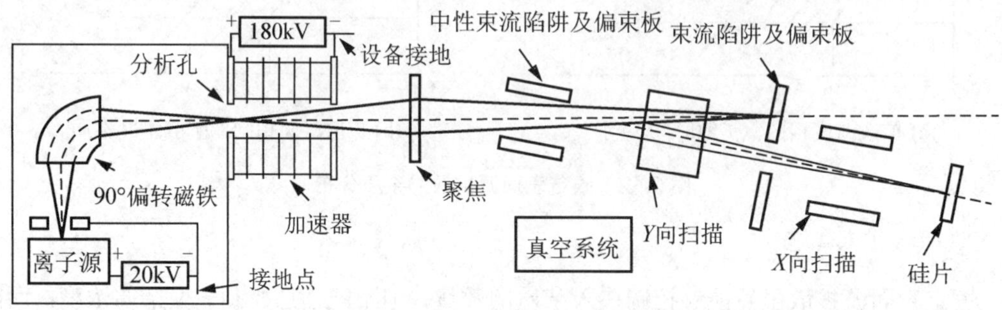

图 2.13　离子注入系统原理示意图

2. 离子注入用途

集成电路制造的很多工序都采用离子注入技术来完成，如隔离工序中防止寄生沟道的沟道阻断注入、调整阈值电压的沟道掺杂注入、CMOS 阱的形成及有源区(源区、漏区)的形成等主要工序都是靠离子注入来完成的。

离子注入技术可以用来实现隔离工序中防止寄生沟道的沟道阻断注入。如图 2.14 所示，在 P 型衬底上制作了两个 NMOS 场效应晶体管，为了保证正常工作，这两个 NMOS 管相邻的有源区必须保证电学隔离。可是如果在相邻的有源区之间存在多晶硅连线或金属连线，那么在此区域将形成一个寄生晶体管，一旦这个寄生晶体管导通，相邻有源区的隔离将失效。为了保证隔离始终有效，可以利用离子注入技术，提高在相邻有源区之间区域的掺杂浓度，这样即使形成了寄生晶体管，该管子的阈值电压也是很高的，使该寄生晶体管永远不能开启，从而保证隔离的有效性。

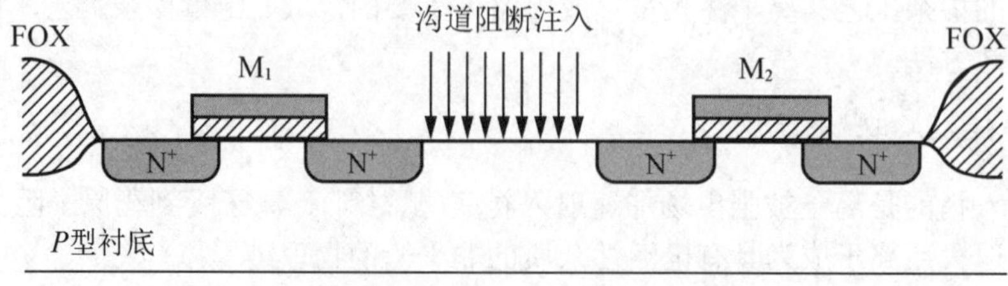

图 2.14　防止寄生沟道的沟道阻断注入

离子注入技术可以用来调整 MOS 场效应晶体管的阈值电压。阈值电压是 MOS 场效应晶体管非常重要的参数，阈值电压的控制对于集成电路来说非常重要，随着芯片特征尺寸的降低，要求阈值电压也随之降低；而且“自然”形成的 MOS 管的阈值电压通常不符合人们的要求。利用离子注入工艺可以实现对 MOS 管阈值电压的控制，使之符合人们的要求。

离子注入技术可以形成 CMOS 集成电路中的阱和有源区。对于 P 衬底 N 阱工艺来说，为了保证和衬底的电学隔离，PMOS 晶体管需要制作在 N 阱内，这个 N 阱的形成就可以利用离子注入工艺来完成，如图 2.15 所示，深色区域为 N 阱。同样 MOS 管的有源区也可以利用离子注入技术来完成，而且离子注入技术具有横向效应小的优点，有利于有源区面积的减小，从而减小芯片的面积。

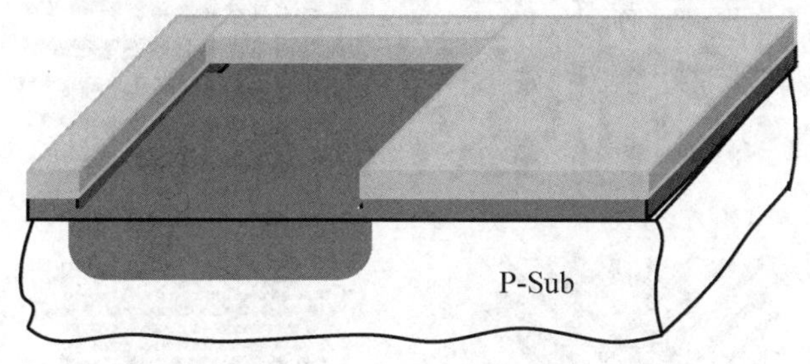

图 2.15 CMOS 阱的形成

3. 退火

注入离子进入靶材料后，经过与靶原子的碰撞而不断损失能量，最终停留在靶材料中的某处。在碰撞过程中，一些靶原子由于受到碰撞而离开晶格位置，形成了空位、间隙原子以及晶格畸变等损伤。这些损伤将降低半导体材料的特性，例如，降低了载流子迁移率、增加了缺陷的数量、增大了 PN 结的反向漏电流等。而且，注入的离子并不是以替位形式处于晶格位置上，而是处于间隙位置，这样就不具有电活性。因此，为了修复损伤并激活注入杂质，必须对半导体材料进行退火。

【离子注入工艺杂质原子运动机制】

退火就是在高温及氮、氩气等高纯气体保护下，对离子注入过的半导体材料进行处理。由于半导体处于高温下，原子振动增加，使杂质通过扩散进入替位位置，成为具有电活性杂质，并使部分恢复晶体损伤区域。退火工艺有两个目的：一是恢复晶格缺陷；二是激活杂质，使之具有电活性。退火工艺包括热退火、快速退火、激光退火、电子束退火等方法。

4. 单晶靶的沟道效应

在非晶靶中，原子不是长程有序，注入离子在靶中受到的碰撞过程是随机的，靶对离子的阻止作用是各向同性的。但是对于晶体材料，由于原子按一定规则周期地重复排列形成晶格点阵，具有一定的对称性和各向异性。因此，单晶靶对注入离子的阻止作用将不是各向同性，而与靶晶体的取向有关。以硅晶体为例，如图 2.16 所示，如果沿晶体的某些方向(<110>、<111>、<100>晶向)看去，可以看到由原子列围成的平行通道，这些通道称为沟道。当注入离子沿沟道方向运动时，其运动将很少受到碰撞，其能量损失少，注入更深。相同条件下，由于沟道效应将很难控制离子注入的浓度分布，注入深度将大于在非晶靶中的深度，这种现象称为单晶靶的离子注入沟道效应。

为了避免沟道效应，可以在离子注入时将硅片进行倾斜旋转 7°～10°。如图 2.16 所示，倾斜旋转后硅片表现出无序方向，不再存在沟道。另一个减小沟道效应的方法是在离子注入前破坏其晶格结构，利用氟(F)或氩(Ar)离子注入完成硅的预非晶化；或在离子注入前在晶体表面上覆盖一层无定形材料，注入离子经过无定形材料再注入晶体中，这种情况可以把单晶靶看成是非晶靶。

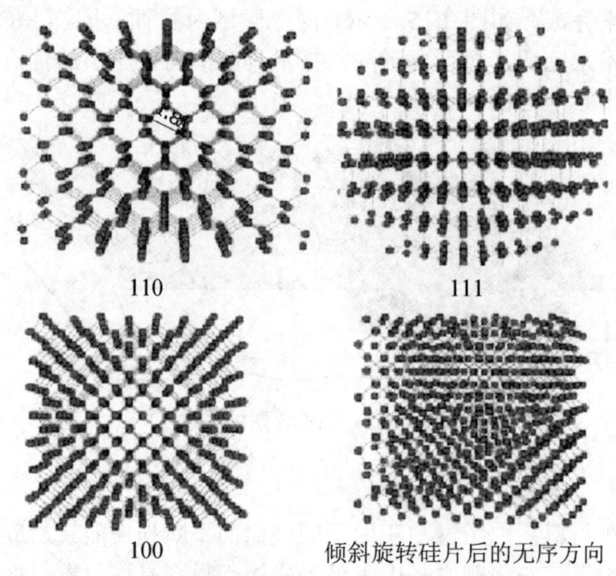

图 2.16　单晶靶的沟道效应

5. 离子注入特点

(1) 注入的离子是通过质量分析器选取出来的，其纯度高，能量单一，保证了掺杂纯度不受杂质源纯度的影响。而且，注入过程是在清洁、干燥的真空条件下进行的，各种污染被降到最低水平。

(2) 掺杂的均匀性和重复性好，当注入剂量在 10^{11}～10^{17}ions/cm^2(ions：离子的个数)的范围内时，杂质的均匀性和重复性可以达到小于 1%。

(3) 离子注入一般在室温或较低温度(<400℃)下进行，因此二氧化硅、氮化硅、铝和光刻胶等都可以作为离子注入掺杂的掩蔽膜，从而使集成电路工艺流程设计具有更大的灵活性。

(4) 通过控制注入离子的能量和剂量达到精确控制掺杂浓度和掺杂深度。

(5) 离子注入不受杂质在衬底材料中的固溶度限制，使掺杂工艺多样化。

(6) 离子注入横向扩散小，有利于芯片特征尺寸缩小。

(7) 低温的离子注入技术可实现对化合物半导体的掺杂。

离子注入与扩散都是重要的掺杂技术，二者的特点比较见表 2-1。由于二者各自具有优缺点，目前集成电路的制造工艺中，通常是将扩散和离子注入相结合，先采用离子注入将定量杂质射入到衬底表面(预淀积)，再通过扩散将杂质推入到衬底内部，形成所需的杂质分布形式与深度(再分布)。

表 2-1　扩散与离子注入的特性比较

项　目	热　扩　散	离　子　注　入
动力	高温、杂质的浓度梯度 平衡过程	动能，5～500keV 非平衡过程
杂质浓度	受固溶度限制，掺杂浓度过高、过低都无法实现	浓度不受限
结深	结深控制不精确，适合深结掺杂	结深控制精确，适合浅结掺杂
横向扩散	严重	较小
均匀性	电阻率波动约 5%～10%	电阻率波动约 1%
温度	高温工艺，约 1000℃	常温注入，退火温度约 800℃，可低温、快速退火
掩蔽膜	二氧化硅等耐高温薄膜	光刻胶、二氧化硅或金属薄膜
工艺卫生	易沾污	高真空、常温注入，清洁
晶格损伤	损伤小，无须退火	损伤大，退火也无法完全消除
设备、费用	设备简单、费用低	设备复杂、费用高
应用	深层掺杂的双极型器件或者是电路	浅结的超大规模集成电路

2.5　薄膜制备工艺

集成电路中的薄膜主要包括半导体薄膜、介质薄膜和金属薄膜，其中，半导体薄膜主要是作为微电子分立器件的功能材料和集成电路的栅极材料或电阻材料；介质薄膜主要作为集成电路的隔离材料；金属薄膜主要作为集成电路的互连材料。在集成电路中，薄膜的制备工艺主要有化学气相淀积(Chemical Vapor Deposition，CVD)和物理气相淀积(Physical Vapor Deposition，PVD)。

2.5.1　化学气相淀积

化学气相淀积工艺是集成电路工艺中制备薄膜的重要工艺方法，是将气态源材料通入到反应器(或反应室)中，通过发生化学反应在衬底表面上进行薄膜淀积。淀积的薄膜是非晶或多晶态，衬底不要求是单晶，只要是具有一定平整度，能经受淀积温度即可，这一要求比外延工艺要低。化学气相淀积具有淀积温度低、薄膜成分易于控制、均匀性和重复性好、台阶覆盖好、设备简单等优点。

1. CVD 工艺原理

化学气相淀积是一个非常复杂的过程，通常包括以下几个步骤：①气态反应剂以合理的流速通入到反应室内；②反应剂扩散至衬底表面；③反应剂吸附在衬底表面；④被吸附的原子在衬底表面上发生化学反应，生成薄膜；⑤生成的反应副产物离开衬底表面并被排出反应室。

根据化学气相淀积的反应步骤可知，要想完成薄膜的淀积，化学气相淀积的反应过程必须满足几个条件：在淀积温度下，反应剂必须具有足够高的蒸汽压，以保证反应剂始终是气态；除生成物(淀积的薄膜)之外，其他反应产物必须都是气态的，保证反应完毕能够被排出反应室；生成的薄膜必须具有足够低的蒸汽压，保证在整个反应过程中薄膜始终附着在衬底上。

2. CVD 工艺方法

化学气相淀积工艺主要包括常压化学气相淀积(Atmosphere Pressure Chemical Vapor Deposition，APCVD)、低压化学气相淀积、等离子增强化学气相淀积(Plasma Enhanced Chemical Vapor Deposition，PECVD)。

常压化学气相淀积是集成电路工艺最早使用的化学气相淀积，其淀积过程是在大气压下进行。APCVD 系统结构简单，淀积速率快，目前主要用于较厚的介质薄膜的淀积，主要缺点是存在气相反应生成颗粒物的污染。

低压化学气相淀积是在 APCVD 之后出现的，同样也是以热激活方式淀积薄膜的 CVD 工艺方法。在淀积过程中，反应室的气压在 1～100Pa 之间，所以称为低压化学气相淀积。LPCVD 主要用于介质薄膜的淀积，其台阶性和覆盖性均优于 APCVD，其缺点是淀积速率较低且对温度比较敏感。

等离子增强化学气相沉积是利用等离子体技术把电能耦合到气体中，激活并维持化学反应进行薄膜淀积的一种工艺方式。对于 APCVD 和 LPCVD 工艺，为了保证化学反应的顺利进行，必须在较高温度下进行。为了降低工艺温度，必须利用其他能源来提高反应速率，从而降低化学反应对温度的敏感，PECVD 技术就可以利用等离子体来提高低温下的化学反应速率。PECVD 淀积温度低，淀积薄膜的台阶覆盖性和附着性均好于 APCVD 和 LPCVD，但是由于反应是在较低的温度下进行，所以生成的薄膜质地疏松，薄膜材料的化学配比不好。PECVD 技术目前是超大规模集成电路中普遍使用的 CVD 技术。

2.5.2 物理气相淀积

物理气相淀积是指利用物理过程实现物质转移，将原子或分子由靶源气相转移到衬底表面形成薄膜的过程，主要包括真空蒸镀和溅射。集成电路制造技术中的大多数金属和金属化合物薄膜多采用物理气相淀积来制备。

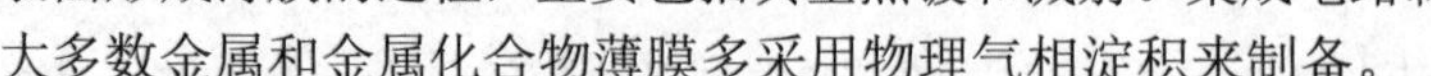

【真空蒸镀视频】

真空蒸镀是早期用于制备金属薄膜的一种 PVD 技术，是指在真空条件下，加热蒸发源，使原子或分子从蒸发源中逸出，形成源蒸汽流，从而运动至衬底表面并凝结形成薄膜的一种工艺技术。真空蒸镀具有设备简单、易于操作、制备薄膜纯度高、成膜快、生长机理简单等优点。但存在薄膜附着性、工艺重复性和台阶覆盖性不够理想等缺点。

溅射是使带有电荷的离子在电场中加速运动，使其具有一定的动能后将其射向靶电极，由于离子具有一定的能量，入射后与靶原子相碰撞从而使靶原子从靶材料中溅射出来，溅射出来的靶原子沿一定方向射向衬底，进而在衬底表面上形成薄膜。溅射是当前集成电路制造技术中制备金属和金属化合物薄膜时常采用的 PVD 方法，几乎可以制备任何固态薄膜。与真空蒸镀相比

【溅射视频】

较，具有附着性好、台阶覆盖强、化学成分易控制的优点。但溅射工艺的薄膜淀积速率较低、衬底温度较高、设备复杂、造价较高。

物理气相淀积与化学气相淀积相比较，具有工艺温度低、工艺原理简单、适用于制备各种薄膜的优点，但薄膜的台阶覆盖性、附着性、均匀性都不如 CVD 技术。

小思考：为什么金属薄膜通常是采用物理气相淀积工艺来制备？

2.6　光刻技术

生产出硅片只是集成电路制造的第一步，还有很多工艺步骤需要在硅片上淀积各种各样的薄膜材料并选择性地除去。将淀积的薄膜材料有选择性地除去对于集成电路制造来说非常重要，它是实现各种电路结构的基础。

光刻就是将光刻掩模版上的几何图形转移到覆盖在半导体表面上的对光照敏感的光刻胶上的工艺过程，是集成电路最重要的一项工艺步骤。利用光刻工艺确定集成电路中的各个区域，如有源区等，进而通过刻蚀工艺实现薄膜材料的选择性除去。由光刻工艺确定的光刻胶的图形并不是集成电路的最终结构，只是图形的复制，必须通过刻蚀工艺将光刻胶上的图形转移到光刻胶下面的材料上。集成电路制造广泛使用光刻技术，在一次集成电路制造工艺流程中，至少要经过 10～20 次的光刻工艺，可以说没有光刻技术的进步就没有集成电路的今天。

2.6.1　光刻工艺流程

光刻工艺是一项非常复杂、高精度的集成电路工艺，每一次光刻都由若干个步骤完成。基本的光刻工艺流程主要包括：底膜处理、涂胶、前烘、曝光、显影、坚膜、显影检验、刻蚀、去胶和最终检验等步骤，如图 2.17 所示。

1. 底膜处理

底膜处理是光刻工艺的第一步，其主要目的是对硅片衬底表面进行处理，以增强衬底与光刻胶之间的粘附性。底膜处理的工艺步骤为，清洗硅片衬底，使衬底表面干燥清洁，与光刻胶与衬底表面形成良好的接触；烘干衬底，避免湿气降低光刻胶的粘附性；在衬底表面上涂一层增粘剂进行增粘处理，提高衬底与光刻胶的粘附性。

2. 涂胶

涂胶又称甩胶。首先将硅片放在金属托盘上，利用托盘的真空管将硅片吸住，保证硅片和托盘一起旋转。然后将光刻胶溶液喷洒至硅片表面上，加速旋转托盘，转速通常在每分钟 3000 转(3000r/min)左右。光刻胶溶液在离心力的作用下由轴心向外飞溅，在旋转过程中光刻胶中的有机溶剂不断挥发，光刻胶薄膜变得干燥。最终由于粘附力的作用有一部分光刻胶均匀地涂抹在衬底表面上，形成光刻胶薄膜。

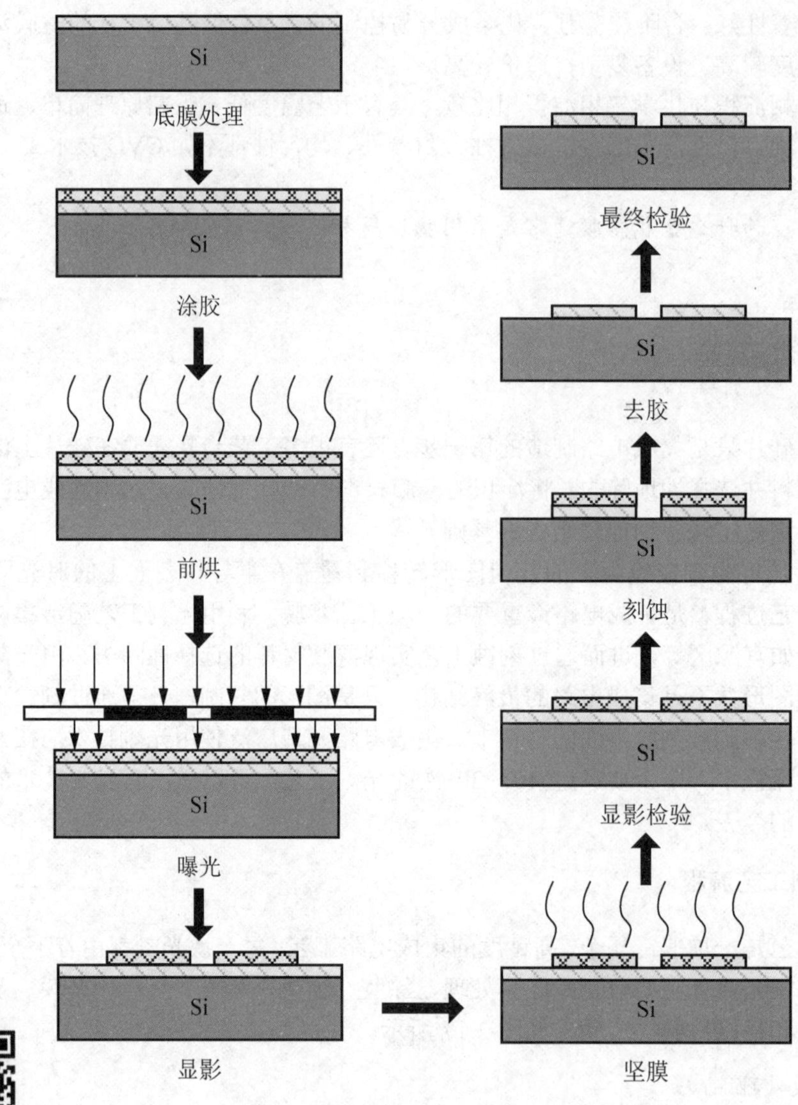

【光刻工艺视频】

图 2.17　基本光刻工艺流程示意图

3. 前烘

涂胶完毕后，在光刻胶薄膜内还存留一定量的有机溶剂，如果此时对光刻胶薄膜进行曝光处理，将会影响图形的尺寸与完好性。因此，涂胶后必须进行前烘，即将涂有光刻胶薄膜的硅片放入高温烘箱中，使光刻胶薄膜中的有机溶剂逸出，保证光刻胶薄膜的干燥。前烘的目的是增加光刻胶与衬底的粘附性，增强光刻胶的光吸收和抗腐蚀能力。

4. 曝光

曝光就是使光刻掩膜版与涂有光刻胶的衬底进行对准，用光源经过光刻掩膜版照射衬底，使接受到光照的光刻胶的化学性质发生变化。正胶发生光致分解，即接受光照的正胶将分解，从而在显影过程中被除去；负胶发生光致聚合，即接受光照的负胶将聚合，在显影过程中将保留。

5. 显影

曝光后在光刻胶薄膜上形成了潜在的图形，还必须利用显影工艺将潜在的图形真正地显现出来。显影就是利用显影液对光刻胶薄膜进行处理，使光刻胶上的图形显现出来。

6. 坚膜

坚膜就是在一定温度下，对显影后的硅片进行高温处理。坚膜的温度要高于前烘的温度，坚膜的主要作用是除去光刻胶中的剩余溶剂，提高光刻胶对硅片的粘附力，同时还能提高光刻胶在刻蚀工艺和离子注入工艺过程中的抗蚀性和保护能力。

7. 显影检验

在显影和坚膜之后需要进行光刻工艺的第一次质检，即显影检验。显影检验就是在光学显微镜、扫描电子显微镜或激光系统下检查光刻胶图形是否满足要求。显影检验的内容包括：光刻胶图形是否正确；光刻胶是否存在划痕、气泡和条纹等；光刻胶图形的边界是否清楚、线宽是否一致等；对准精度是否满足要求。显影检验的目的主要是为了保证光刻的合格率，避免光刻工艺产生次品。显影检验是必需的一步工艺，因为经过显影后只是在光刻胶上形成了图形，硅片上还没有形成真正的图形，如果不满足要求，只需要去掉光刻胶然后重新进行上述各步工艺即可。

8. 刻蚀

经过前面的一系列工艺步骤，光刻掩膜板上的几何图形已经转移到光刻胶上了，但并没有形成真正的器件结构。为了制作集成电路元器件，必须将光刻胶上的图形转移到光刻胶下面的材料上。刻蚀可以实现这个目的，完成图形的转移。刻蚀就是利用物理或化学的方法将没有被光刻胶保护的那部分材料除去，从而达到将光刻胶上的图形转移到光刻胶下的材料上的目的。从严格意义上来讲，刻蚀并不是光刻工艺流程中的一步，但却是光刻工艺中不可缺少的，只有将光刻工艺和刻蚀工艺紧密结合才能真正制作出集成电路元器件。

9. 去胶

光刻胶在光刻工艺流程中主要有两个作用：将光刻掩膜板上的图形转移至硅片衬底上；刻蚀工艺的掩蔽膜(保护膜)。当刻蚀工艺完毕后，光刻胶的两个作用已经完成，需要将其除去。去胶就是利用有机溶剂、无机溶剂或等离子体等将光刻胶除去，利用有机溶剂或无机溶剂去胶又称湿法去胶，利用等离子体去胶又称干法去胶。

10. 最终检验

最终检验是基本光刻工艺流程的最后一步，主要是利用显微镜或自动检验仪等检查在硅片衬底上形成的图形是否正确，线条宽度是否满足要求，套刻精度是否满足要求，如果一切都满足要求就可以将硅片送往下一个工艺流程了。

知识要点提醒

在光刻基本工艺流程中，刻蚀之前的所有工艺步骤只是将光刻掩膜版上的图形转移到光刻胶上，此时在硅片上并没有真正的图形存在；刻蚀工艺完成后，光刻掩膜版上的图形才真正地转移到硅片上。

2.6.2 光刻胶

光刻胶又称光致抗蚀剂，是由光敏化合物、基体树脂和有机溶剂等混合而成的胶状液体。光刻胶受到特定波长光线的作用时期化学结构会发生变化，使其在显影液中的溶解特性发生变化。根据光刻胶的曝光区域在显影液中保留还是除去，可将光刻胶分为正胶和负胶。正胶和负胶在曝光和显影后得到的图形是完全相反的，就好像将光刻掩膜版上的图形取反一样。

正胶的曝光区域在曝光后发生了化学变化，未曝光的区域没有化学变化，发生了化学变化的区域在显影液中可以被溶解，未发生化学变化的区域在显影液中不溶解，在正胶上将形成和光刻掩膜版上一模一样的图形，因此被称为正胶。在图 2.17 基本光刻工艺流程示意图中使用的就是正胶。而负胶刚好与正胶相反，负胶的曝光区域在曝光后发生了化学变化，未曝光的区域没有化学变化，发生了化学变化的区域在显影液中不能被溶解，未发生化学变化的区域在显影液中被溶解，于是在负胶上将形成和光刻掩膜版上相反的图形，因此称为负胶。

正胶和负胶相比，正胶的光刻分辨率高，图形边缘整齐，无溶胀现象，去胶较容易，但正胶的抗刻蚀性不如负胶。

2.7 刻蚀工艺

刻蚀工艺就是将光刻胶上的图形完整准确地转移到光刻胶下的衬底材料上，刻蚀工艺在衬底上真正形成了集成电路元器件的图形。

理想的刻蚀工艺应该具有以下特点：良好的各向异性刻蚀，只有垂直刻蚀没有横向钻蚀；良好的刻蚀选择性，对未被光刻胶保护区域的刻蚀速率要远大于侵蚀光刻胶的速率，保证光刻胶掩蔽的有效性，不至于过度刻蚀而损坏光刻胶下面的材料；加工容易，批量大，成本低，污染少，适合工业生产。

刻蚀工艺主要包括干法刻蚀和湿法刻蚀两种。湿法刻蚀就是利用合适的化学溶液使未被光刻胶保护的区域的材料分解并转变为可溶于此溶液的化合物从而达到去除的目的。湿法刻蚀的优点是工艺、设备简单，成本低，而且由于湿法刻蚀是利用溶液和被刻蚀材料的

化学反应，因此通过化学溶液的配比和温度的控制，可以得到较好的刻蚀速率和刻蚀选择比(即只和被刻蚀材料发生化学反应，而与其他材料基本不发生化学反应)。但是由于化学反应不具有方向性，所以湿法刻蚀属于各向同性刻蚀，即沿各个方向的刻蚀速率是一样的。湿法刻蚀的各向同性特性通常会使光刻胶边缘下面的材料也被刻蚀，产生横向钻蚀。横向钻蚀会导致图形线宽失真，在特征尺寸越来越小的今天，这一点几乎不能容忍，因此湿法刻蚀已经逐渐被干法刻蚀所替代。

干法刻蚀就是利用辉光放电产生等离子体及具有高低化学反应的中性原子或自由基，利用这些粒子和被刻蚀材料之间的化学反应达到除去薄膜材料的目的，从而将光刻胶上的图形转移到硅片上。干法刻蚀的纵向刻蚀速率远大于湿法刻蚀(方向性高)，使得位于光刻胶下面的材料得到较好的保护。但干法刻蚀存在高能粒子对硅片的轰击，硅片上的光刻胶和无光刻胶保护的区域同时受到轰击。干法刻蚀对光刻胶或掩蔽膜的要求也比湿法刻蚀要高。

2.8　CMOS 集成电路基本工艺流程

集成电路芯片制造的工艺流程就是顺次利用以上介绍的各项工艺在硅片上最终实现所设计的电学图形和结构的过程。由于 CMOS 电路具有面积小、可等比例缩小、功耗低、成本低等优点，CMOS 集成电路工艺已经成为当今最重要的集成电路制作技术。CMOS 集成电路基本工艺流程几乎涵盖了以上所介绍的所有工艺，图 2.18 所示为双阱 CMOS 集成电路基本工艺流程。

在图 2.18 中，CMOS 集成电路基本工艺流程包含了 14 个步骤，下面对各个步骤的作用进行解释。

(1) N 阱注入：利用光刻和刻蚀工艺形成 N 阱窗口，利用二氧化硅作为离子注入缓冲层，氮化硅作为离子注入掩蔽膜，采用离子注入工艺形成 N 阱，N 阱用于制作 PMOS 晶体管。

(2) P 阱注入：对 N 阱区域进行保护，光刻和刻蚀形成 P 阱窗口，同样利用离子注入工艺形成 P 阱，P 阱用于制作 NMOS 晶体管。

(3) 场注入：为了避免场区寄生晶体管导通，利用离子注入工艺调整寄生晶体管的阈值电压。

(4) PMOS 管阈值注入调整：利用离子注入工艺调整 PMOS 晶体管的阈值电压，使之符合要求。

(5) NMOS 管阈值注入调整：利用离子注入工艺调整 NMOS 晶体管的阈值电压，使之符合要求。

(6) 栅极定义：利用氧化工艺制备栅极氧化层，利用薄膜制备工艺生成多晶硅薄膜，再利用光刻和刻蚀工艺形成多晶硅栅极。

(7) NMOS LDD 的形成：为了避免热载流子效应，利用离子注入工艺形成 NMOS 晶体管的轻掺杂漏(Light Doped Drain，LDD)结构。

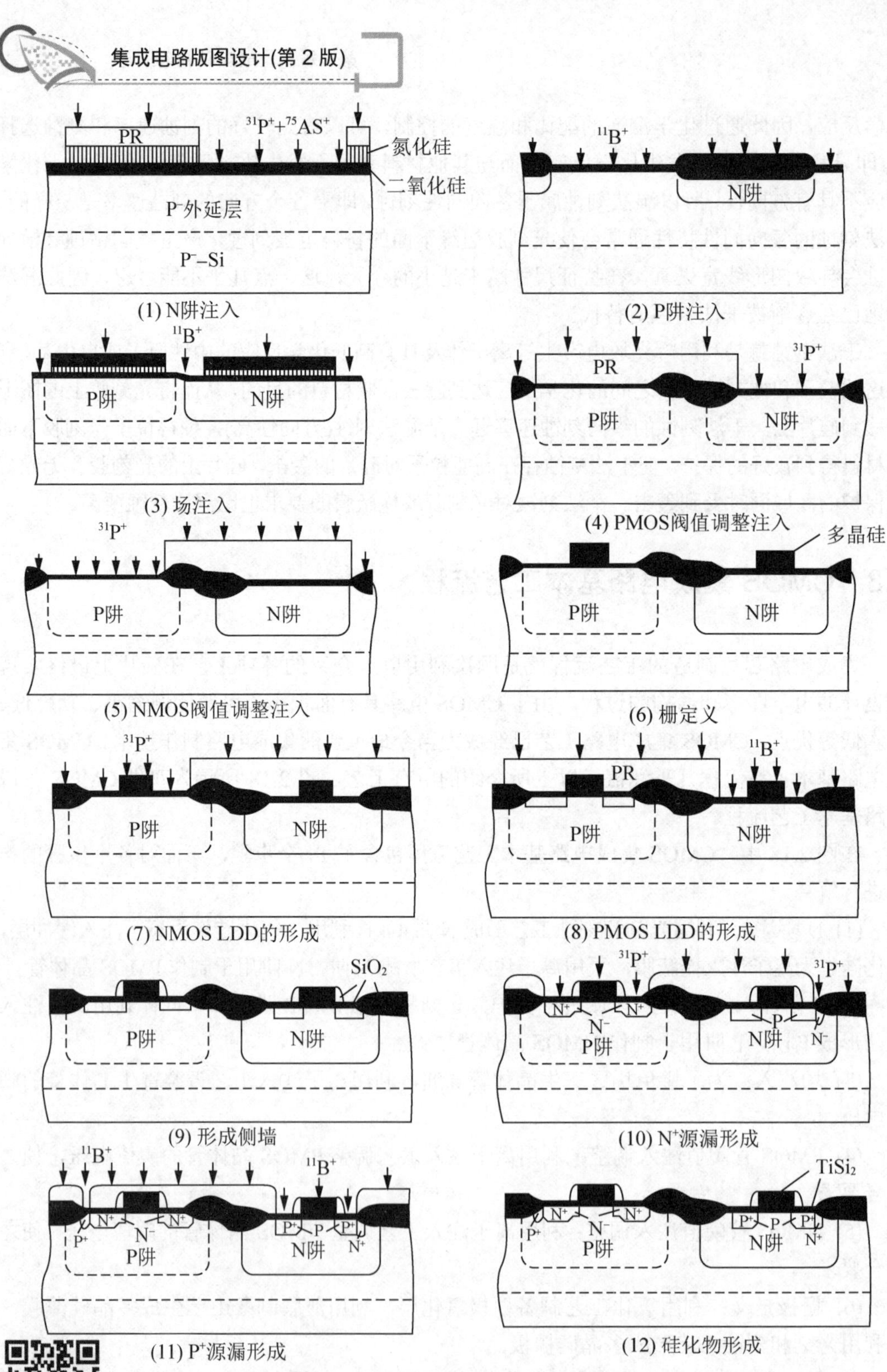

图 2.18　CMOS 集成电路基本工艺流程

【集成电路制造流程视频】

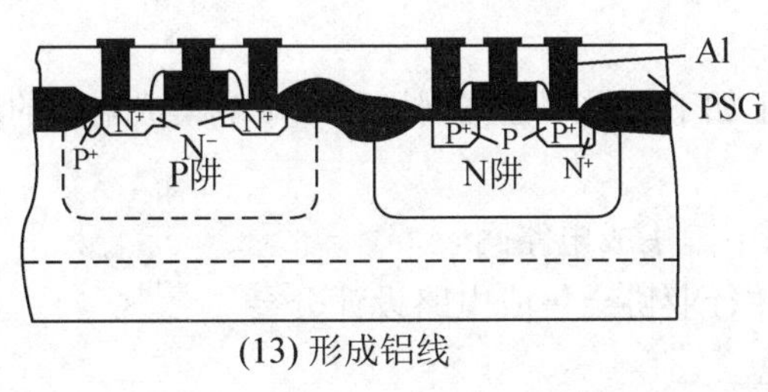

(13) 形成铝线

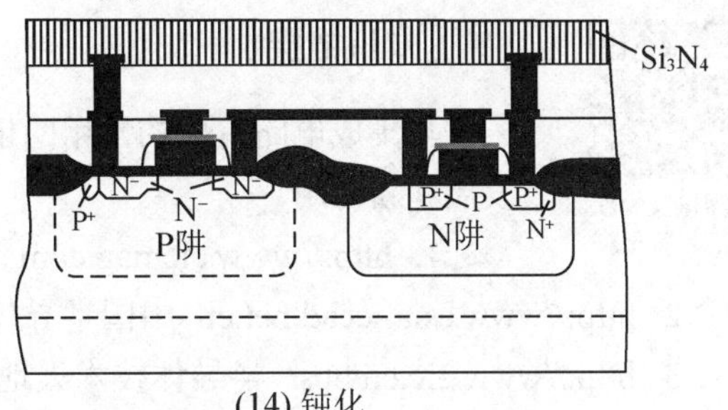

(14) 钝化

图 2.18　CMOS 集成电路基本工艺流程(续)

(8) PMOS LDD 的形成：同样形成 PMOS 晶体管的轻掺杂漏结构。

(9) 形成侧墙：在深亚微米工艺中，需要使用 $TiSi_2$ 结构的多晶硅栅极来降低栅电阻，二氧化硅侧墙的形成可以保证在形成硅化物 $TiSi_2$ 过程中源、漏区和栅极的有效隔离。

(10) N^+源漏形成：光刻胶保护 N 阱区域，光刻和刻蚀形成源漏区窗口，离子注入形成重掺杂 N^+源漏区。

(11) P^+源漏形成：光刻胶保护 P 阱区域，光刻和刻蚀形成源漏区窗口，离子注入形成重掺杂 P^+源漏区。

(12) 硅化物的形成：利用薄膜制备工艺形成 Ti 薄膜，氮气保护退火形成硅化物 $TiSi_2$。

(13) 形成铝线：利用薄膜淀积技术形成金属铝线，互连金属的层数由设计和工艺条件决定。

(14) 钝化：利用薄膜制备工艺制作氮化硅 Si_3N_4 薄膜作为集成电路芯片的钝化保护层，钝化保护层可以保护芯片避免划伤，降低芯片对外界环境的敏感性。

☺小贴士：如果利用单阱 CMOS 集成电路工艺来制造芯片，则图 2.18 所示的集成电路基本工艺流程应该怎样调整？

本章小结

本章主要介绍集成电路制造的基本工艺，主要内容如下：

【光刻与刻蚀工艺制作微结构图片】

1. 硅片制备的 3 种基本方法
2. 外延工艺的方法与用途
3. 氧化工艺的原理与方法
4. 扩散和离子注入两种掺杂工艺
5. 物理气相沉积和化学气相沉积两种薄膜制备工艺
6. 光刻的基本工艺流程
7. 湿法刻蚀和干法刻蚀
8. CMOS 集成电路的基本工艺流程

【铝栅 CMOS 工艺简介】

【知识链接】

与集成电路有关的常用网址如下，通过这些网址可以了解集成电路的新发展和新应用。

1. http://www.cicmag.com 中国集成电路网
2. http://www.csia-iccad.net.cn 中国半导体行业协会集成电路设计分会
3. http://www.2ic.cn/bbs/ 半导体技术天地
4. http://www.sichinamag.com 半导体国际
5. http://www.icedu.net 集成电路教育网
6. http://bbs.eetop.cn/ 中国电子顶级开发网论坛
7. http://www.bjicpark.com/ 北京集成电路设计网

【习题】

【第 2 章习题解答】

1. 硅片制备主要包括(　　)、(　　)和(　　)3 种方法。
2. 简述外延工艺的用途。
3. 简述二氧化硅薄膜在集成电路中的用途。
4. 为什么氧化工艺通常采用干氧、湿氧相结合的方式？
5. 半导体掺杂工艺主要包括(　　)和(　　)两种。
6. 扩散工艺为什么要采用两步扩散法(恒定表面源扩散和限定表面源扩散相结合)？
7. 比较扩散工艺和离子注入工艺的优缺点。
8. 解释离子注入工艺中的沟道效应及解决方法。
9. 薄膜制备工艺主要包括(　　)和(　　)。
10. 化学气相淀积工艺主要包括(　　)、(　　)和(　　)3 种。
11. 物理气相淀积工艺主要包括(　　)和(　　)两种。
12. 简述光刻工艺的基本工艺流程。
13. 刻蚀工艺主要包括(　　)和(　　)。
14. 比较光学光刻胶中的正胶和负胶的优缺点。
15. 简述 CMOS 集成电路的基本工艺流程。

第 3 章

操作系统与 Cadence 软件

【本章知识架构】

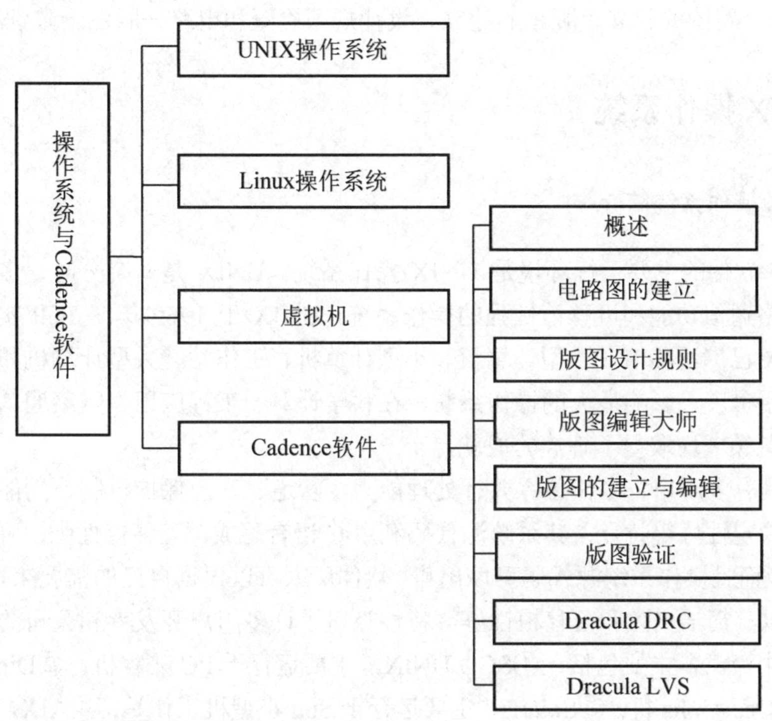

【本章教学目标与要求】

- 熟悉 UNIX 和 Linux 操作系统
- 了解虚拟机
- 掌握 Cadence 版图设计软件
- 掌握 Dracula 版图验证流程

【引言】

版图设计已经成为集成电路开发设计过程中的重要组成部分，优秀的版图设计师对高质量集成电路的开发至关重要。如何才能成为一个合格甚至优秀的版图设计师？熟练掌握版图设计软件是最基本的要求。

【Cadence 公司网址】

本章主要介绍 UNIX 和 Linux 操作系统以及版图设计软件 Cadence。UNIX 和 Linux 操作系统是 Cadence 软件运行的主要操作系统，Cadence 软件是目前最重要、最常用的版图设计软件。通过本章的学习，使大家了解 UNIX 和 Linux 操作系统，掌握 Cadence 软件中最重要的一些内容，包括电路图的建立、版图的建立、设计规则检查和电路—版图一致性检查。

3.1 UNIX 操作系统

3.1.1 UNIX 操作系统简介

Cadence 软件的主要运行环境是 UNIX 操作系统。UNIX 是一个分时、多用户、多任务、具有网络通信功能和可移植性强的操作系统。UNIX 于 1969 年在 Bell 实验室诞生，今天的 UNIX 已广泛移植在微型计算机、小型计算机、工作站、大型计算机和巨型计算机上，成为应用最广、影响最大的操作系统，在科学计算、工程应用、网络通信事务处理和科研教学等各领域均取得了辉煌的成就。

UNIX 具有多用户、多任务、并行处理能力、管道、安全保护机制、功能强大、强大网络支持、稳定性好等特点，其系统源代码利用 C 语言写成，可移植性强，可运行在多种硬件平台上。而且操作系统源代码可以出售，软件厂家可以根据自己的需要来增加或删减。

UNIX 以其简洁高效和可移植性好等特性吸引了许多用户开发者和公司的注意，到现在已形成多个流派，主要包括：①SCO UNIX，主要运行于 PC 兼容机；②Digital UNIX，主要运行于 Dec Alpha 机；③Solaris，主要运行于 Sun 小型机工作站；④AIX，主要运行于 IBM 机；⑤HPUX，主要运行于 HP 小型机工作站；⑥Linux，可运行于各种机器。

3.1.2 UNIX 常用操作

当打开终端电源后就会自动出现登录信息，当终端与 UNIX 系统连通后，在终端上会出现“Login:”提示符。在“Login:”提示符下输入用户名，出现“Password:”提示符后再输入口令，如以 abc 用户登录的过程为：Login：abc；Password:，输入的口令并不显示出来。输入完口令后，一般会出现上次的登录信息，以及 UNIX 的版本号。当出现 TERM 一行时，要求输入所使用的终端类型。最后出现 UNIX Shell 提示符(“$”或“%”)，当以 root 用户登录时，系统提示符为“#”。然后系统等待用户输入命令，与 DOS 操作系统相类似。

一些简单常用的 UNIX 命令见表 3-1。

表 3-1　简单的 UNIX 命令

UNIX 命令	举　例	解　释
man	man date	获取命令的帮助信息
date	date	查看当前日期
cal	cal 2012	查看日历
banner	banner “ABCD”	显示大字
bc	bc	计算器
passwd	passwd	修改密码
who	who	报告当前登录的用户
who am i	who am i	查看我是谁，即用户名
clear	clear	清除屏幕

在每次使用完系统后，一定要进行注销，以防他人通过你的账号进入系统，并保证系统的完整性。注销过程如下：在 UNIX 提示符下，运行$ exit 或$ logout 或直接按 Ctrl+D 组合键。由于 UNIX 操作系统的不同，注销的命令也可能不同。注销是某个用户自己离开系统，而系统并未关闭，它还在为另外没有退出系统的其他用户服务着。

当 UNIX 系统出现问题需要重新启动时，只需执行 reboot 命令即可。reboot 命令可以使系统重新引导，类似于 DOS 的热启动。UNIX 系统的终止不是简单关掉电源就行了，而是先执行 shutdown 命令，然后再切断电源，如果直接切断电源则会破坏文件系统的完整性，这样下次开机后还需要进行清理文件系统的工作。

3.1.3　UNIX 文件系统

UNIX 系统是在其文件系统中存储和修改文件的。对于每个系统来说可以建立和获得多个文件系统。总的说来，一个文件系统就类似于 DOS 中被设置的一个驱动器名。例如，一个典型的 UNIX 系统可以有一个根文件系统(/)，一个主文件系统(/home)等。这些文件系统可以在一个硬盘上，也可以存放在多个硬盘上。文件系统除了可以建立在硬盘上外还可以建立在软盘、磁带上，UNIX 系统把外设如打印机、软盘和目录等均作为文件对待。UNIX 操作系统是区分字母大小写的。

UNIX 操作系统可由多个可以动态安装及拆卸的文件系统组成。UNIX 文件系统主要分为两大类：根文件系统和附加文件系统。根文件系统(Root File System)包含构成操作系统的程序和目录，每一个 UNIX 操作系统在其主硬盘上至少含有一个文件系统，一般由“/”符号来表示。除根文件系统外的其他文件系统都是附加文件系统，如/u 文件系统，AFS 文件系统等。

一些常用的 UNIX 文件系统命令见表 3-2。

表 3-2　常用的 UNIX 文件系统命令

UNIX 命令	举　例	解　释
pwd	pwd	显示当前目录
cd	cd /usr	改变目录
cd	cd /	进入根目录

续表

UNIX 命令	举　例	解　释
mkdir	mkdir abc	创建目录
rmdir	rmdir abc	删除空目录
rm -r	rm -r abc	删除目录及其内容
ls	ls abc ls -l abc(文件长列表) ls -a abc(所有类型文件) ls -d * (不进子目录)	显示目录内容
cat	cat file1.c	显示文本文件内容
more	more file1.c	一次一屏显示文本文件内容
cp	cp file1 file2	复制文件
mv	mv call.test call.list	移动(重命名)文件
rm	rm call.list	删除文件

3.1.4　UNIX 文件系统常用工具

1. Vi 编辑器

Vi 编辑器是 UNIX 的强有力的文本文件编辑工具，利用它可以建立、修改文本文件。在当前的各种 UNIX GUI 界面下都提供了文本编辑器，其操作方法和 WINDOWS 下的 notepad 类似，可以方便地进行文本编辑。

Vi 编辑器常用的两种状态方式为文本输入方式和命令方式。文本输入方式主要是对当前文本文件进行输入编辑，而命令方式是控制对文本文件的保存和退出等操作。

Vi 编辑器的进入可以采用如下方式：Vi 文件名。打开文件后，通过不同的按键进入不同的文本输入方式，不同文本输入方式的进入见表 3-3。

表 3-3　不同的文本输入方式

按　键	解　释
a	将在光标所在位置后插入文本
A	将在光标所在行末插入文本
i	将在光标所在位置插入文本
I	将在光标所在行的第一个非空字符前插入文本
o	将在光标所在行的下一行开始插入文本
O	将在光标所在行的上一行开始插入文本

在 Vi 编辑器中可以进行光标的移动，光标的移动可以通过键盘上的上下左右箭头来完成，也可以在命令方式下按“h、j、k、l”键来实现“左、下、上、右”的移动。

文本编辑完毕后，需要按 Esc 键来退出文本输入方式并进入命令方式。在命令方式下，除了可以进行光标的移动外，还可以对文本文件进行保存、退出等操作，具体命令见表 3-4。

表 3-4　命令方式

方　式	解　释
：wq	存盘退出
：q	不存盘退出
：q!	不存盘强行退出
：w	只存盘不退出

2. find 命令

find 命令会在指定目录及其子目录下查找符合条件的特定文件，此命令的最大用处是忘了文件的正确所在时如何找到该文件。

find 命令的格式为：find 目录名条件。目录名为欲开始寻找的目录所在，find 会寻找此目录及其子目录，可以有多个目录名称，只要目录与目录之间用空格分开即可。欲搜索文件的条件可包含文件名称、属主、最后修改时间等。查找的不同条件见表 3-5。

表 3-5　查找条件

条　件	解　释
-name name	指定要被寻找的文件或目录名称，可用通配符如 -name '*.c'
-print	将符合条件的路径打印出来
-size n	寻找占用 n 个 block 的文件
-type x	以文件类型作为寻找条件，文件类型 x 如下： d——目录(directory)，f——文件(file)， b——块(block)，c——字符(character)， p——管道(pipe)
-user user	寻找属于 user 所拥有的文件，user 可为用户名或 uid 号
-group group	寻找用户组为 group 的所有文件，group 可为组名称或 gid 号
-links n	寻找链接数等于 n 的所有文件
-atim n	寻找 n 天之前曾被存取的文件
-mtime n	寻找 n 天之前曾被修改的文件
-exec command {}\;	用寻找到的文件作为执行 command 的对象，{}内存欲执行 command 时所需的参数

find 命令可能需要花好几分钟才能完成工作，因而可以在后台运行该命令，也就是说用户可以重新定向它们的输出到某个文件，以便在空闲的时候再查看搜索的结果，方法是用一个&符号结束命令行，告诉 UNIX 在后台运行该命令。例如，find / -name "abc*" -print >abc.file &。当任务执行完毕时输入命令 cat abc.file 来观察搜索结果 cat abc.file。由于一个文件对不同用户的权限不同，普通用户可能只能搜索到部分文件。因此若要搜索出所有的文件，建议按如下两点操作：一是以超级用户的身份操作，二是从根目录开始搜索。

3. grep 命令

grep 在整个文本文件中寻找特定字符串并将所有出现该字符串的行打印，其命令格式为：grep 字符串文件名。例如，grep“Hello world” sample.doc，这行命令将在 sample.doc 文件里查找字符串 Hello world，由于字符串中存在空格，所以用引号。

4. 文件的备份和恢复程序 tar

使用 tar 命令可将多个文件合并成一个文件库的方式存放于磁带或磁盘上，当需要时可由文件库获取所需的文件。tar 命令格式为：tar [function-option/modifier] [files]，其中 function-option 为功能选项，用来设定 tar 的动作，例如读取和写入等，包括：r 是将所指的文件附加在文件库后；x 为读取文件库内的文件，如文件名为目录则连子目录也会被读取；c 为建立一个新文件库；g 为将文件由文件库的最前头开始建立而不是写在最后一个文件后。modifier 为修改选项，用来修改 tar 的动作，包括：v 为启动显示模式，tar 会显示所处理的文件名；w 为启动确认模式，tar 处理每个文件之前要求用户先加以确认；f 为表示文件库为 file，省略此项以预设的磁带或磁盘为对象。

5. 文件压缩和解压程序

compress 命令可将文件压缩以减少存储空间，压缩后的文件以.z 结尾，解压缩命令为 uncompress。压缩命令格式为 compress filename，解压缩命令格式为 uncompress compressed-filename。

还可以利用 pack 和 unpack 来压缩和解压缩文件，压缩后的文件以.z 结尾。其命令格式为 pack filename 和 unpack filename。

6. 计算器

执行 bc 命令可进行简单的计算，例如：$bc 回车；2*5 回车；10；Ctrl+D。即输入 bc 后按回车键(Enter 键)进入计算器，然后输入 2*5，按回车键，显示结果为 10，最后按 Ctrl+D 组合键退出计算器。

3.2 Linux 操作系统

UNIX 虽然是一个安全、稳定且功能强大的操作系统，但它也一直是一种大型的而且对运行平台要求很高的操作系统，只能在工作站或小型机上才能发挥全部功能，并且价格昂贵，对普通用户来说是可望而不可即的，这为后来 Linux 的崛起提供了机会。

简单地说，Linux 是一套可免费使用和自由传播的类 UNIX 操作系统，它主要用于基于 Intel x86 系列 CPU 的计算机上，其目的是建立不受任何商品化软件的版权制约的、全世界都能自由使用的 UNIX 兼容产品。

Linux 以它的高效性和灵活性著称。它能够在个人计算机上实现全部的 UNIX 特性，具有多任务、多用户的能力。Linux 可在 GNU 公共许可权限下免费获得，是一个符合 POSIX 标准的操作系统。Linux 操作系统软件包不仅包括完整的 Linux 操作系统，而且还包括了文本编辑

器、高级语言编译器等应用软件。它还包括带有多个窗口管理器的 X-Windows 图形用户界面，如同我们使用 Windows NT 一样，允许我们使用窗口、图标和菜单对系统进行操作。

Linux 之所以受到广大计算机爱好者的喜爱，主要原因有两个，一是它属于自由软件，用户不用支付任何费用就可以获得它和它的源代码，并且可以根据自己的需要对它进行必要的修改和无约束地继续传播。另一个原因是，它具有 UNIX 的全部功能，任何使用 UNIX 操作系统或想要学习 UNIX 操作系统的人都可以从 Linux 中获益。

Linux 系统的主要特点包括以下方面：

开放性：指系统遵循世界标准规范，特别是遵循开放系统互连(OSI)国际标准。

多用户：指系统资源可以被不同用户使用，每个用户对自己的资源(如文件、设备)有特定的权限，互不影响。

多任务：指计算机同时执行多个程序，而且各个程序的运行互相独立。

良好的用户界面：Linux 向用户提供了两种界面——用户界面和系统调用，Linux 还为用户提供了图形用户界面，它利用鼠标、菜单、窗口、滚动条等设施，给用户呈现一个直观、易操作、交互性强的友好的图形化界面。

设备独立性：指操作系统把所有外部设备统一当作文件来看待，只要安装它们的驱动程序，任何用户都可以像使用文件一样操纵、使用这些设备，而不必知道它们的具体存在形式。Linux 是具有设备独立性的操作系统，它的内核具有高度适应能力。

丰富的网络功能：完善的内置网络是 Linux 一大特点。

可靠的安全系统：Linux 采取了许多安全技术措施，包括对读、写控制、带保护的子系统、审计跟踪、核心授权等，这为网络多用户环境中的用户提供了必要的安全保障。

良好的可移植性：是指将操作系统从一个平台转移到另一个平台使它仍然能按其自身的方式运行的能力。Linux 是一种可移植的操作系统，能够在从微型计算机到大型计算机的任何环境中和任何平台上运行。

目前，人们所能接触到的 Linux 版本主要包括 Red Hat、Slackware、Debian、SuSE、OpenLinux、TurboLinux、Red Flag、Mandarke、BluePoint 等。其中 Red Hat 以容易安装著称，初学者安装这个版本时，遇到挫折的机会几乎是零，Red Hat 的另一个优点是它的 RPM (RedhatPackage Manager)，它会制作安装记录，当使用者要移除其中任意一个 RPM 文件时，系统会根据安装记录将该文件反安装，这种做法绝对准确，不会像 Windows 那样会移除不该拿掉的东西。RedhatLinux 可以说是相当成功的一个产品，为了便于大家学习，本书将主要介绍 RedhatLinux 的安装过程和设置方法。

下面介绍利用光盘安装 RedhatLinux 9.0 的方法，在安装之前需要将 RedhatLinux 9.0 的安装光盘准备好。

步骤 1：启动计算机，进入 BIOS 设置程序，设为从 CD-ROM 启动，并将 RedhatLinux 9.0 的安装光盘放入光驱中。重启计算机，引导成功后，进入图 3.1 所示的界面。在该窗口中可以选择安装的方式：直接按 Enter 键，使用图形界面安装；输入“Linux text”后按 Enter 键，则使用文本方式安装。建议大家使用图形界面安装，对于习惯了 Windows 操作系统的用户是比较方便的。

步骤 2：直接按 Enter 键后，安装程序进入图 3.2 所示的安装盘检测界面。使用键盘方向键选择“Skip”按钮，按 Enter 键略过光盘检测，直接进入下一步安装。

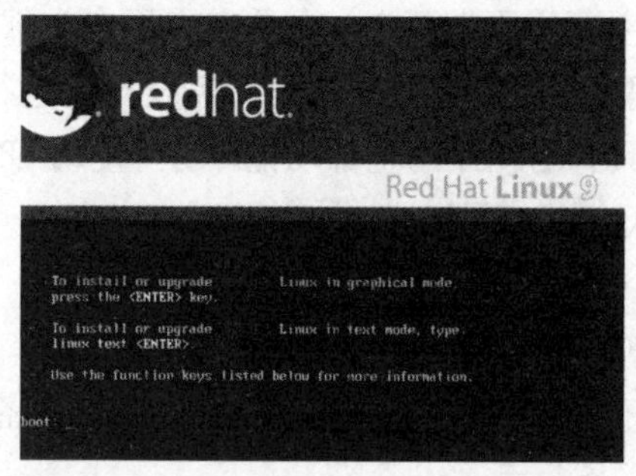

图 3.1　选择安装界面

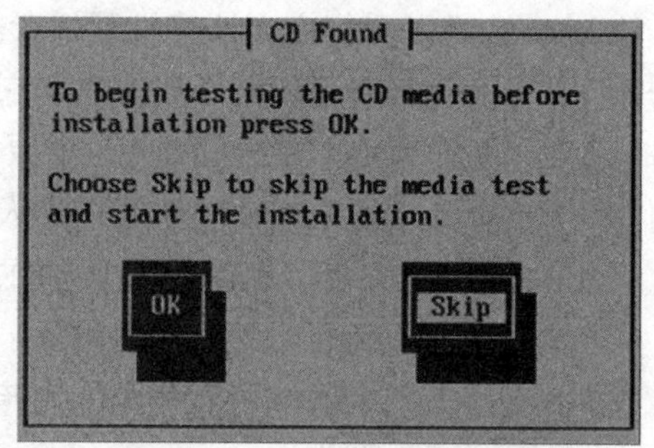

图 3.2　安装盘检测界面

步骤 3：选择“Skip”后按 Enter 键，系统开始启动图形界面的安装程序，然后出现安装欢迎界面，如图 3.3 所示。

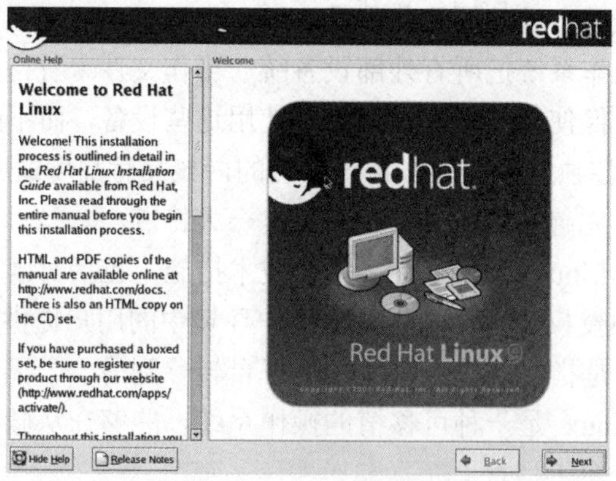

图 3.3　安装欢迎界面

步骤 4：单击“Next”按钮，进入安装过程的语言选择窗口，在此可以选择整个安装过程中使用的语言，如图 3.4 所示。这里选择“简体中文”。

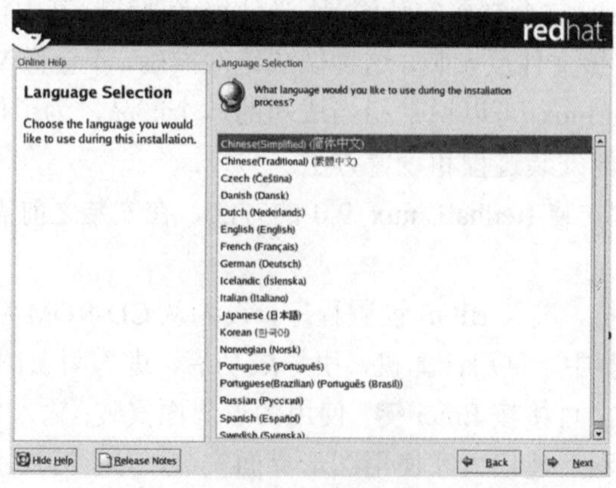

图 3.4　选择安装语言

步骤 5：单击“Next”按钮，系统进入如图 3.5 所示的“键盘配置”对话框，选择键盘的布局类型，安装程序会自动为用户选择一个通用的键盘类型(U.S. English)，这里采用默认的设置。

图 3.5　键盘配置

步骤 6：单击“下一步”按钮，进入如图 3.6 所示的“鼠标配置”对话框。这里系统会自动检测鼠标类型，并设置一个通用的鼠标类型，可采用默认值，也可根据情况进行选择。

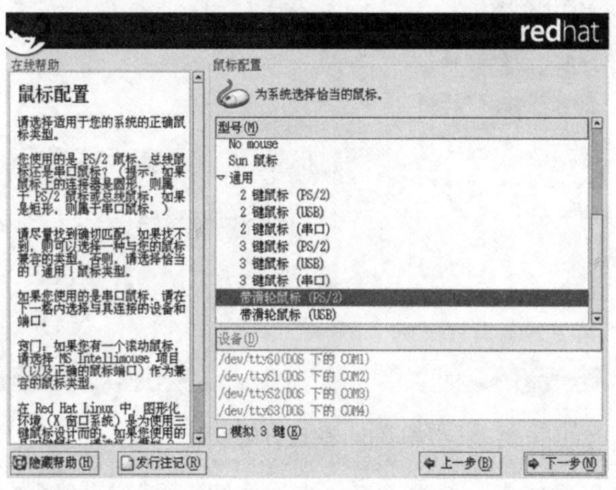

图 3.6　鼠标配置

步骤 7：单击“下一步”按钮，如果安装程序检测到在用户的计算机上已经安装有 RedhatLinux 的系统，就会出现“升级检查”对话框。可以选择“升级现有安装”选项，也可以选择“定制要升级的软件包”选项来选择需要升级的软件包。如果用户的计算机上没有安装 RedhatLinux 系统，则会来到“安装类型”对话框，如图 3.7 所示，在此提供“个人桌面”“工作站”“服务器”和“定制”4 种安装类型供用户选择。对于初学者，可以选择“个人桌面”单选按钮。

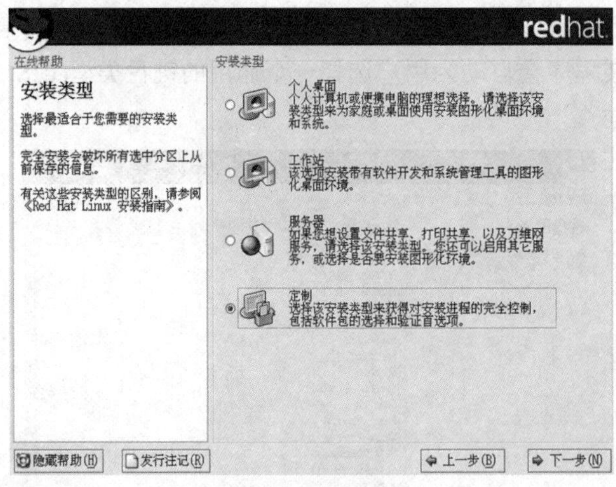

图 3.7　安装类型

步骤 8：单击“下一步”按钮，打开“磁盘分区设置”对话框，如图 3.8 所示。用户可以选择“自动分区”或“用 Disk Druid 手工分区”单选按钮，可以根据用户自己的要求进行分区。

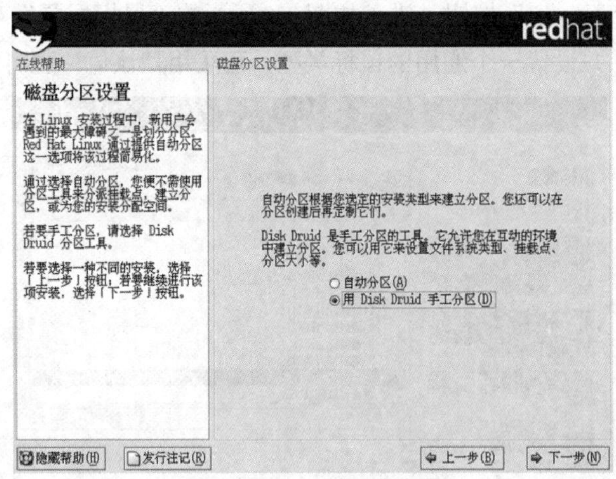

图 3.8　磁盘分区设置

步骤 9：磁盘分区完毕后，单击“下一步”按钮，在打开的图 3.9 所示的“引导装载程序配置”对话框中，RedhatLinux 9 提供了两种系统引导程序供用户选择：GRUB 和 LILO，负责装载操作系统。默认使用的是 GRUB，如果用户希望修改系统使用的引导程序，可以单击“改变引导装载程序”按钮选择自己需要的引导程序，建议大家采用默认值。

步骤 10：单击“下一步”按钮，打开“网络配置”对话框，允许用户根据实际的联网参数来配置网络，如果用户计算机没有联网，将不会出现该对话框。安装程序会自动检测用户计算机上的网络设备，并显示在“网络设备”列表中。选中网络设备，单击“编辑”按钮，打开 3.10 图所示的“编辑接口”复选框对话框，用户可以选择“使用 DHCP 进行配置”复选框来自动获取网络参数。如果用户没有 DHCP 服务器，则需要进行手工配置，

即在下面的“IP 地址”和“子网掩码”文本框中输入合适的 IP 地址和子网掩码。这里就使用了手工配置。“引导时激活”复选框被选中时，该网络接口会在系统启动时被启用。单击“编辑接口”对话框中的“确定”按钮后，回到“网络配置”对话框，然后设置相应的主机名、网关、主要 DNS 地址和次要 DNS 地址。

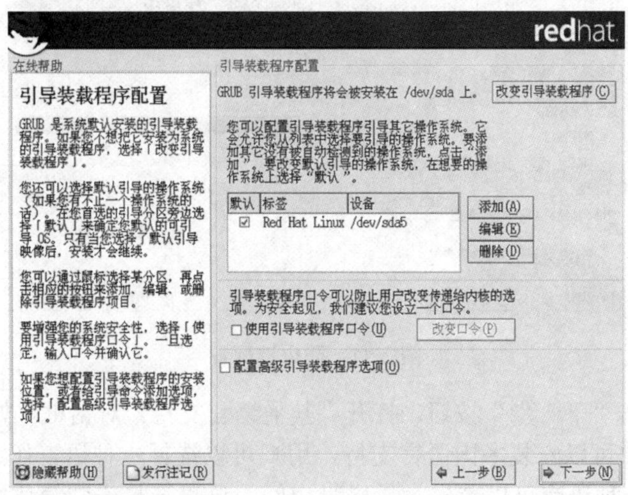

图 3.9 引导装载程序配置

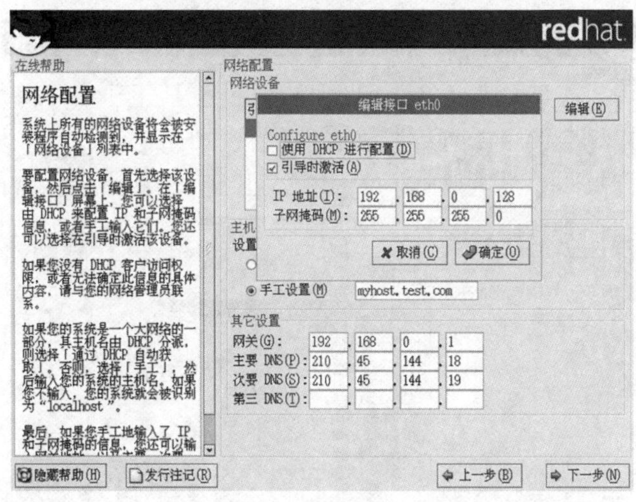

图 3.10 编辑接口

步骤 11：单击“下一步”按钮，弹出“防火墙配置”对话框。RedhatLinux 9.0 为了增加系统安全性提供了防火墙保护。防火墙存在于计算机与网络之间，用来对远程用户访问计算机的数据流进行过滤。在如图 3.11 所示的“防火墙配置”对话框中，系统提供了“高级”“中级”和“无防火墙”3 个安全等级。这里选择“中级”单选按钮，并使用“定制”选项，在“信任的设备”列表中选定“eth0”复选框，表示允许系统接受该网络设备的全部访问，不受防火墙的限制，在“允许进入”列表选择具体允许访问的服务。

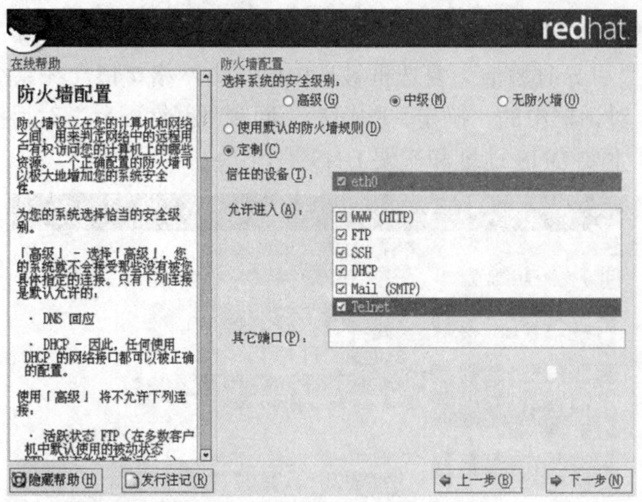

图 3.11　防火墙配置

步骤 12：单击“下一步”按钮，打开“其他语言支持”对话框，如图 3.12 所示。在 RedhatLinux 9.0 中可以安装多国语言支持，用户可以选择一种语言作为系统默认语言，在系统上只使用一种语言可以节省大量磁盘空间。这里选择安装简体中文和美国英语两种语言。

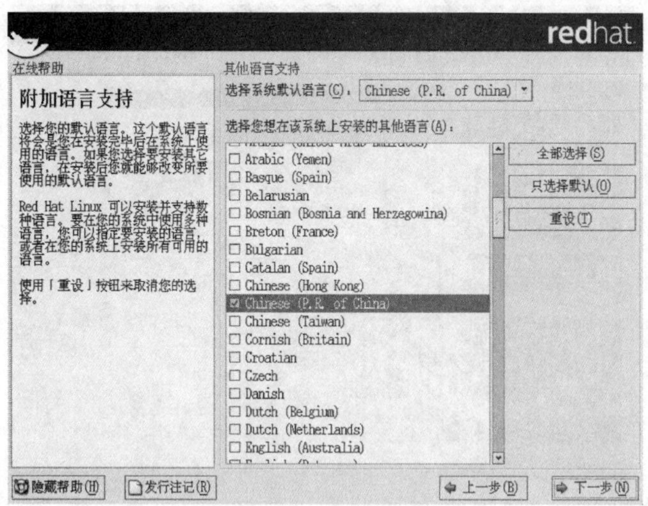

图 3.12　其他语言支持

步骤 13：单击“下一步”按钮，在打开的“选择时区”对话框中选择用户所处的时区。在“位置”列表框中选择“亚洲/上海”选项，如图 3.13 所示。

步骤 14：单击“下一步”按钮，弹出“设置根口令”对话框，如图 3.14 所示。Linux 的根用户口令是非常重要的，用户必须在口令文本框中输入两次以确认，提醒读者千万不要忘记根用户口令，否则将无法进入系统。

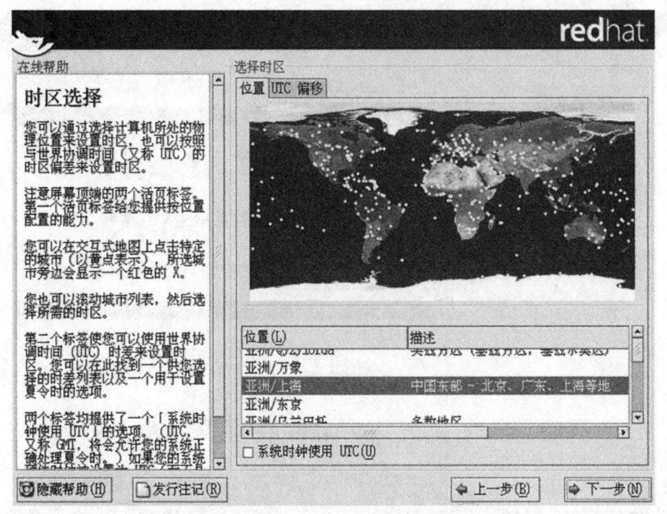

图 3.13　选择时区

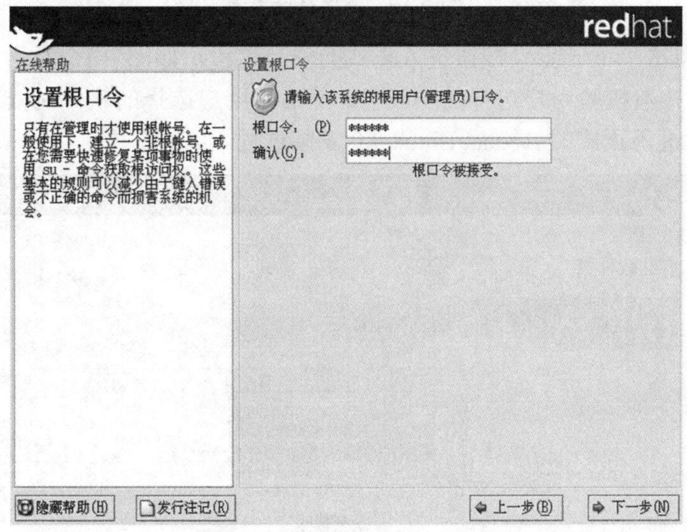

图 3.14　设置根口令

步骤 15：单击“下一步”按钮，弹出“验证配置”对话框。“验证配置”用于网络访问时对用户身份信息的校验，只有在用户需要连接到 NIS 网络是才需要设置“启用 NIS”。通常此处的 NIS、LDAP 等选项无须设置，直接采用默认设置即可。

步骤 16：单击“下一步”按钮，弹出“选择软件包组”对话框，如图 3.15 所示。对于初学者来说建议选择所有的软件包，即选中“全部”复选框。这里进行了定制，自主选择了需要安装的软件包。系统会自动解决各软件包之间的依赖关系，并安装所依赖的相关软件包。

步骤 17：单击“下一步”按钮，用户就会看到 Redhat Linux 9.0 的“即将安装”对话框，安装过程中的所有设置完成。

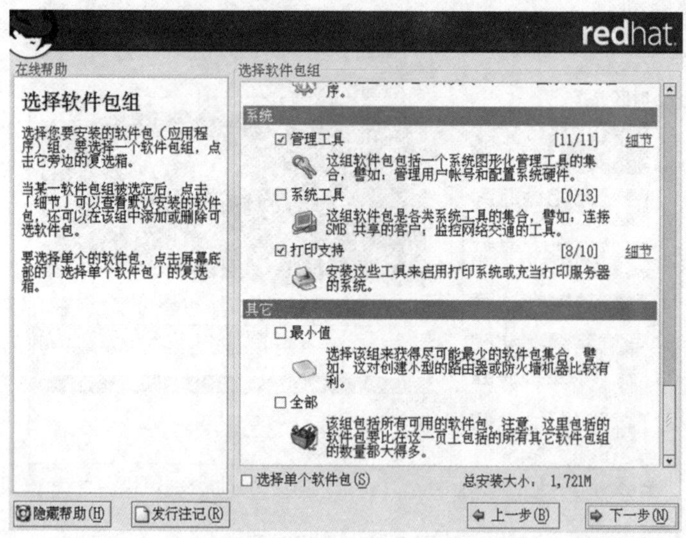

图 3.15　选择软件包组

步骤 18：单击“下一步”按钮进入正式的安装过程，如图 3.16 所示。安装程序将首先格式化磁盘，接着校验用户选择的安装包，然后将用户选择的软件包依次安装到计算机上。安装完毕后进入正式的 Redhat Linux 9.0 安装过程。

图 3.16　Redhat Linux 9.0 安装进程

步骤 19：安装进程完成后，安装程序将提示用户重启计算机，完成整个安装过程。

下面介绍 Redhat Linux 9.0 的重要的使用方法。

Redhat Linux 9.0 安装完毕后，首次启动 Redhat Linux 9.0 时，安装程序会给出 Linux 的环境定制向导，出现如图 3.17 所示的欢迎窗口。

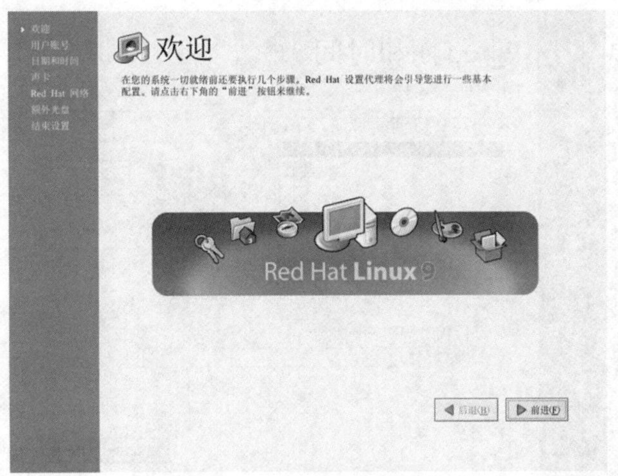

图 3.17　定制向导欢迎窗口

在欢迎界面中单击“前进”按钮，进入如图 3.18 所示的“用户账号”窗口。新建的账号是一个普通账号，没有管理员的权限，通常在 Linux 操作系统中，无特殊情况下，都使用普通账号登录计算机。这里新建一个“tom”账号，并设置口令。

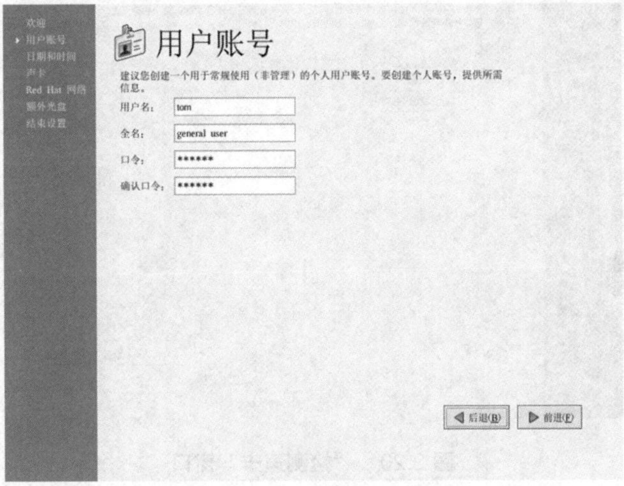

图 3.18　“用户账号”窗口

在用户账号界面中单击“前进”按钮，进入“日期和时间”窗口，如图 3.19 所示，允许用户进行当前日期和时间的校对，也可以启用网络时间服务器，以获得准确的 Internet 时间。

日期和时间设置完毕后，单击“前进”按钮，进行声卡的配置。Redhat Linux 9.0 的安装程序能自动检测并设置声卡的驱动，如图 3.20 所示。大部分情况下都能成功，用户只需单击“播放测试声音”按钮即可听到声卡发出的用于检测的音乐；如果没有听到，就需要用户手动安装声卡的驱动了，也可在进入系统后安装。

图 3.19 “日期和时间”窗口

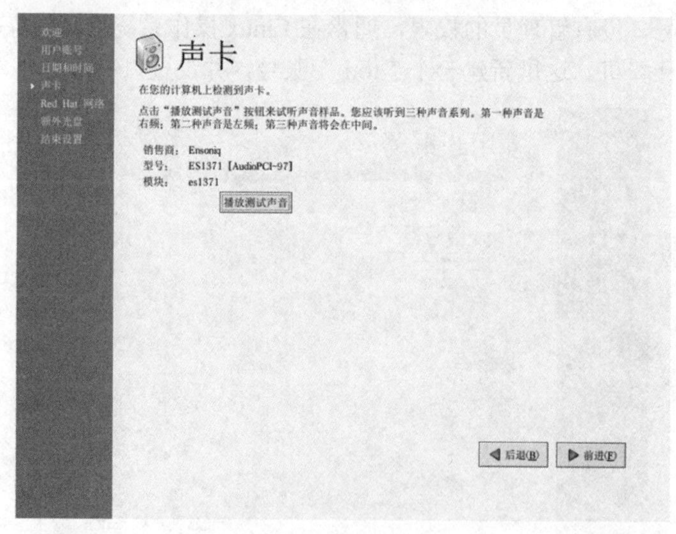

图 3.20 “检测声卡”窗口

声卡安装完毕后，单击“前进”按钮，来到软件注册的界面，由于 Redhat Linux 9.0 是免费版本的，如果用户愿意花费时间的话，就可以选择“是，我想在 Red Hat 网络注册我的系统”单选按钮，否则选择“否，我不想注册我的系统”单选按钮，如图 3.21 所示。

选择完是否注册 Linux 软件后，单击“前进”按钮，进入“额外光盘”步骤，允许用户添加第三方的软件包，如图 3.22 所示。将第三方软件包的安装光盘放入光驱后，单击“安装”按钮，即可安装。如果无须安装第三方软件包时，可以单击“前进”按钮，进入后续操作。

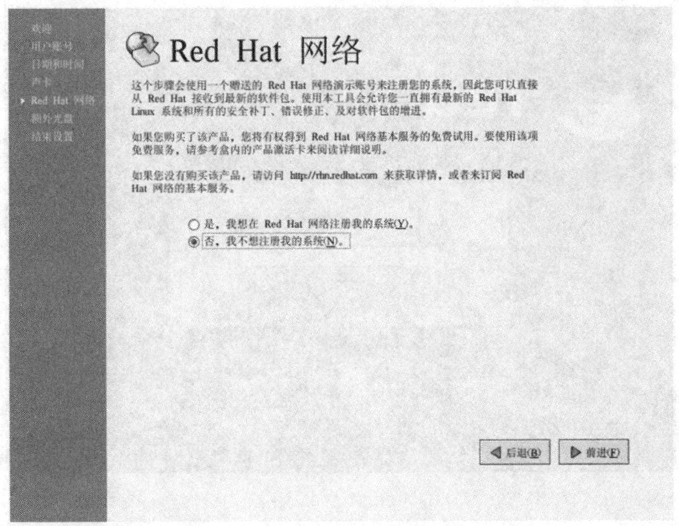

图 3.21　软件注册界面

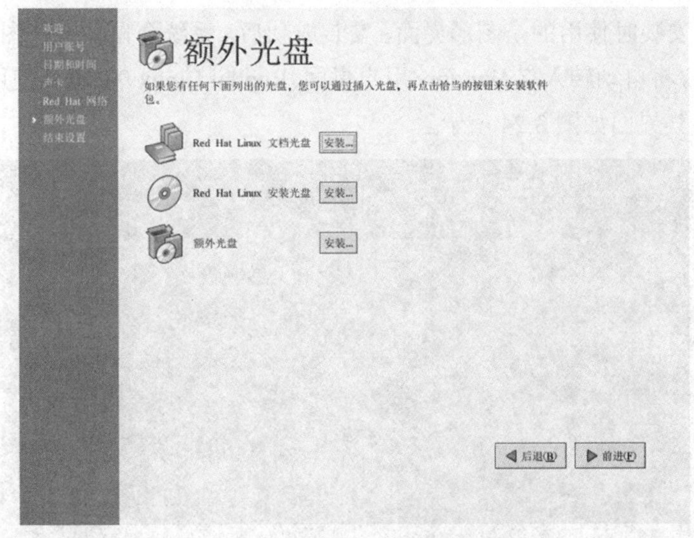

图 3.22　第三方软件包安装界面

为了安装版图设计软件 Cadence，在图 3.22 所示的第三方软件包安装界面中，单击“安装”按钮。Cadence 软件的安装共需要 3 张光盘，按照安装界面的提示，依次插入 3 张光盘，即可完成 Cadence 软件的安装；也可以暂时不安装 Cadence 软件，待系统安装完毕后再进行安装。

第三方软件安装完毕后，单击“前进”按钮后，完成首次登录定制，系统继续引导，进入登录界面，如图 3.23 所示。输入用户名后按 Enter 键，在弹出的对话框中输入相应的口令后，再按 Enter 键即可进入 Linux 系统。

图 3.23　登录界面

由于 Linux 安装时使用的是图形界面，安装成功后，系统会自动选择图形化环境启动。用户登录成功时，将自动转入 X Window 用户桌面。Redhat Linux 9.0 默认使用的是 GNOME 图形操作环境，其界面如图 3.24 所示。

图 3.24　GNOME 界面

在用户桌面上右击，选择“Open Terminal”选项，打开终端界面，然后在终端里输入“icfb&”即可启动 Cadence 软件，如图 3.25 所示。有关 Cadence 软件的设置与使用方法将在本章最后一节中详细介绍。

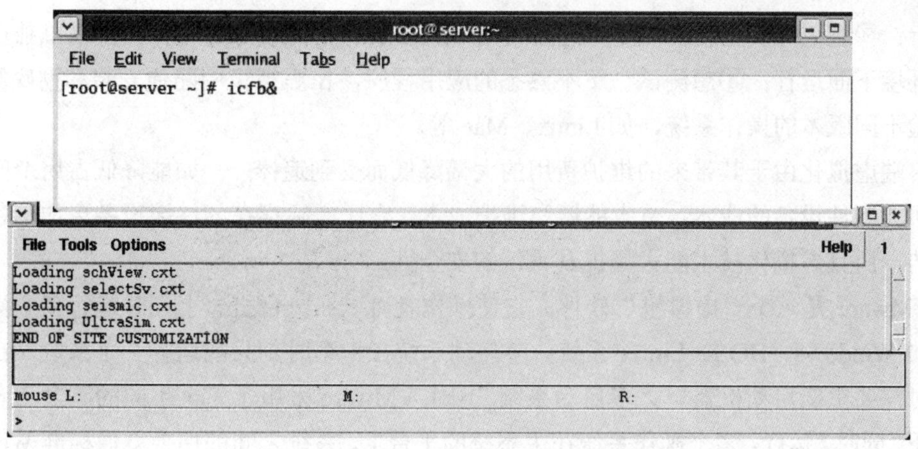

图 3.25　Cadence 软件的启动

3.3　虚拟机

在一台计算机上安装过多个操作系统的读者都知道，为了在不同的操作系统之间进行切换，就必须重新启动机器并重新选择想要进入的系统，如图 3.26 所示，此即“多启动系统”。多启动系统之间的切换是一个比较麻烦的过程，而且浪费了时间。

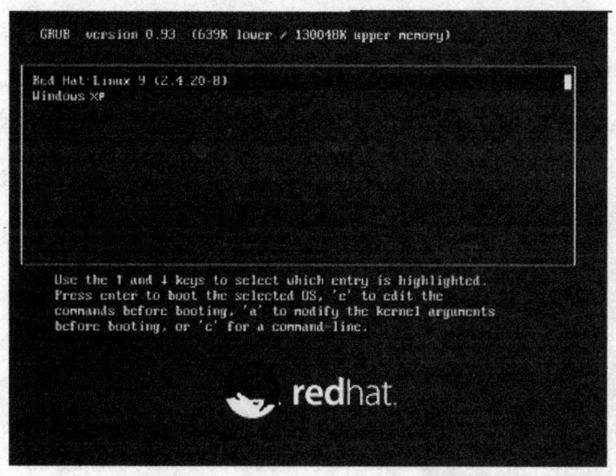

图 3.26　不同操作系统选择界面

虚拟机是指通过软件模拟的具有完整硬件系统功能的、运行在一个完全隔离环境中的完整计算机系统。通过虚拟机软件，可以在一台物理计算机上模拟出一台或多台虚拟的计算机，这些虚拟机完全就像真正的计算机那样进行工作，例如，可以安装操作系统、安装应用程序、访问网络资源等。对于操作者而言，它只是运行在物理计算机上的一个应用程序，但是对于在虚拟机中运行的应用程序而言，它仿佛就是一台真正的计算机。

使用虚拟机具有以下优点：①可以安装各种演示环境，便于做各种例子；②保证主机的快速运行，减少不必要的垃圾安装程序，偶尔使用的程序或者测试用的程序可在虚拟机上运行；③避免每次重新安装，不经常使用而且要求保密比较好的软件，可以单独在一个虚拟环境下面运行；④想测试一下不熟悉的应用程序，在虚拟机中随便安装和彻底删除；⑤体验不同版本的操作系统，如 Linux、Mac 等。

终端虚拟化由于其带来的维护费用的大幅降低而受到追捧——如能降低占用空间，降低购买软硬件设备的成本，节省能源和维护成本。它比实际存在的终端设备更加具备性价比优势，而且虚拟化技术能大幅提升系统的安全性。

VMware 是一个“虚拟机”软件。它使操作者可以在一台机器上同时运行多个操作系统，如 Windows、DOS、Linux 系统。多启动系统在一个时刻只能运行一个系统，在系统切换时需要重新启动机器。与“多启动系统”不同，VMware 采用了完全不同的概念，VMware 是真正“同时”运行，多个操作系统在主系统的平台上，系统之间的切换就像标准 Windows 应用程序之间的切换一样方便。而且每个操作系统操作者都可以进行虚拟的分区、配置而不影响真实硬盘的数据，当然这会占用一部分硬盘空间。操作者甚至可以通过网卡将几台虚拟机用网卡连接为一个局域网，极其方便。安装在 VMware 里的操作系统性尤其适合学习和测试。使用 VMware，可以在一台 PC 上同时运行 Windows NT、Linux、Windows XP、……，可以在使用 Linux 的同时，即时转到 Windows XP 中运行 Word。如果要使用 Linux，只要轻轻一点，又可以回到 Linux 系统中。整个过程就如同有两台计算机在同时工作，最重要的是，这两台计算机之间还可以进行文件共享，非常方便。VMware 是商业软件，可以下载试用，为了获得软件的完整功能，建议用户购买正式版。

下面以 VMware Workstation 6.5 为例，介绍虚拟机软件的安装与使用方法。在 Windows 操作系统里运行 VMware Workstation 软件的安装程序，会出现图 3.27 所示的软件安装界面。

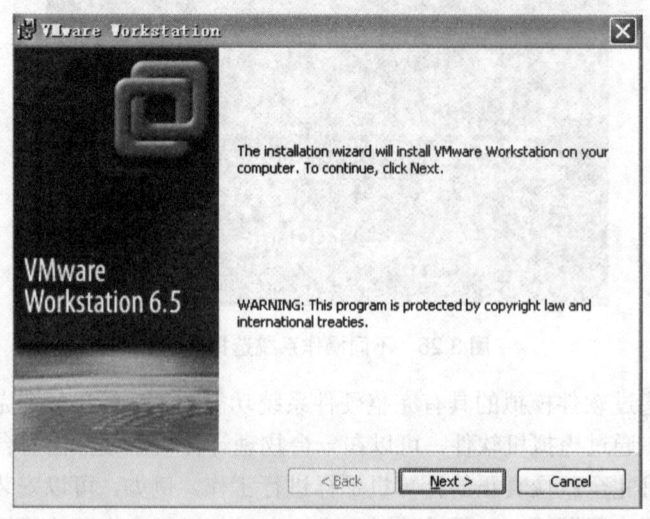

图 3.27　VMware Workstation 6.5 软件安装界面

单击“Next”按钮后，出现安装类型选择界面，如图 3.28 所示。

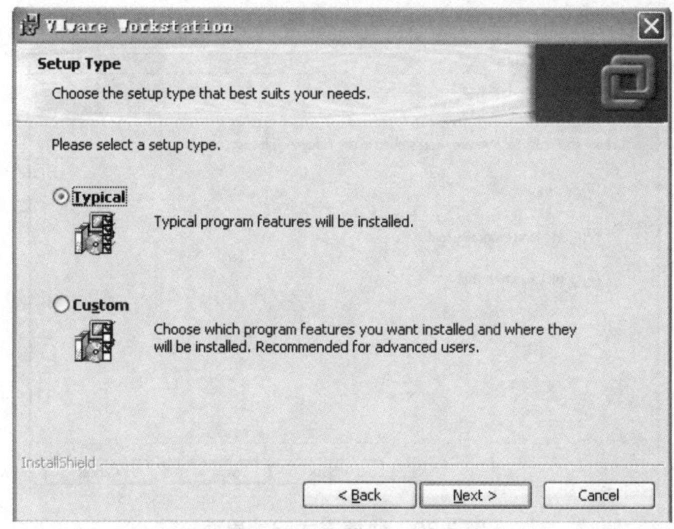

图 3.28　安装类型选择界面

对于初学者，建议选择“Typical”单选按钮，然后单击“Next”按钮，出现安装路径选择界面，如图 3.29 所示。

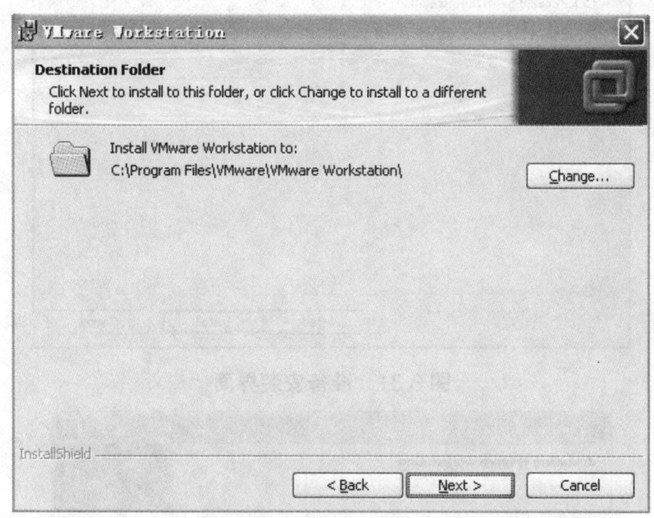

图 3.29　安装路径选择界面

在安装路径选择界面里，用户可以改变软件的安装路径，也可以使用默认安装路径，这里使用默认安装路径。单击“Next”按钮后，出现快捷方式配置界面，如图 3.30 所示。

在快捷方式配置界面里，可选择快速启动软件的位置，包括桌面、开始菜单和快速启动工具条。单击“Next”按钮后，出现准备安装界面，如图 3.31 所示。如果没有需要更改的，直接单击“Next”按钮即可进行软件的安装，出现图 3.32 所示的安装进程界面。

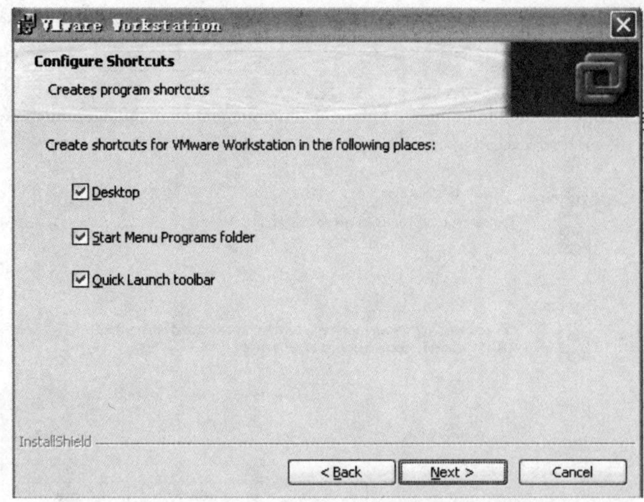

图 3.30　快捷方式配置界面

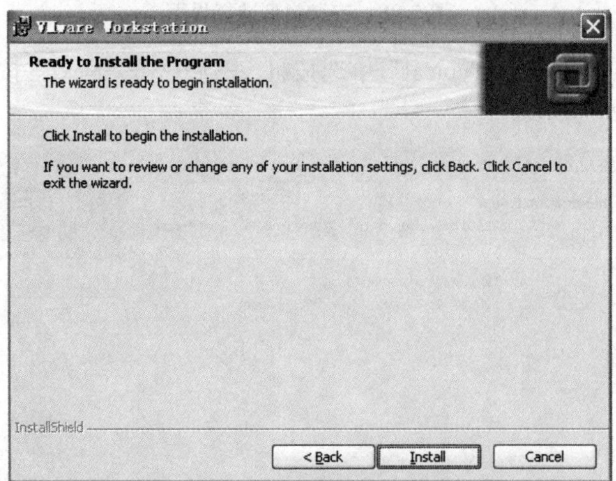

图 3.31　准备安装界面

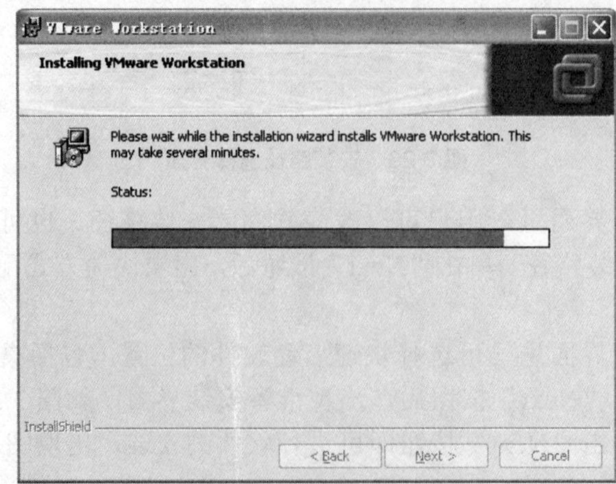

图 3.32　安装进程界面

安装进程结束后，出现图 3.33 所示的注册信息界面，在该界面里输入购买的序列号，然后单击“Next”按钮，出现图 3.34 所示的软件安装完毕界面。

VMware Workstation
Registration Information
(optional) You can enter this information later.
User Name:
Administrators
Company:
JUJUMAO
Serial Number:　(XXXXX-XXXXX-XXXXX-XXXXX)
InstallShield
< Back　Enter >　Skip >

图 3.33　注册信息界面

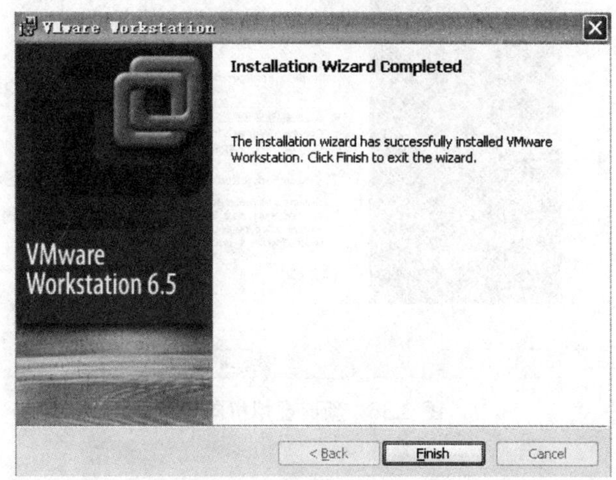

图 3.34　软件安装完毕界面

单击“Finish”按钮完成软件安装，软件安装完毕后需要重新启动计算机，以便软件安装生效。重新启动计算机后，运行 VMware Workstation 软件，选择“新建虚拟机(New Virtual Machine)”选项，如图 3.35 所示。

选择“新建虚拟机(New Virtual Machine)”选项后，将出现新建虚拟机向导界面，如图 3.36 所示。

在新建虚拟机向导里有两个选项，一是“Typical”，二是“Custom”；建议大家选择“Typical”单选按钮。单击“Next”按钮后出现操作系统安装界面，虚拟机软件需要知道操作系统安装程序的位置，可以选择光驱安装，也可以选择镜像文件安装，这里选择镜像文件安装，选择镜像文件所在的路径，如图 3.37 所示。

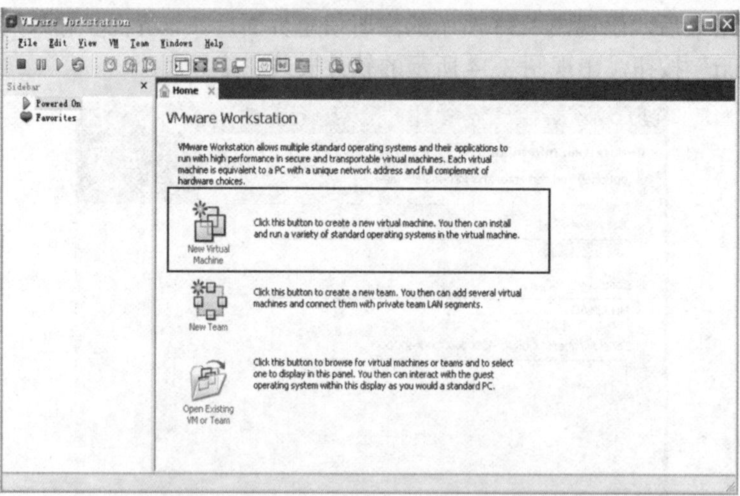

图 3.35　新建虚拟机

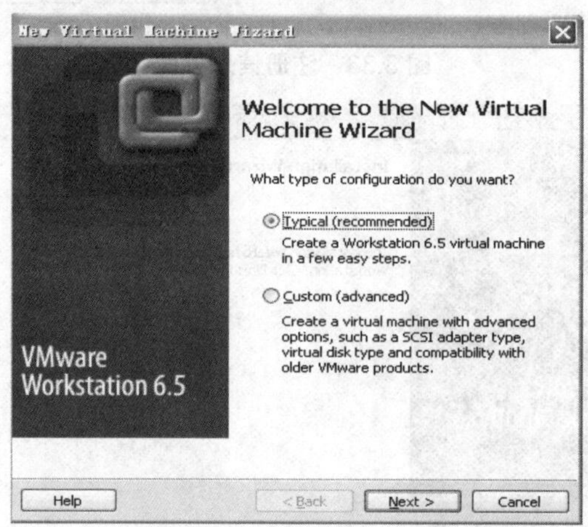

图 3.36　新建虚拟机向导

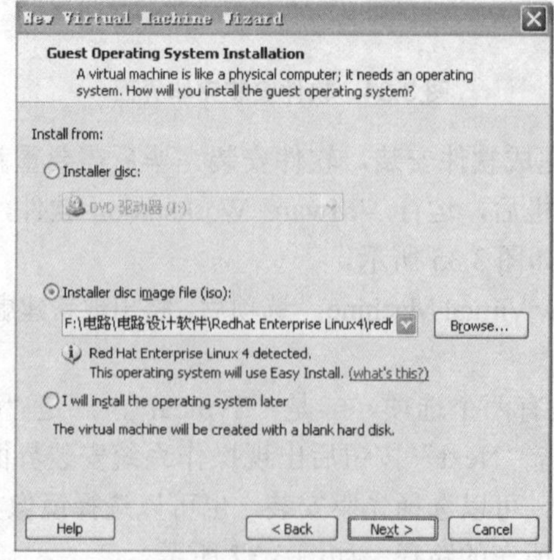

图 3.37　选择操作系统安装程序

选择操作系统安装程序的位置后，单击“Next”按钮，出现设置密码界面，如图 3.38 所示，在该界面内输入想要设置的密码。单击“Next”按钮后，将出现设置虚拟机的名字和虚拟机文件存储位置的界面，如图 3.39 所示。

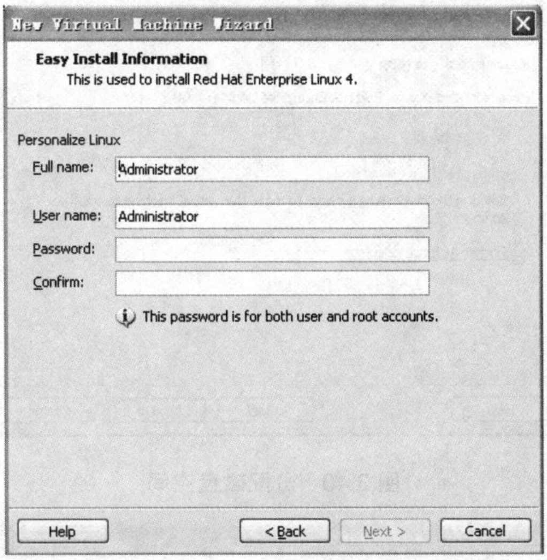

图 3.38　设置管理员密码

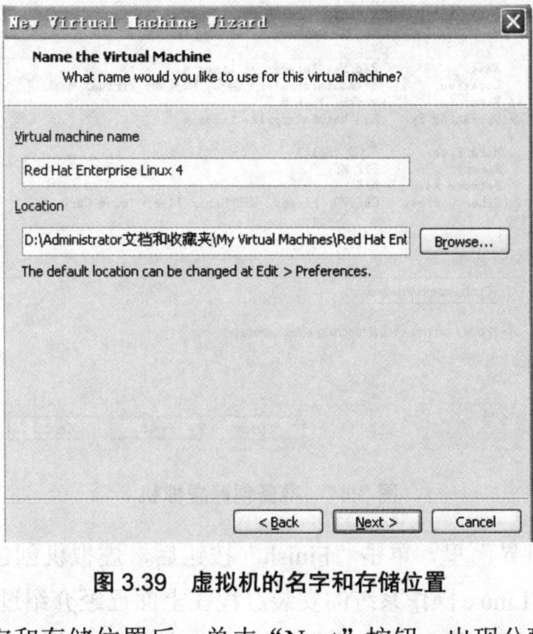

图 3.39　虚拟机的名字和存储位置

设定虚拟机的名字和存储位置后，单击“Next”按钮，出现分配磁盘空间的选项，如图 3.40 所示。建议选择默认的磁盘空间，分配磁盘空间太大或太小都不好。

磁盘空间分配完毕后，单击“Next”按钮，出现准备创建虚拟机界面，该界面汇总了新建虚拟机的一些信息，如图 3.41 所示。

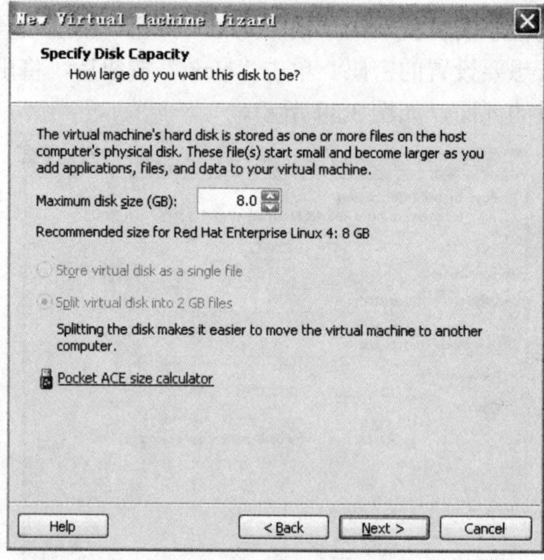

图 3.40　分配磁盘空间

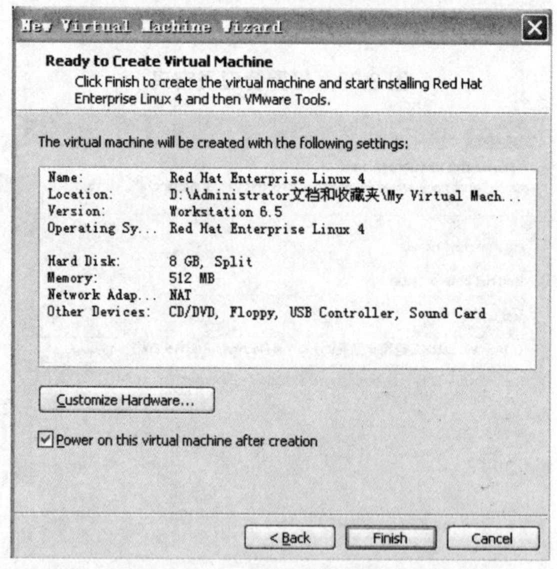

图 3.41　准备创建虚拟机

在准备创建虚拟机界面里，单击“Finish”按钮后，虚拟机创建完毕并自动运行开始安装 Linux 操作系统，Linux 操作系统的安装过程在上面已经介绍过，在这里就不重复了。

虚拟机和操作系统都安装完毕后，需要进行 VMware Tool 的安装，如图 3.42 所示。安装 VMware Tools 可以实现鼠标在虚拟机环境和 Windows 环境之间的方便切换；如果没有安装 VMware Tool，鼠标从虚拟机的 Linux 环境中切换到 Windows 环境下，需要同时按 Ctrl+Alt 组合键；安装 VMware Tool 后，鼠标可以从 Linux 环境中直接移出。

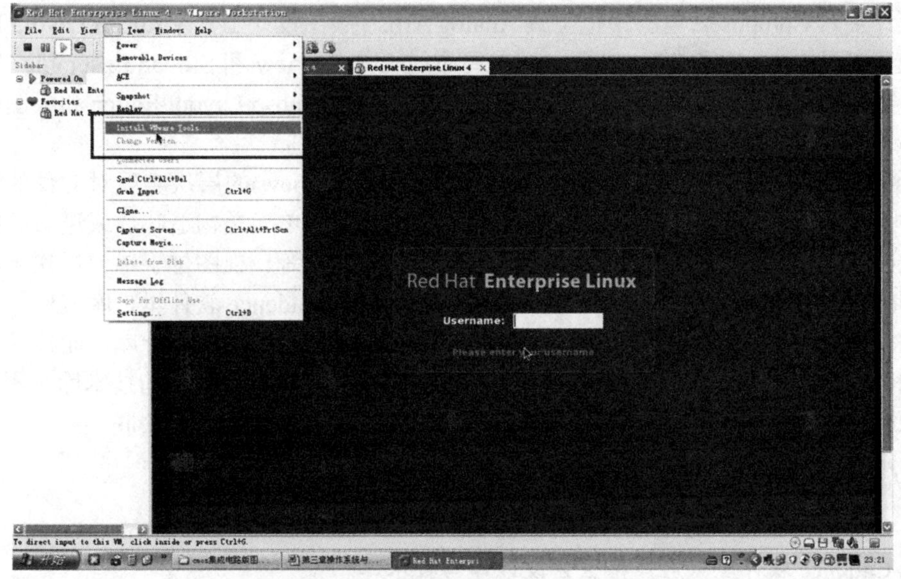

图 3.42　安装 VMware Tool

VMware Tool 安装完毕后，通过设置共享可实现 Linux 系统和 Windows 系统之间的文件共享。设置共享的方法为：打开 VM→Settings，选择 Options→Share Folders 命令，添加一个共享文件，如在 Linux 环境下共享名为 share，对应 Windows 环境下的共享目录 Host Folder 为 D：\os_share。共享设置完毕后，在 Linux 里打开终端，在/mnt/hgfs/share 目录下就可以访问到 Windows 环境下 D：\os_share 目录下的文件了。

为了方便读者熟悉版图设计软件，建议在自己的计算机操作系统(如 Windows XP)里安装 VMware 软件，然后在虚拟机里安装 Linux 操作系统，再在 Linux 操作系统里安装 Cadence 软件，这样就可以自己在家练习版图设计了。需要注意，虚拟机对计算机硬件的要求还是比较高的，内存最好在 2GB 或以上，否则运行起来会很慢。

3.4　Cadence 软件

3.4.1　Cadence 软件概述

Cadence 软件是 CADENCE 公司开发的集成电路设计产品的总称，是行业内公认的具有强大功能的大规模集成电路计算机辅助设计系统。作为流行的 EDA 工具之一，Cadence 一直以来都受到了广大 EDA 工程师的青睐。

Cadence 是一个大型的 EDA 软件，它几乎可以完成电子设计的方方面面，包括 ASIC 设计、FPGA 设计和 PCB 设计。与众所周知的 EDA 软件 Synopsys 相比，Cadence 的综合工具略为逊色，然而 Cadence 在仿真、电路图设计、自动布局布线、版图设计及验证等方面却有着绝对的优势。Cadence 与 Synopsys 的结合可以说是 EDA 设计领域的黄金搭档。

在实际设计中经常用到的 Cadence 的工具主要包括：Verilog HDL 仿真工具 Verilog-XL；

电路设计工具 Composer；电路模拟工具 Analog Artist；版图设计工具 Virtuoso Layout Editor；版图验证工具 Dracula 和 Diva 以及自动布局布线工具 Preview 和 Silicon Ensemble。在本书中，主要介绍电路设计工具 Composer、版图设计工具 Virtuoso Layout Editor 和版图验证工具 Dracula。

Cadence 软件是按照库(Library)、单元(Cell)和视图(View)的层次实现对文件的管理。库文件是一组单元的集合，包含着各个单元的不同视图。单元是构造芯片或逻辑结构的最低层次的结构单元，例如，反相器、运放、正弦波发生器等。视图位于单元层次下，包括电路图(Schematic)、版图(Layout)和符号(Symbol)等。在 Cadence 软件里，库文件包括设计库和技术库。设计库是针对用户而言的，不同的用户可以有不同的设计库；而技术库是针对集成电路制造工艺而言的，不同特征尺寸工艺、不同芯片制造厂商的技术库是不同的。为了能够完成集成电路芯片制造，用户的设计库必须和某个工艺库相关联。

知识要点提醒

在 Cadence 软件里，应严格区分设计库与技术库。

启动 Cadence 软件的命令有很多，不同的启动命令可以启动不同的工具集。常用的启动命令有 icfb、icca 等，也可以单独启动单个工具。例如，启动 Virtuoso Layout Editor 可以用 layoutPlus 来启动，Silicon Ensemble 可以用 sedsm 来启动。其中最常用的是 icfb&，在 Linux 系统的用户桌面上单击右键，选择“Open Terminal”选项，打开终端界面，然后在终端里输入“icfb&”即可启动 Cadence 软件，如图 3.25 所示。

3.4.2 电路图的建立

1. 概述

电路图指的是由晶体管、电阻器、电容器、电感器、二极管、电源、导线等按一定电学关系连接而成的图形。Cadence 提供了一个优秀的电路图编辑工具 Composer。Composer 是一种设计输入的工具，逻辑或者电路设计工程师、物理设计工程师甚至 PCB 设计工程师都用它来支持自己的工作。Composer 不但界面友好，操作方便而且功能非常强大。

Composer 在 Cadence 软件中的作用主要包括两个方面：①电路设计与仿真。任何一个集成电路的设计，都是从电路设计开始的。根据所要达到的性能指标，电路设计人员首先选择合适的电路方案，然后建立电路图并进行仿真，再根据仿真结果对电路设计进行相应修改，直到满意为止。设计与仿真达到要求的电路图才能成为版图设计的依据，因此要求版图设计人员最好有较好的电路设计分析水平。②电路图—版图一致性检查(Layout Versus Schematic，LVS)。版图设计完成后，为了保证所绘制的版图与电路图是一致的，需要进行电路图—版图一致性检查。这就要求在设计库中，不但要有某个设计的版图，还要有其相应的电路图。

2. CMOS 反相器的电路图

鉴于本书的主要内容为版图设计，因此本节的主要学习内容是电路图的建立，LVS 将在本章最后一小节介绍。

从本节开始，将以集成电路中最简单的门电路 CMOS 反相器为例，介绍其电路图的建立、版图的建立与编辑、电学规则检查和电路图—版图一致性检查，从而为大家提供一个完整的版图设计流程。

在图 3.25 所示的 Cadence 软件界面上，单击 File 菜单，选择命令 File→New→Library，如图 3.43 所示，将出现“新建库文件”对话框，如图 3.44 所示。

图 3.43 选择新建库文件

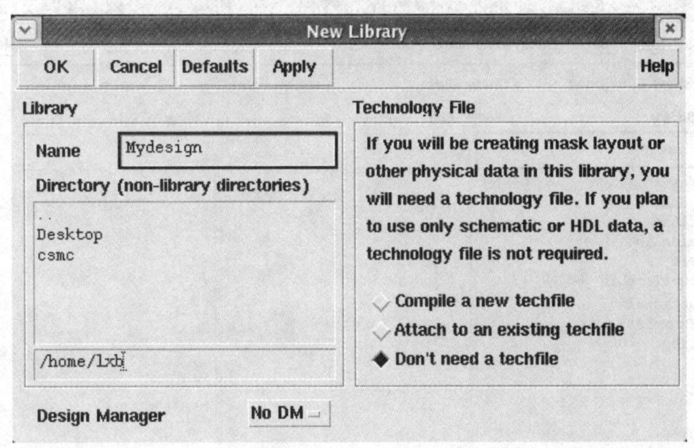

图 3.44 “新建库文件”对话框

在“新建库文件”对话框中，在 Name 处填入新建库文件的名字，如 Mydesign。Technology File 选项卡处包括 3 个选项：Compile a new techfile，表示编译一个新的技术文件；Attach to an existing techfile，表示将新建库与一个已经存在的技术文件相关联；Don’t need a techfile，表示新建库不需要技术文件。技术文件主要包括在版图设计中各个层的定义和符号化层的定义，层、物理和电学规则等的定义，以及版图转换成 GDSII 时所用到的层号的定义等。不同特征尺寸的工艺、不同芯片制造厂商的技术文件是不相同的。

由于目前只是建立电路图而并没有建立版图，所以暂时不需要技术文件，选择“Don’t need a techfile”选项，然后单击 OK 按钮，新建库文件完成。

在 Cadence 软件界面上，单击 Tools 菜单，选择 Tools→Library Manager 命令，如图 3.45 所示，将出现“库文件管理器”对话框，如图 3.46 所示。

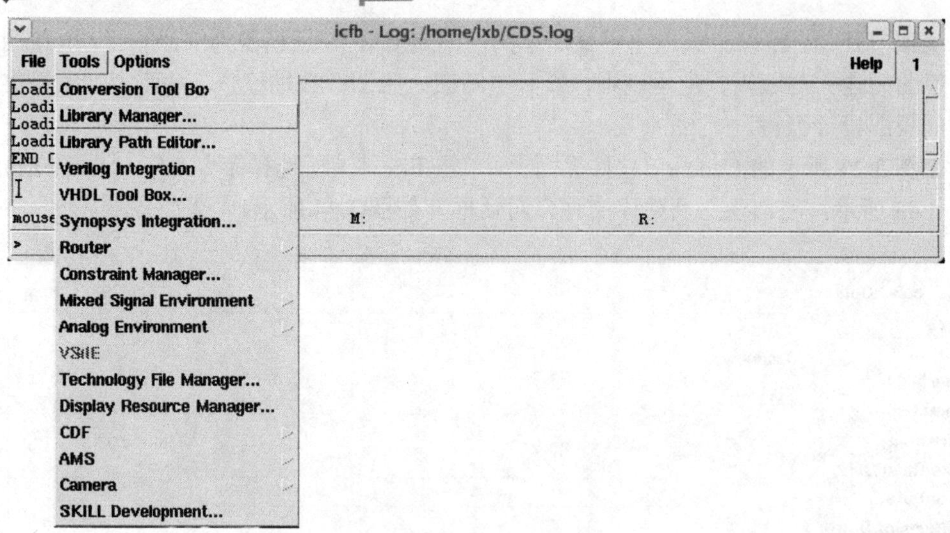

图 3.45　选择库文件管理器

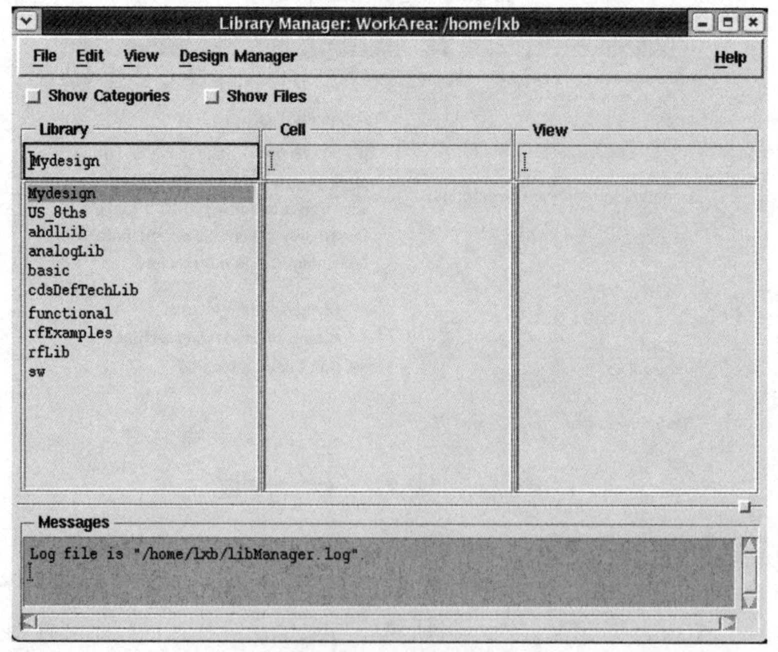

图 3.46　“库文件管理器”对话框

在“库文件管理器”对话框里可以看出，新建库 Mydesign 是一个空库，里面什么单元和视图都没有。用户可以在库文件 Mydesign 里新建单元，并在新建的单元下新建视图。

单击 Mydesign 选项后，选择 File→New→Cell View 命令，如图 3.47 所示，将出现“新建单元”对话框，如图 3.48 所示。

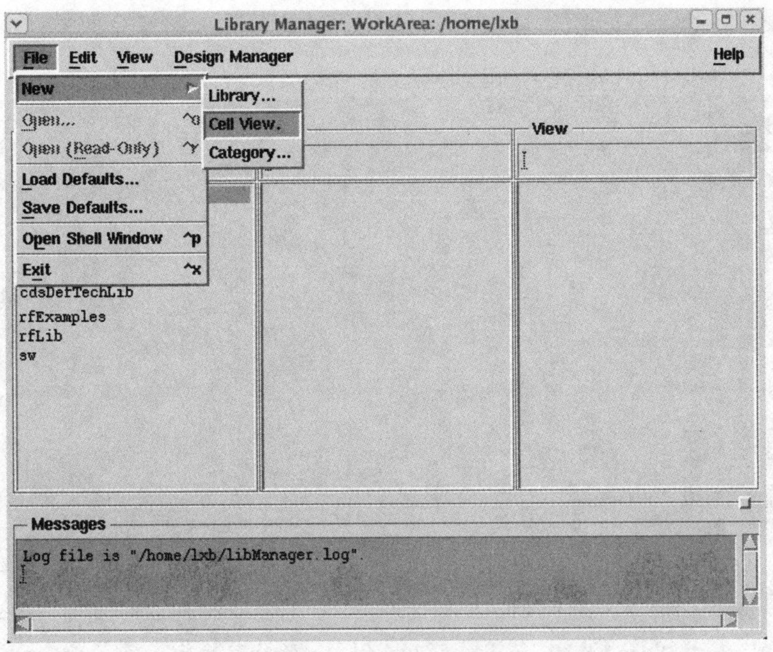

图 3.47　选择新建单元

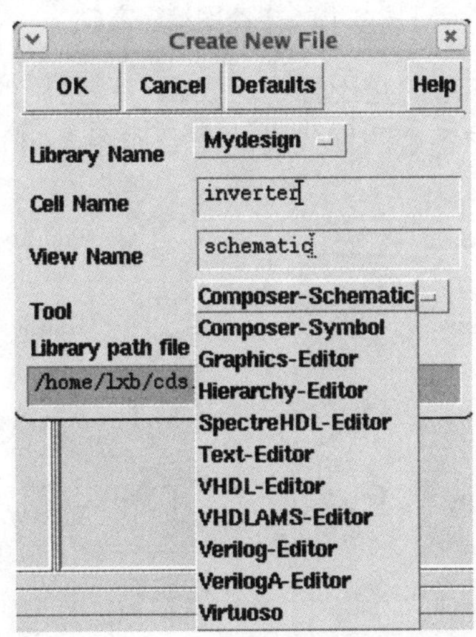

图 3.48　“新建单元”对话框

在“新建单元”对话框中，Library Name 处显示 Mydesign。在 Cell Name 文本框中填入 inverter，表示在库文件 Mydesign 下建立单元 inverter，当然也可以输入其他任何英文字母来表示单元的名字。Tool 选项包括 11 个菜单选项，此处选择 Composer-Schematic 选项，表示在单元 inverter 下建立的电路图视图。选择 Composer-Schematic 选项后， View Name 文本框处自动出现 schematic。

单击 OK 按钮后，将出现电路图编辑窗口(Virtuoso Schematic Editing)，如图 3.49 所示。

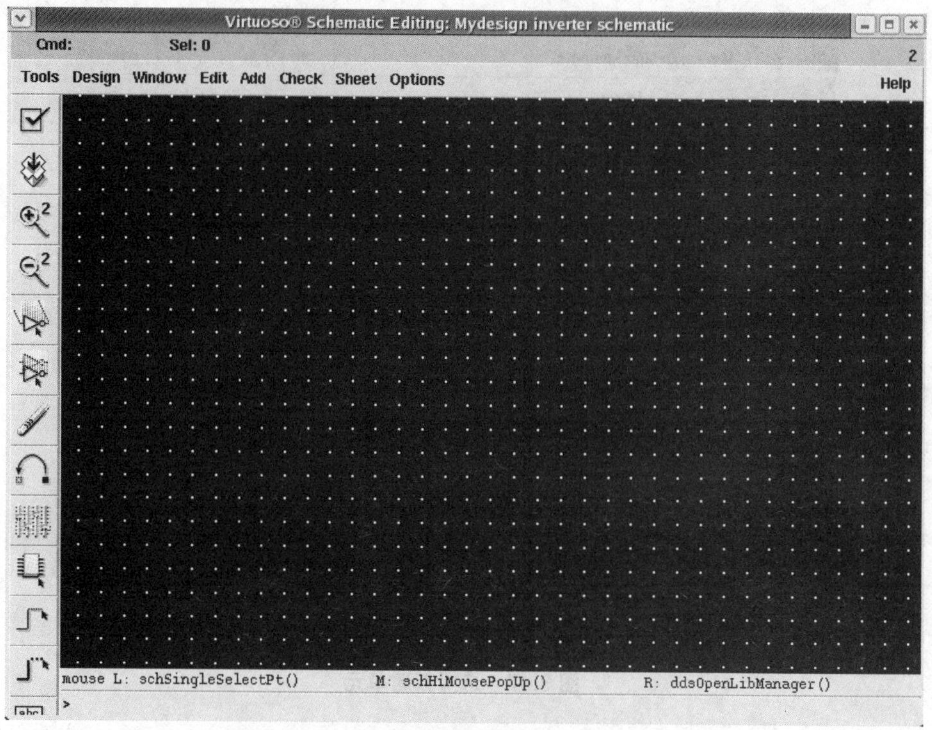

图 3.49　电路图编辑窗口

在电路编辑窗口中，最左边的是图标栏，表示一些常用的命令，利用图标栏可以快速建立、编辑电路图。图标栏中各个图标代表的命令如图 3.50 所示。

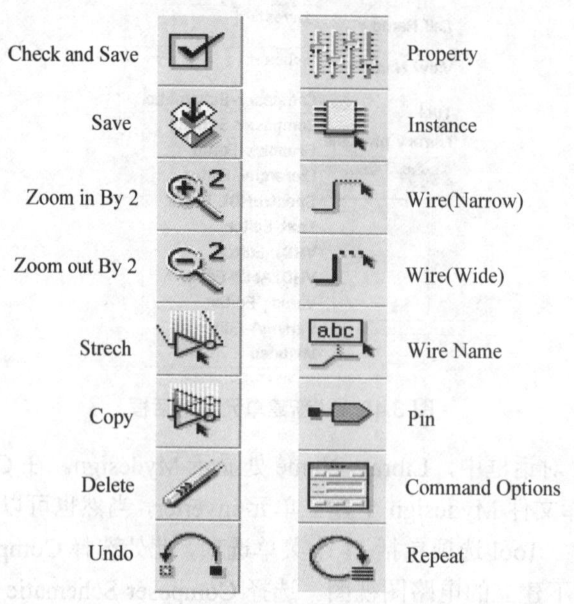

图 3.50　电路编辑窗口图标栏

在图标栏中，各个图标的具体作用如下：

(1) Check and Save，对电路图进行检查并存盘。

(2) Save，将电路图进行存盘。

(3) Zoom in By 2，把电路图编辑窗口内的图像放大两倍。

(4) Zoom out By 2，把电路图编辑窗口内的图像缩小为一半。

(5) Strech，拉动图形的边或角。

(6) Copy，复制图形。

(7) Delete，删除图形。

(8) Undo，取消前一步操作，默认只能取消一次。

(9) Property，编辑属性。

(10) Instance，建立器件例图(Instance)。

(11) Wire(Narrow)，画细线，主要用于电路连线。

(12) Wire(Wide)，画粗线，主要用于电路总线。

(13) Wire Name，连线命名。

(14) Pin，添加引脚。

(15) Command Options，有效命令选项。

(16) Repeat，重复命令，重复执行上一次的命令。

应用实例

【BCMOS 反相器的电路设计视频】

建立 CMOS 反相器的电路图。

在电路图编辑窗口内建立 CMOS 反相器的电路图的步骤如下：

步骤 1：添加器件。在电路图编辑窗口内，单击 Instance 图标，或按快捷键 I 或选择命令 Add→Instance，将出现“Add Instance”对话框，如图 3.51 所示。

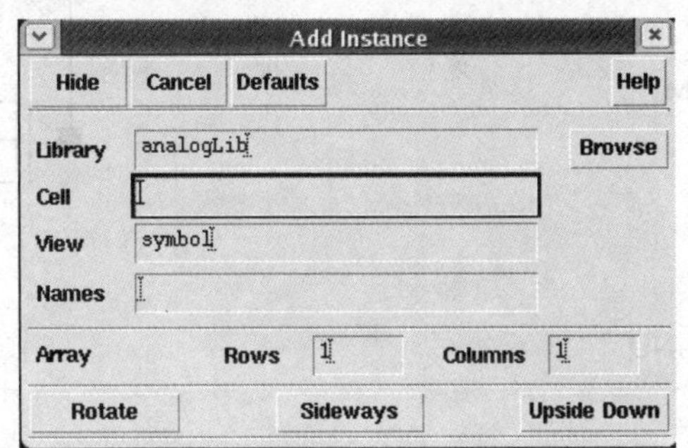

图 3.51　Add Instance 对话框

在 Add Instance 对话框中，Library 表示器件存在的库文件，由于不同的器件存放在不同的库文件下，所以通过单击右侧 Browse 按钮可以进行库文件选择。出现“选择库文件”对话框后，选择模拟库文件 analogLib，然后在 Cell 一列选择 nmos4 选项，再在 View 一列单击 Symbol(符号)选项，如图 3.52 所示，最后在电路图编辑窗口内单击一下，就可以放置 NMOS 晶体管了。利用同样的方法，在 Cell 一列选择选项，就可以放置 PMOS 晶体管。

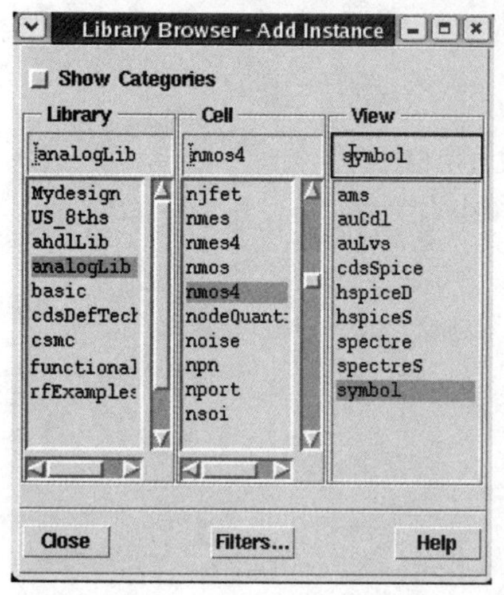

图 3.52 “选择库文件“对话框

在 Array 一行中，可以填入行数 Rows 和列数 Columns，以阵列的形式放置器件。器件放置完毕后，可按 Esc 键退出添加器件命令。

步骤 2：添加电源和地。电源和地(或负电源)为电路进行供电，是每个电路都不能缺少的，所以有时也把电源和地称为器件。同样在 analogLib 库里选择 Vdd 和 GND 的 Symbol，并将它们放置在电路图编辑窗口内。如图 3.53 所示，从上至下，分别为电源 Vdd、PMOS 晶体管、NMOS 晶体管和地 gnd。

步骤 3：添加连线。单击图标栏中的 Wire(Narrow)来添加器件之间的连线。连线的方法为在线的起点处单击鼠标，移动光标，在线的终点双击鼠标完成连线绘制。在电路图编辑窗口内，器件的电极连接点显示为红色方块，当光标靠近电极连接点时，会出现黄色菱形框包围电极连接点，此时只需单击鼠标就可以将该电极进行连接。连接完毕的 CMOS 反相器如图 3.54 所示。

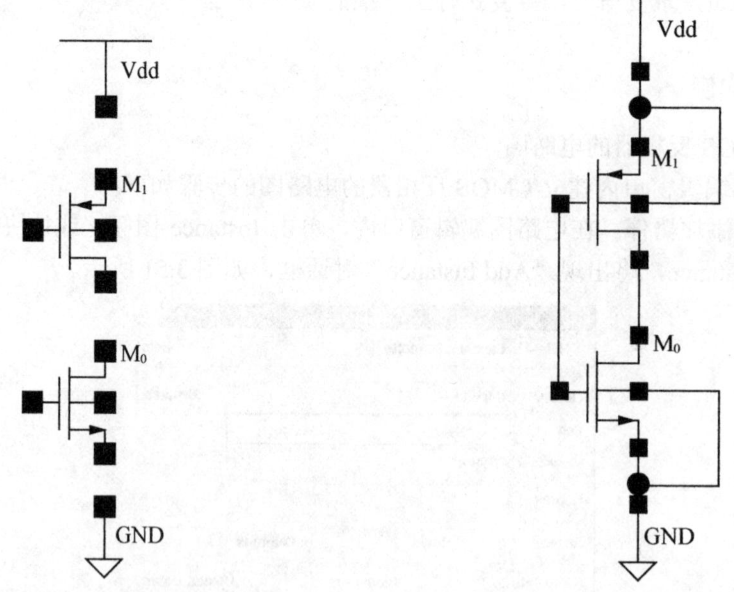

图 3.53 CMOS 反相器的器件　　图 3.54 CMOS 反相器的连线

步骤 4：添加引脚。对于 CMOS 反相器，有一个输入引脚和一个输出引脚。单击图标栏中的 Pin 图标，出现“添加引脚”对话框。在“添加引脚”对话框中，Pin Names 处填入引脚的名称，如 A 或 B，然后单击 Direction 选项，放置输入引脚选择 input 选项，放置输出引脚选择 output 选项，放置输入输出引脚选择 inputOutput 选项，放置转换引脚选择 switch 选项，如图 3.55 所示。

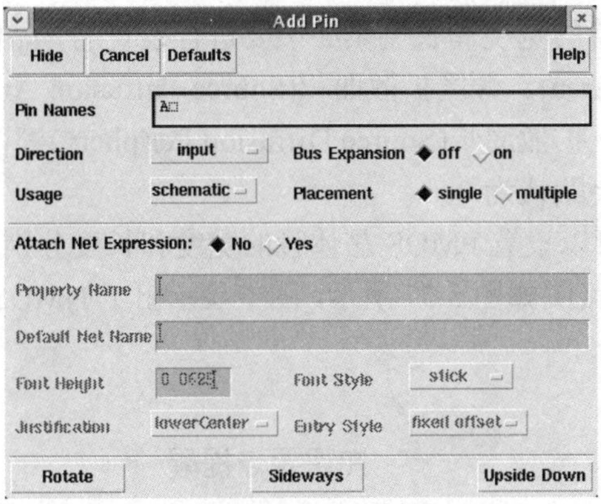

图 3.55　添加引脚

在电路图编辑窗口内，分别添加一个输入引脚和一个输出引脚。引脚添加完毕后，同样利用添加连线的方式将输入、输出引脚与器件相连接。

步骤 5：器件属性设置。对于 CMOS 反相器，为了保证上升时间和下降时间比较接近，需要将 PMOS 晶体管的宽长比设置为 NMOS 晶体管宽长比的两倍。在电路图编辑窗口内，选择 NMOS 晶体管，NMOS 晶体管被选择后将被一个白色方框包围。选择 NMOS 晶体管后，单击图标栏中的 Property 图标，或按快捷键 Q，将出现“编辑器件属性”对话框。在“编辑器件属性”对话框内，可以设置晶体管的宽度，如 Width=5μm，设置晶体管的长度 Length=5μm，如图 3.56 所示。

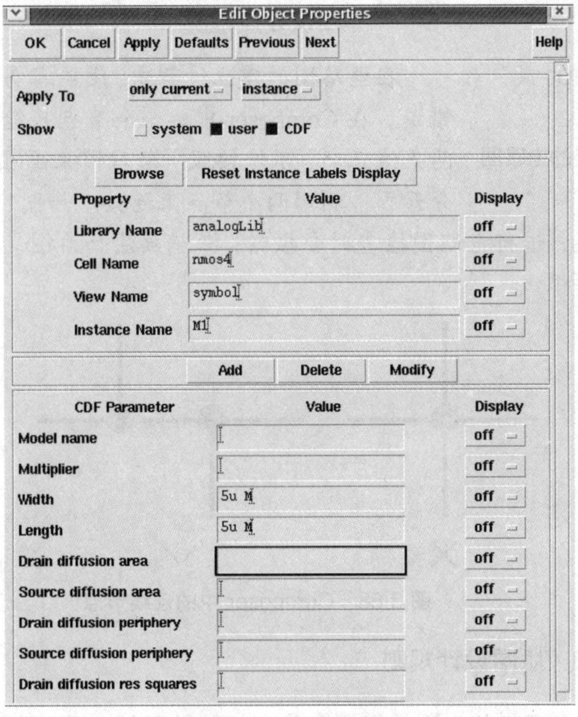

【MOS 晶体管源漏扩散区参数的作用】

图 3.56　编辑器件属性

在图 3.56 中，晶体管的宽度和长度是必须要进行设置的，晶体管的其他参数如漏区扩散面积(Drain Diffusion Area)、源区扩散面积(Source Diffusion Area)、漏区扩散周长(Drain Diffusion Periphery)、源区扩散周长(Source Diffusion Periphery)等可以不设置。如果不设置，在进行电路仿真的时候会默认为 0。

利用同样的方法，可以设置 PMOS 晶体管的宽度和长度分别为 10μm 和 5μm。最终完成的 CMOS 反相器的电路图如图 3.57 所示，图中显示出了 NMOS 晶体管和 PMOS 晶体管的宽度和长度。

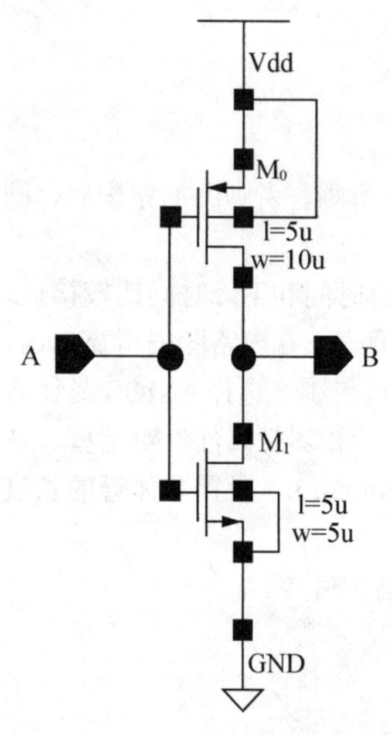

图 3.57　CMOS 反相器的电路图

知识要点提醒

在 Composer 里，晶体管长度和宽度的单位默认为米(m)，所以在进行长度和宽度的设置时，应该输入 *x*μ，其中 *x* 为具体数值，μ 代表微(10^{-6}，但图中用 u 代替μ)。

步骤 6：检查并存盘。此处的检查主要是针对电路的连接关系，如连线或管脚悬空，总线与单线连接错误等。单击图标栏中的 Check and Save 图标，完成对 CMOS 反相器的电路图检查并存盘，因为电路图比较简单，所以未出现任何错误或警告。至此，CMOS 反相器的电路图建立完毕。

知识要点提醒

在电路图的建立过程中，比较容易犯的错误通常是连线错误。在 Composer 中，一个节点只能引出 3 根线，如果有两条线正交，不能按照一般习惯来画相交的节点，而是应该分开画，利用两个节点来连接。如图 3.58 所示，左图中一个节点引出了 4 根线，进行电路图检查时会报错；正确画法如右图，利用两个节点进行连接，每个节点引出 3 根线。

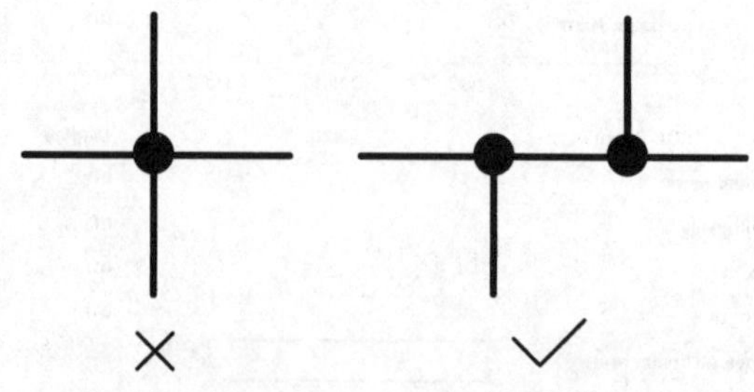

图 3.58　Composer 中的连线节点

【版图设计规则简单例子】

3.4.3　版图设计规则

根据工艺水平的发展和生产经验的积累，总结制定出的作为版图设计时必须遵循的一整套数据规则称为版图设计规则。

在正常的生产条件下，难免会出现光刻套准偏差、过腐蚀、硅片变形等工艺偏差情况，设计规则通过对这些影响生产的因素加以考虑和规定，提出能够保证集成电路在制造过程中工艺水平能够达到的、保证芯片正常加工的各种约束条件，通过约束条件的限制，使得即使出现工艺偏差，仍然可以保证电路芯片的正常加工制作。

版图设计规则是集成电路版图设计和工艺制造之间的桥梁。有了版图设计规则，版图设计师不需要深入了解工艺的细节，只需严格按照版图设计规则的要求进行版图设计即可。

设计规则是由几何限制条件和电学限制条件共同确定的版图设计的几何规定，这些规定是以掩膜版各层几何图形的宽度、间距及重叠量等最小容许值的形式出现的。虽然不同特征尺寸、不同芯片制造厂商的版图设计规则是不一样的，但版图设计规则一般都包含以下 4 种规则：①最小宽度；②最小间距；③最小包围；④最小延伸。

1. 最小宽度

版图设计时，几何图形的宽度或长度必须大于或等于版图设计规则中的最小宽度。例如，在版图中存在一条金属线，它的图形是一个矩形，但实际加工出来的金属线却不是矩形，图形可能很不规整。如果该金属线版图的图形宽度小于最小宽度，那么由于制造工艺偏差，有可能产生金属断线或局部电阻过大等问题，如图 3.59 所示。

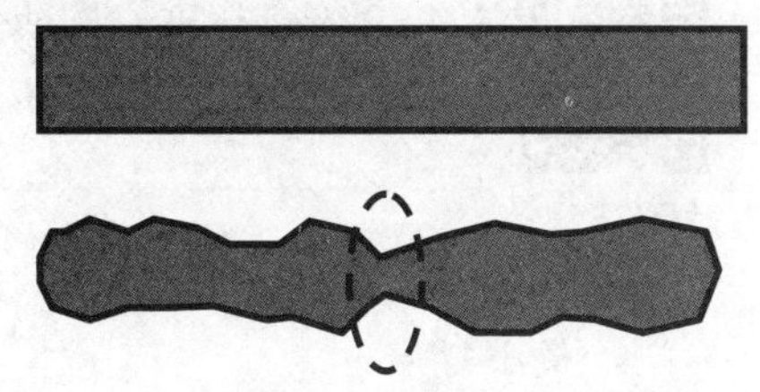

图 3.59　最小宽度

2. 最小间距

在同一层掩膜上，图形之间的间隔必须大于或等于版图设计规则中的最小间距。集成电路制造工艺是利用光刻和刻蚀工艺来获得各种图形的，如果两个图形之间的距离小于最小间距，那么由于可能存在的工艺偏差，这两个图形就可能连接在一起成为一个图形。例如，在版图中存在两条金属线，同样这两条金属线也都是矩形，如果这两条金属线之间的距离小于最小间距，那么由于工艺偏差，可能导致这两条金属线之间短路，如图 3.60 所示。在版图设计规则中，最小宽度和最小间距二者的数值相等。

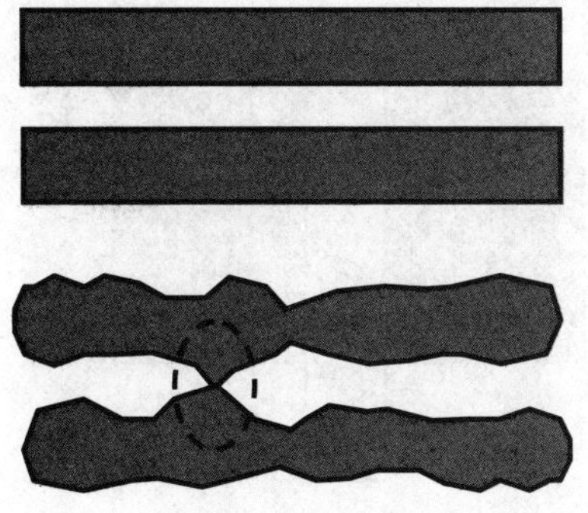

图 3.60　最小间距

【最小宽度和最小间距彩图】

**小思考**：在版图设计规则中，为什么最小宽度和最小间距这两条规则的数值相等？

3. 最小包围

在版图设计中，有些图形是被另外层的一些图形所包围的。例如，N 阱、N^+离子注入和 P^+离子注入包围有源区。这些包围应该有足够的余量，即满足最小包围，以确保即使出现光刻套准偏差时，器件有源区始终在 N 阱、N^+离子和 P^+离子注入区范围内。同理，为了保证接触孔和多晶硅、有源区以及金属的正确连接，应使多晶硅、有源区和金属对接触孔四周要保持一定的覆盖，即满足最小包围，如图 3.61 所示，图中用 *overlap* 表示图形之间的包围余量。

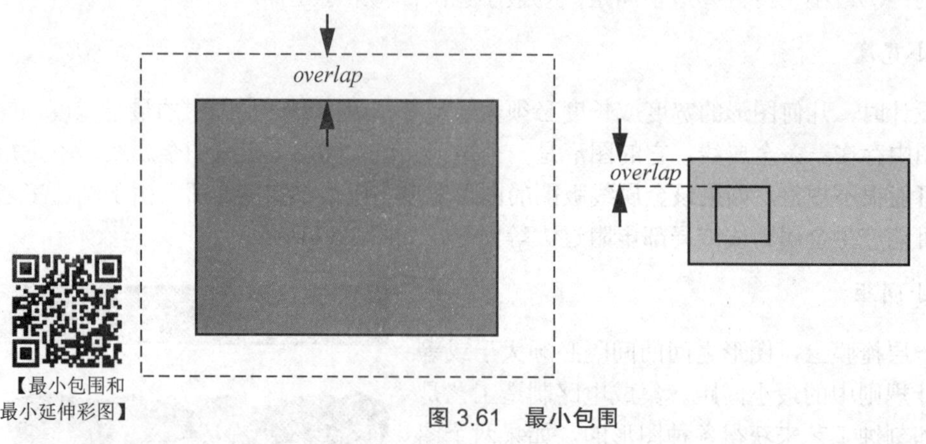

图 3.61　最小包围

4. 最小延伸

在版图设计中，某些图形重叠于其他层的图形上时，不能仅仅达到边缘为止，还必须延伸到边缘之外的一个最小长度，这就是最小延伸。例如，为了保证多晶硅栅极对沟道的有效控制，防止源区和漏区之间短路多晶硅栅极必须从有源区中延伸出一定长度，且不能小于最小延伸，如图 3.62 所示，图中用 *overhang* 表示多晶硅对有源区的最小延伸。

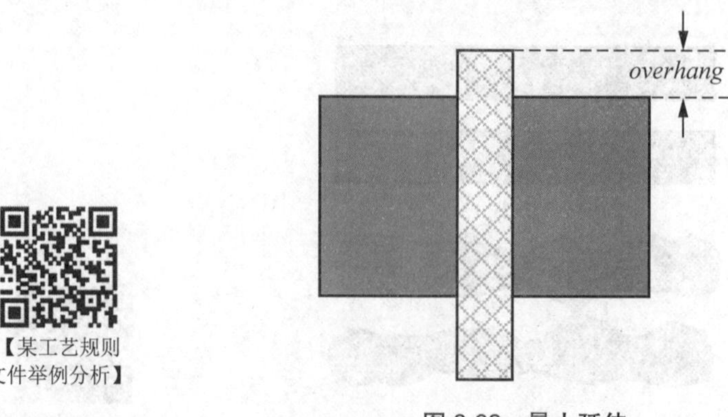

图 3.62　最小延伸

3.4.4　版图编辑大师

Cadence 最突出的优点就在于 Cadence 版图设计及验证工具是任何其他 EDA 软件所无法比拟的。Cadence 的版图设计工具是 Virtuoso Layout Editor，又称版图编辑大师，不但界面很漂亮，而且操作方便功能强大，可以完成版图编辑的所有任务。

运行 Cadence 软件，选择建立版图视图后，同时出现层选择窗口(LSW)和版图编辑窗口(Virtuoso Layout Editing)，如图 3.63 所示。利用层选择窗口可以选择所要绘制图形所在的层，然后在版图编辑窗口内进行版图绘制。为了方便，在层选择窗口里并没有显示出所有可获得的层，只是显示出比较常用的一些层，例如，Nwell 表示 N 阱，Active 表示有源区，Poly1 表示第一层多晶硅，Poly2 表示第二层多晶硅，Nimp 表示 N^+注入，Pimp 表示 P^+注入，Metal1 表示金属 1，Metal2 表示金属 2，等等。

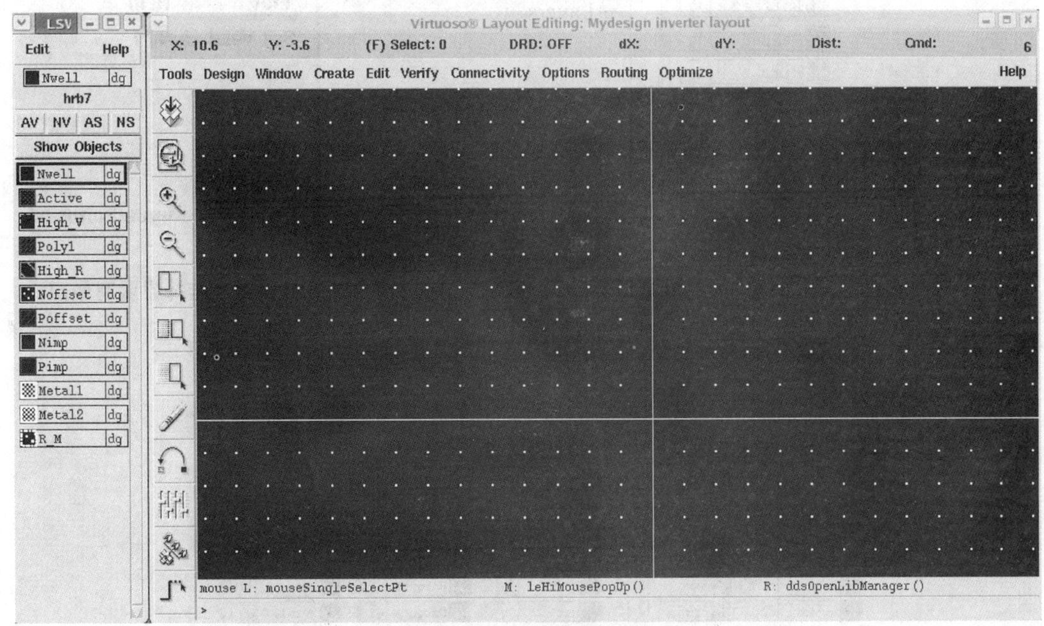

图 3.63　层选择窗口和版图编辑窗口

1. *层选择窗口的设置*

在层选择窗口中，各个菜单和按钮的作用如图 3.64 所示。

在图 3.64 中，各图标的作用如下：

(1) Edit Menu 可以设置有效层、层的颜色和图案。

(2) Current drawing layer 表示目前正在使用的层。

(3) Technology Library 表示版图关联的技术库。

(4) AV NV AS NS Buttons 用来设置层是否可视与是否可选择，其中 AV 设置各个层都可视，NV 设置各个层都不可视，AS 设置各个层都可被选择，NS 设置各个层都不能被选择。

(5) Layers 列出了目前可供选择的所有层。

Edit Menu 可以设置有效层。单击 Edit 菜单，选择命令 Edit→Set Valid Layers，如图 3.65

所示，将出现“设置有效层”对话框，如图 3.66 所示。

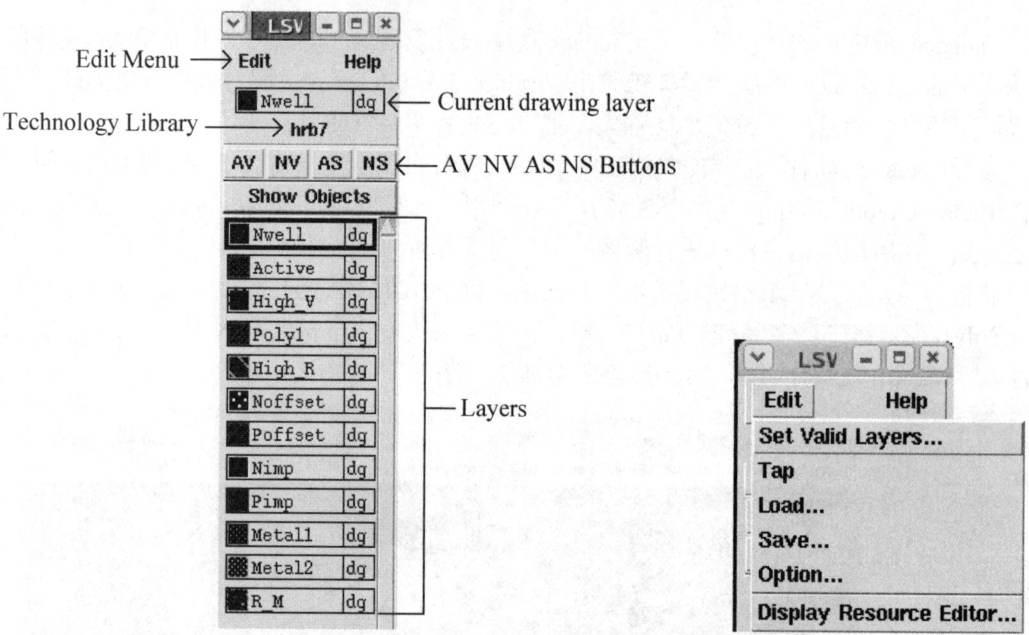

图 3.64　层选择窗口

图 3.65　选择设置有效层

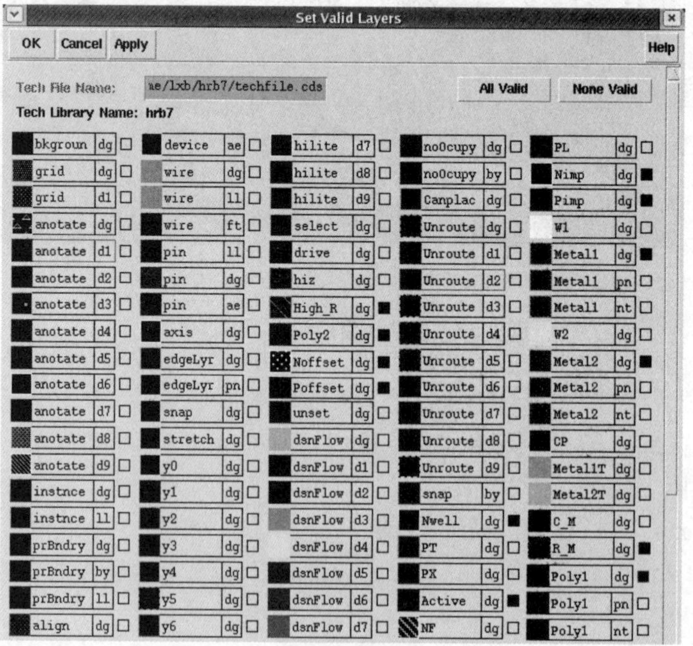

【设置有效层对话框彩图】

图 3.66　“设置有效层”对话框

在“设置有效层”对话框中包含着超过 200 多种层符号，每一个都可以作为版图设计中的一层。实际在进行版图设计时，并不需要全部的这些层，而且把这些层全部显示出来也会给作图带来了麻烦。可以通过设计层的开关来设置有效层，在图 3.66 中，每个层符号的右边都有一个小方框，这就是选择该层的开关。如果要选择某一层，只需在其开关处单击，方框变黑，表明本层已被选中。有效层设置完毕后，单击 OK 按钮即可。合理设置有效层会加快版图的绘制速度。

在“设置有效层”对话框中，每个层符号的右侧都有表示其用途的标记，例如，dg、pn 和 nt 等。各个标记的名称、缩写和用途见表 3-6。

表 3-6　层符号名称、缩写语用途

名　　称	缩　　写	用　　途
Drawing	dg	绘图
Pin	pn	引脚
Net	nt	连线
Label	Ll	标签
Tool	t	工具
Warning	wg	警告
Error	er	错误
Boundary	by	边界
Annotate	ae	注释

通过表 3-6 可知，对于版图设计，应该使用那些用途为绘图(dg)的层，可以在“设置有效层”对话框中只选择那些带有 dg 标示的层，设置完成后如图 3.66。

Edit Menu 还可以设置各个层的颜色和图案。选择 Edit→Display Resource Editor 命令，如图 3.65 所示，将出现“设置层的颜色和图案”对话框，如图 3.67 所示。

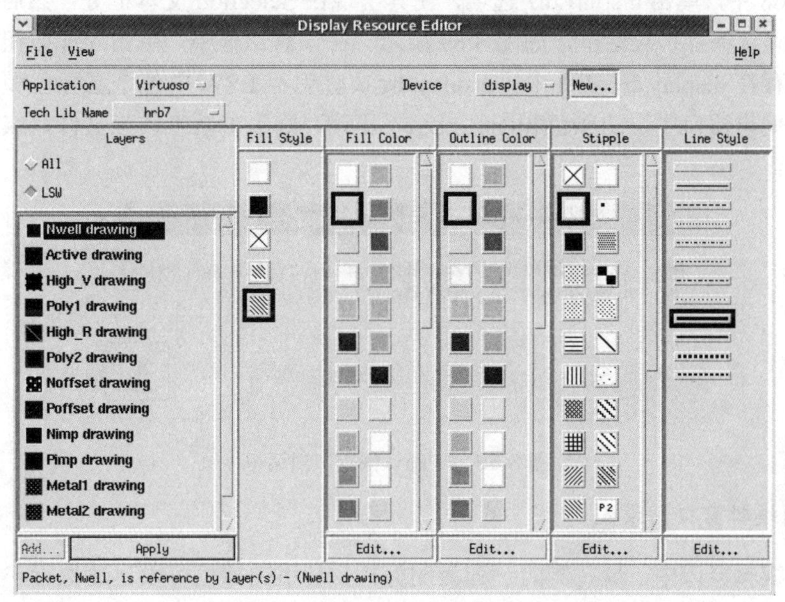

【设置层的颜色和图案】

图 3.67　“设置层的颜色和图案”对话框

在“设置层的颜色和图案”对话框中，LSW 中每个层的填充类型(Fill Style)、填充颜色(Fill Color)、外框颜色(Outline Color)、点画线(Stipple)和线型(Line Style)都可以分别进行设置。设置完毕后，选择命令 File→Save，出现“保存设置层的颜色和图案”对话框，如图 3.68 所示。

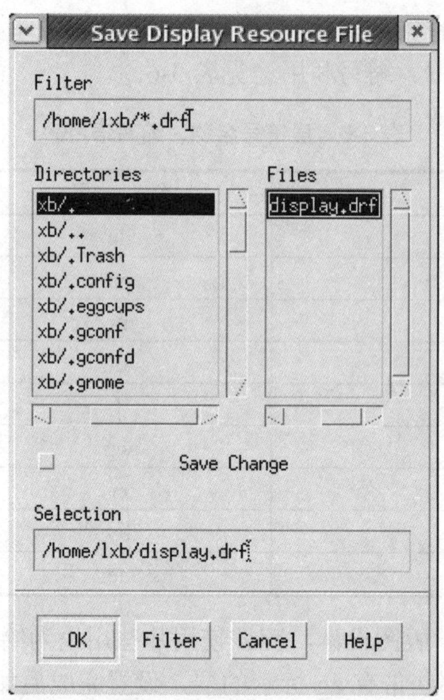

图 3.68 “保存设置层的颜色和图案”对话框

在图 3.68 中，单击 display.drf 选项，使其出现在 Selection 文本框处，然后单击 OK 按钮，出现“确认保存”对话框，如图 3.69 所示。在该对话框中，单击 Yes 按钮，层的颜色和图案被保存在 display.drf 文件中。display.drf 文件保存 LSW 中各个层颜色和图案信息，如果在版图编辑窗口中层的颜色和图案显示不正确，则应重新生成该文件，或用备份文件覆盖。

图 3.69 “确认保存”对话框

2. 版图编辑窗口的设置

在版图编辑窗口中，最左侧的一列为图标栏，利用图标栏可以迅速执行一些常用的命令。图标栏中各个图标的作用如图 3.70 所示。

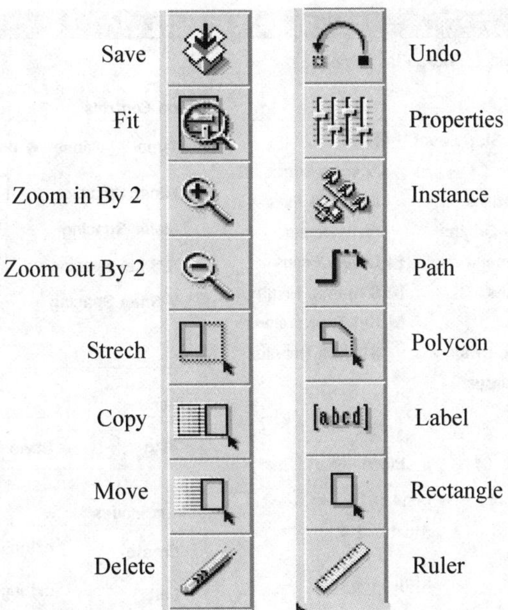

图 3.70　版图编辑窗口图标栏

在图标栏中，各个图标的具体作用如下：

(1) Save：将视图存盘。

(2) Fit：全部显示所编辑的单元。

(3) Zoom in By 2：把电路图编辑窗口内的图像放大一倍。

(4) Zoom out By 2：把电路图编辑窗口内的图像缩小为一半。

(5) Strech：拉动图形的边或角。

(6) Copy：复制图形。

(7) Move：移动图形。

(8) Delete：删除图形。

(9) Undo：取消前一步操作，默认只能取消一次。

(10) Properties：编辑属性。

(11) Instance：建立单元例图(Instance)。

(12) Path：建立等宽线。

(13) Polycon：建立多边形。

(14) Label：添加标签。

(15) Rectangle：建立矩形。

(16) Ruler，建立用于测量的直尺。

与很多软件一样，可以利用 Options 命令来对版图编辑窗口进行设置。在版图编辑窗口中，执行命令 Options→Display，出现“显示选项”对话框，如图 3.71 所示。

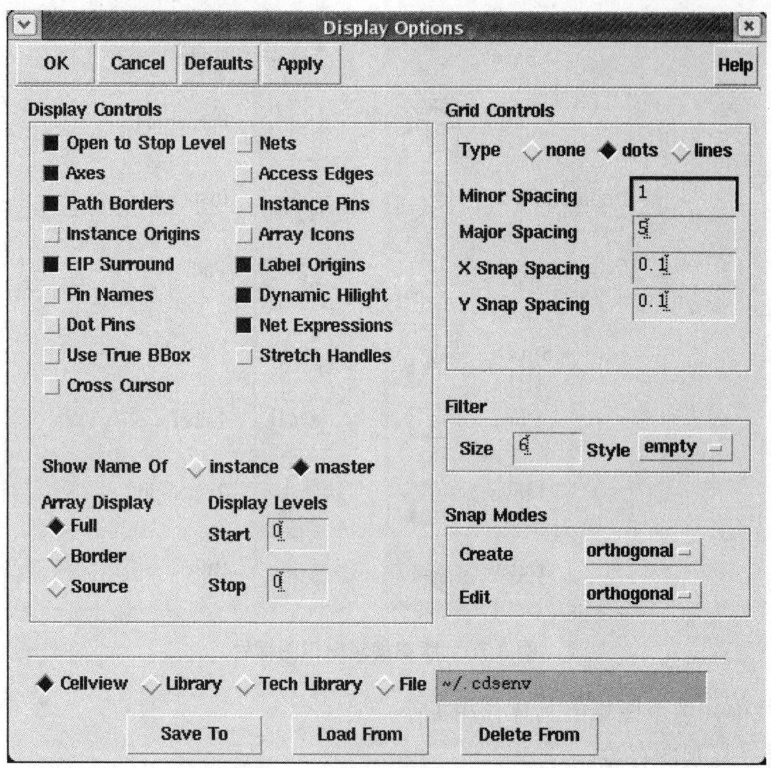

图 3.71　“显示选项”对话框

在“显示选项”对话框中，可以设置显示控制(Display Controls)、格点控制(Grid Controls)、阵列显示(Array Display)、层次显示(Display levels)和吸合模式(Snap Modes)等。

在显示控制一栏里，可以控制所画单元的显示特性和命令特性，例如，动态高亮(Dynamic Highlight)用来设置当光标移动到某个图形上时，图形的边框会变为高亮度虚线，当图形比较复杂时，动态高亮便于分辨选择图形。

格点控制用来设置在版图设计区内坐标点的显示，通过合理地设置格点控制可提高绘图速度。其中，Type 用来控制格点的显示类型，none 表示关闭格点显示，dots 表示虚线格点，每格只显示一个点，lines 表示实线构成方格；Minor Spacing 用来设置小格点的间距，Major Spacing 用来设置大格点的间距；X Snap Spacing 用来设置 X 轴吸合距离，Y Snap Spacing 用来设置 Y 轴吸合距离，当光标与目标图形之间的距离小于吸合距离时，光标会自动吸合至图形上。

吸合模式用来设置创建或编辑图形时吸合动作的方式，其中创建图形的吸合方式如图 3.72(a)所示，编辑图形的吸合方式如图 3.72(b)所示。其中，anyAngle 表示任意角度吸合，diagonal 表示对角线吸合，orthogonal 表示直角吸合。

还可以对版图编辑器选项进行设置，选择命令 Options→Layout Editor，出现“Layout Editor Options”对话框，如图 3.73 所示。

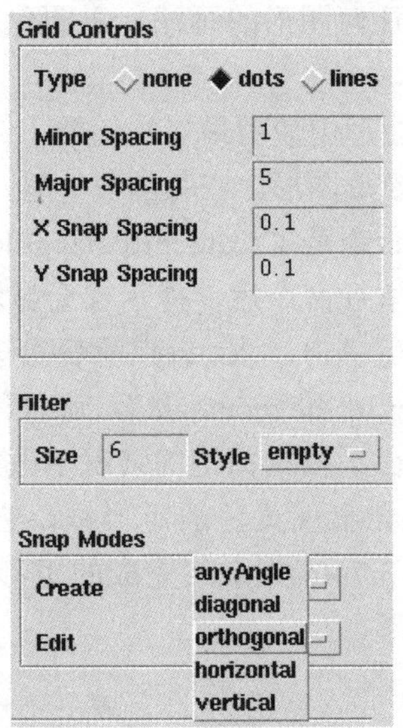

(a) 创建图形　　(b) 编辑图形

图 3.72　设置吸合模式

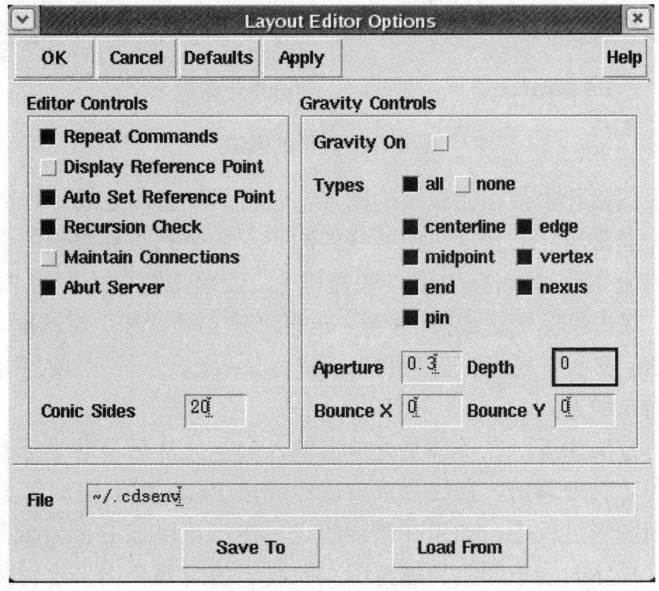

图 3.73　版图编辑器选项

在“版图编辑器选项”对话框中，可以设置引力控制(Gravity Controls)、圆环边数(Conic Sides)等。引力控制是指在画图时，如果光标引导某条线向另一条线运动时，只要光标进入到该线的引力控制范围内，就会自动把光标拉到线上，就像光标受到引力作用一样。

3. 版图图形的画法与编辑

版图图形是不同层的图形的组合，每层上的图形基本上都是比较简单的图形，下面

介绍版图中各种几何图形的画法，主要包括矩形、等宽线、多边形、圆弧、圆、椭圆、圆环等。

矩形是版图图形中使用最多的图形，例如，有源区、多晶硅、N 注入、P 注入、金属等基本都是使用矩形图形。在版图设计里，由两个对角顶点可确定一个矩形。

建立矩形的命令是 Create→Rectangular，快捷键 R，或单击图标栏中的 Rectangular 图标。选择建立举行命令后，提示行会显示“Point at the first corner of the rectangle”，这时在屏幕上的某点单击一次，该点就变为矩形第一个角的顶点，然后提示行显示“Point at the opposite corner of the rectangle”，这时移动鼠标在屏幕的另一点单击，即可建立矩形。移动鼠标指的是在不按鼠标键的情况下改变鼠标的位置，在移动过程中，在第一个角的顶点和光标之间会出现黄色的矩形框，它的大小随光标的位置而改变。矩形的画法如图 3.74 所示。图 3.74(d)为最终完成的矩形，矩形具体的线条颜色和填充图案取决于使用哪个层来绘制图形。

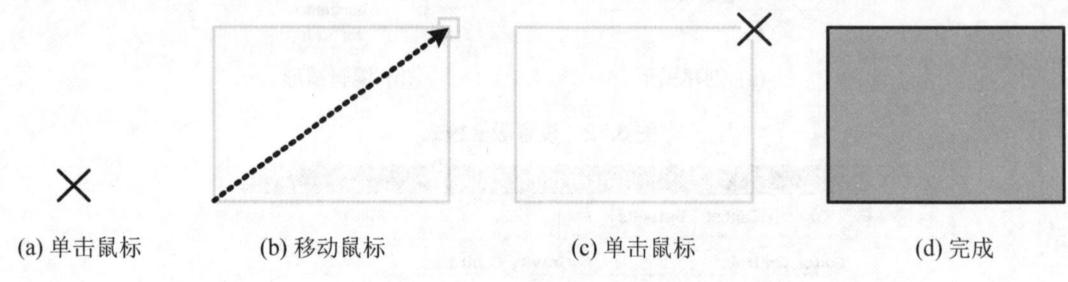

(a) 单击鼠标 (b) 移动鼠标 (c) 单击鼠标 (d) 完成

图 3.74 矩形的画法

等宽线也是版图设计中使用比较多的图形，通常用于金属连线。等宽线指的是宽度固定的直线或折线，通常用它的宽度、中心线的起点、各个拐点和终点的坐标来表示。

建立等宽线的命令是 Create→Path，快捷键 P，或单击图标栏中的 Path 图标。选择建立等宽线命令后，双击鼠标中键或按 F3 键，出现“建立等宽线”对话框，如图 3.75 所示。在图 3.75 中，Width 表示等宽线的宽度，Change to Layer 表示等宽线使用的层，Snap Mode 表示等宽线拐角的布线方式。

建立等宽线的方法如下：在屏幕某处单击输入起点，然后移动光标到下一点并单击，连续移动光标并在转折处单击，在终点双击鼠标或按 Enter 键，完成等宽线的绘制，如图 3.76 所示。在绘制图形过程中，如果在错误的点单击，可以按 Backspace 键来取消错误的点。同样，等宽线具体的线条颜色和填充图案取决于使用哪个层来绘制图形。

多边形在版图设计中也有使用，但并不多见。建立多边形的命令是 Creat→Polycon，快捷键 P，或点击图标栏中的 Polycon 图标。选择画多边形的命令后，提示行显示“Point at the first point of the polycon”，然后在屏幕某点处单击输入多边形的第一个点，提示行继续显示“Point at the next point of the polycon”，继续单击多边形的各个顶点，每单击一次就建立多边形新的一边。在第一个点和最后输入的点之间有虚线连接，如果虚线和前面各点的实现所构成的图形就是想要的多边形，那么双击鼠标或按 Enter 键，会自动形成封闭的多边形，如图 3.77 所示。同样，多边形具体的线条颜色和填充图案取决于使用哪个层来绘制图形。

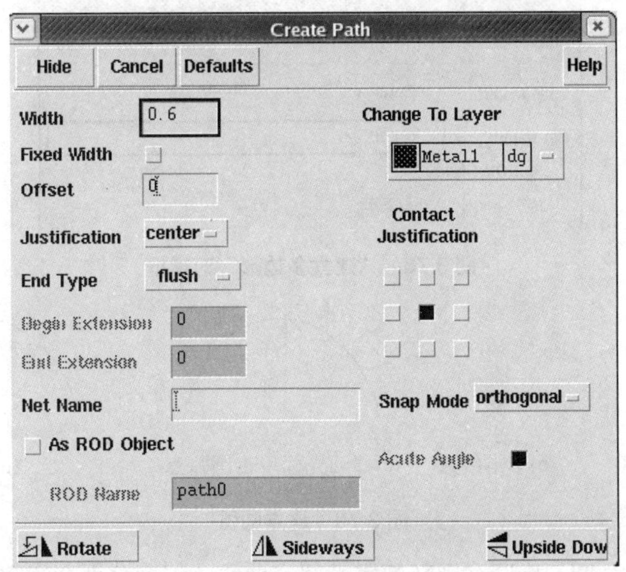

图 3.75　“建立等宽线”对话框

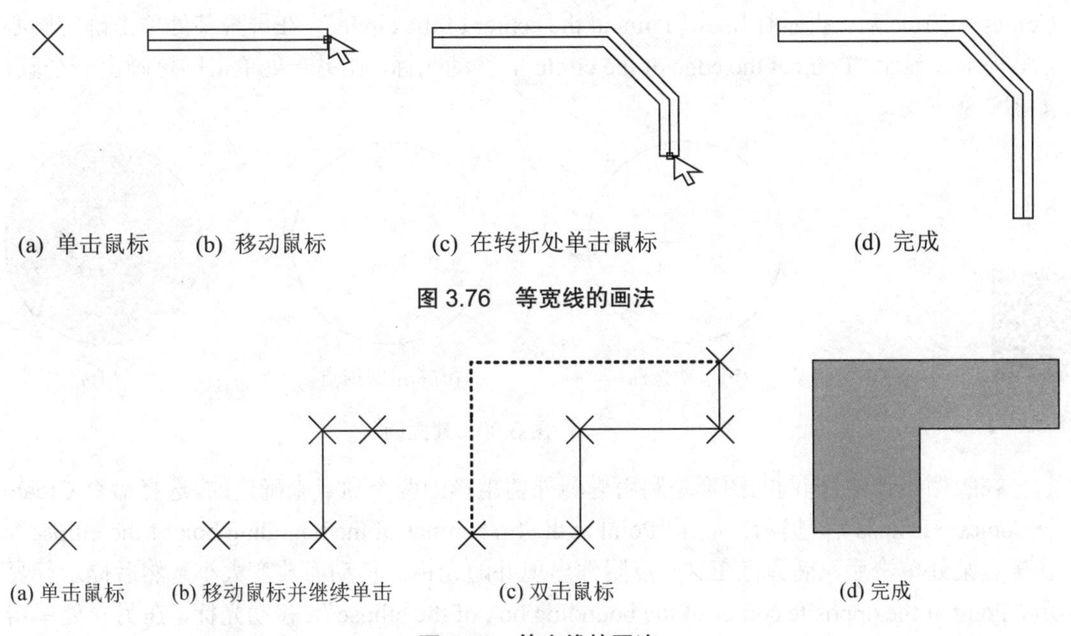

图 3.76　等宽线的画法

图 3.77　等宽线的画法

建立多边形的命令还可以用来画圆弧，在版图设计中，圆弧是用起点、终点和弧上的一点来表示的。选择命令 Create→Polycon 后，双击鼠标中键或按 F3 键，出现“建立多边形”对话框，如图 3.78 所示。在图 3.78 中，单击 Create Arc 按钮，然后在屏幕上分别单击起点、终点和弧上一点即可画出圆弧，如图 3.79 所示。

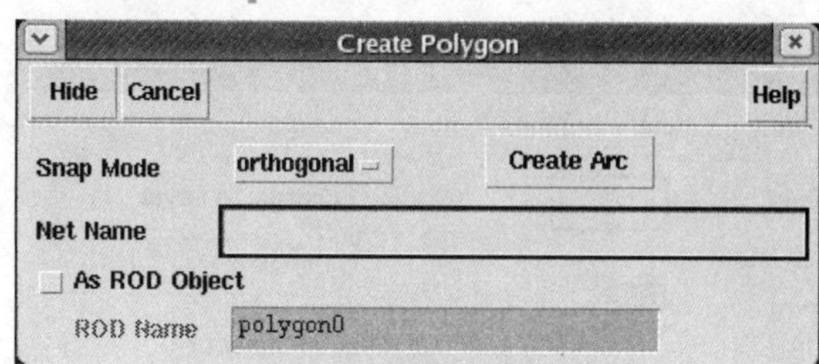

图 3.78 “建立多边形”对话框

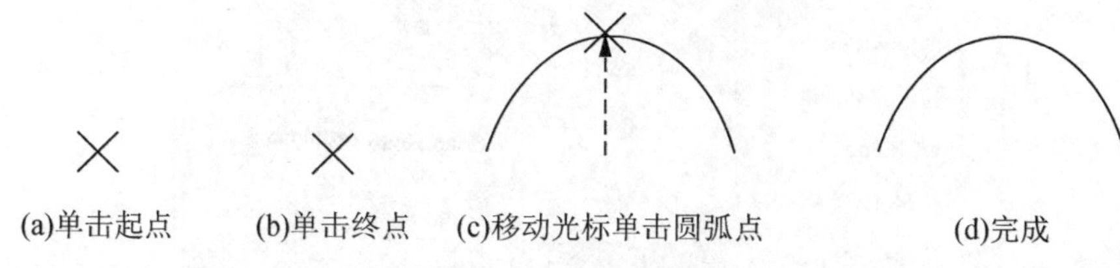

图 3.79 建立圆弧

在版图设计中，圆、椭圆和圆环都属于圆锥曲线，下面分别介绍它们的画法。

在版图设计中，圆的图形是利用圆心和圆周上的某一点来确定的。选择命令 Create→Conics→Circle 后，提示行显示“Point at the center of the circle”，在屏幕某处单击确定圆心后，提示行显示“Point at the edge of the circle”，移动光标，在另一处单击即可画出一个圆，如图 3.80 所示。

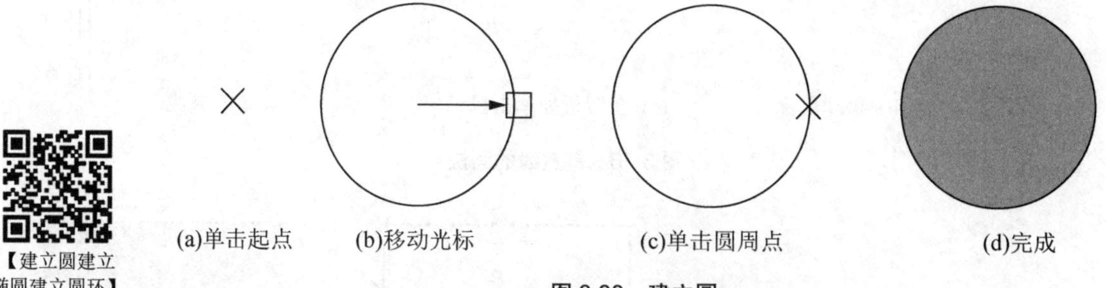

图 3.80 建立圆

在版图设计中，椭圆的图形是利用椭圆外切矩形的两个顶点来确定的。选择命令 Create→Conics→Ellipse 后，提示行显示“Point at the first corner of the bounding box of the ellipse”，在屏幕某处单击后，椭圆将在这一点附件出现并随光标的移动而改变大小，然后提示行显示“Point at the opposite corner of the bounding box of the ellipse”，移动光标，在另一处单击即可画出一个椭圆，如图 3.81 所示。

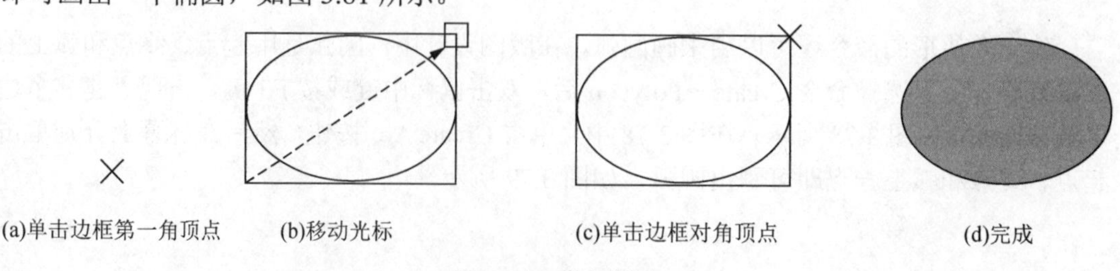

图 3.81 建立椭圆

在版图设计中，圆环是利用圆心、内圆周上的点和外圆周上的点来确定的。选择命令 Create→Conics→Donut 后，提示行显示“Point at the center of the donut”，在屏幕某处单击确定圆心后，提示行显示“Point at the inner edge of the donut”，移动光标，在另一处单击确定内圆周上的点，然后提示行显示“Point at the outer edge of the donut”，移动光标，在外侧单击确定外圆周上的点，即可画出一个圆环，如图 3.82 所示。

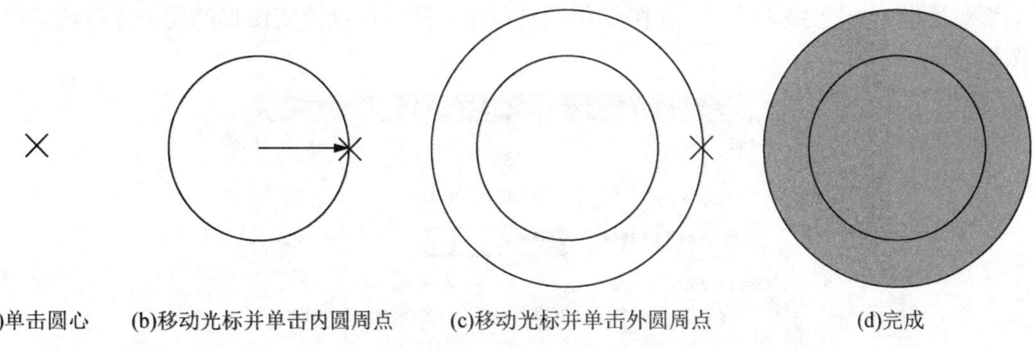

(a)单击圆心　(b)移动光标并单击内圆周点　(c)移动光标并单击外圆周点　(d)完成

图 3.82　建立圆环

复制是版图编辑窗口中的一个重要命令，利用复制可以把版图中原有的单元进行复制，当重复单元数目很大时，利用复制命令可以节省大量人工，提高版图绘制速度。选择命令 Edit→Copy，或单击图标栏中的 Copy 图标，然后选中要复制的原图，被选中的图形的边框会高亮度。用鼠标在原图上单击一次，一个边框为黄色的目标图形会跟随光标移动，再单击鼠标即可将图形复制到指定位置。发出复制命令后，可以双击鼠标中键或按 F3 键，出现“复制”对话框，如图 3.83 所示。

在图 3.83 中，通过在 Array 一行的 Rows 和 Columns 中输入数值，能实现以阵列的方式来复制图形。当以阵列方式复制图形时，需要在 Delta 一行的 X 和 Y 处输入偏移量，否则阵列中的图形将混在一起。在复制过程中，可利用 Change To Layer 来改变复制图形的层，还可以利用 Rotate、Sideways 和 Upside Down 来控制复制图形的旋转和镜像。

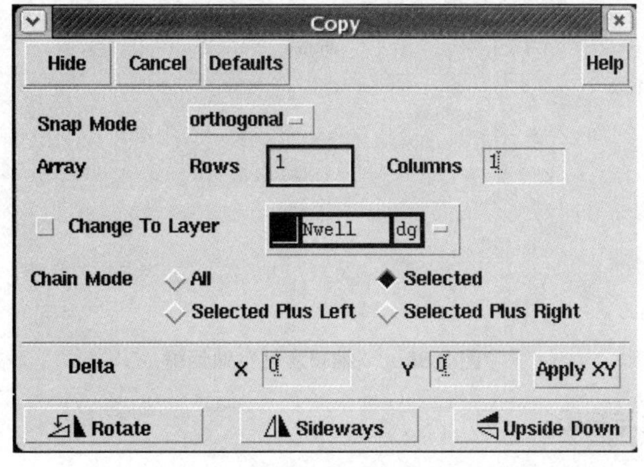

图 3.83　“复制”对话框

移动也是版图编辑窗口中的一个重要命令，利用移动可以把版图中原有的单元进行移动，当单元的位置不合适时，可以利用移动命令将其移动到合适的位置。选择命令 Edit→Move，或单击图标栏中的 Move 图标，然后选中要复制的原图，被选中的图形的边框会高亮度。用鼠标在原图上单击一次，一个边框为黄色的目标图形会跟随光标移动，再单击鼠标即可将图形移动到指定位置。发出复制命令后，可以双击鼠标中键或按 F3 键，出现“移动”对话框，如图 3.84 所示。在图形移动过程中，同样可以改变图形的层，并旋转或镜像图形。

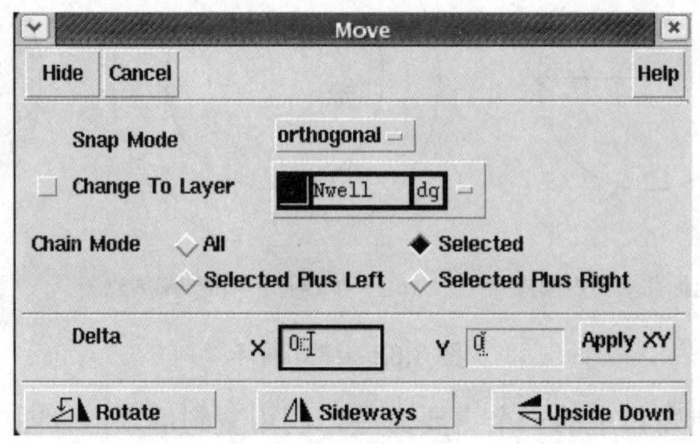

图 3.84 “移动”对话框

在版图设计中，经常用到的一个命令是编辑属性，对应命令为 Edit→Properties，快捷键为 Q，或单击图标栏中的 Properties 图标。以矩形图形为例，选中某矩形图形后，执行该命令后，出现“编辑属性”对话框，如图 3.85 所示。在图 3.85 中，可以改变图形的层，还可以通过设置 Left、Right、Bottom 和 Top 的数值来精确控制该图形的形状和位置。

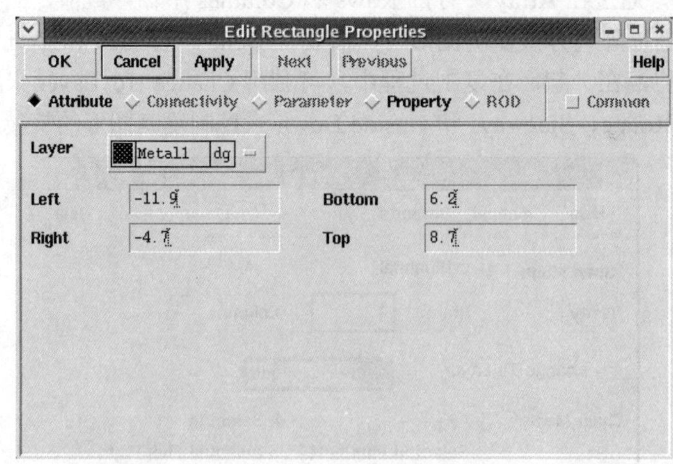

图 3.85 “编辑属性”对话框

3.4.5 版图的建立与编辑

至此，已经了解了版图设计规则和版图编辑大师的使用，在此基础上本节将主要介绍 CMOS 反相器的版图绘制。

1. 建立技术库

在 Cadence 软件里，库文件包括设计库和技术库。设计库是针对用户而言的，不同的用户可以有不同的设计库；而技术库是针对集成电路制造工艺而言的，不同特征尺寸工艺、不同芯片制造厂商的技术库是不同的。

为了正确地使用某个集成电路制造工艺，在第一次应用该工艺时，必须建立一个与该工艺对应的技术库，这个技术库是利用集成电路芯片制造厂商提供的技术文件(.tf)编译而成的。为了使版图设计数据能够被制造厂商正确地理解，用户的设计库必须和该厂商的工艺库相关联。

在 3.4.2 节中，已经建立了一个设计库 Mydesign，现在将建立一个技术库 ICTech，并将设计库与技术库相关联(attach)。

在 Cadence 软件界面上，单击 File 菜单，选择命令 File→New →Library，如图 3.43 所示，将出现“新建技术库”对话框，在该对话框的 Name 处填入库文件的名字 ICTech，然后选择 Compile a new techfile 选项，如图 3.86 所示，这表示将编译一个新的技术文件，建立一个技术库。

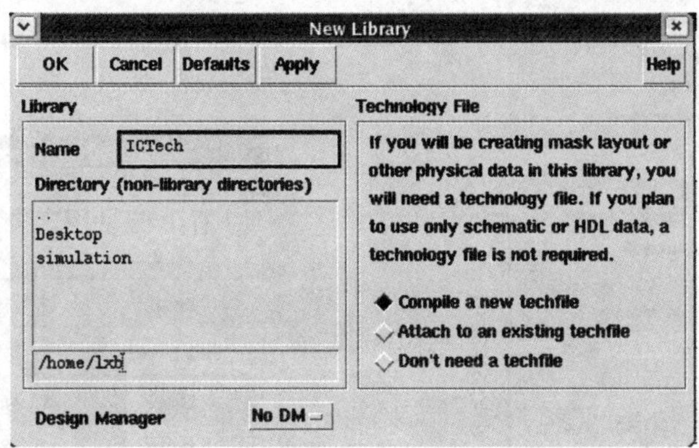

图 3.86　“新建技术库”对话框

单击 OK 按钮后，出现“加载技术文件”对话框，在该对话框中 ASCII Technology File 处填入技术文件所在的绝对路径，如图 3.87 所示，具体路径取决于技术文件的位置。

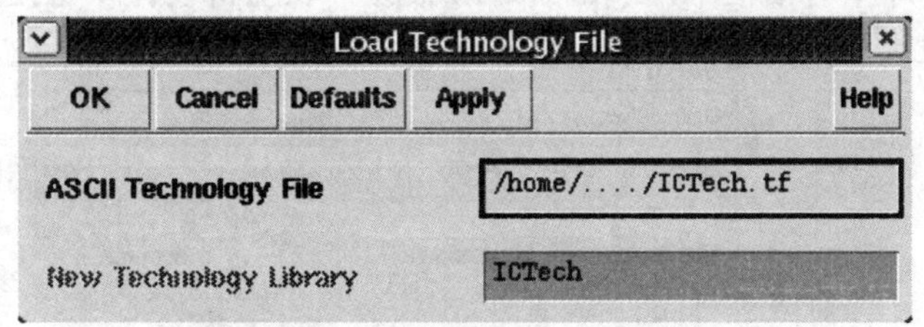

【技术文件下载链接】

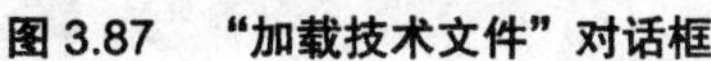
图 3.87　“加载技术文件”对话框

在图 3.87 中，单击 OK 按钮后，将出现编译成功对话框，表明技术文件加载成功，技术库编译完成，如图 3.88 所示。

【建立工艺库视频】

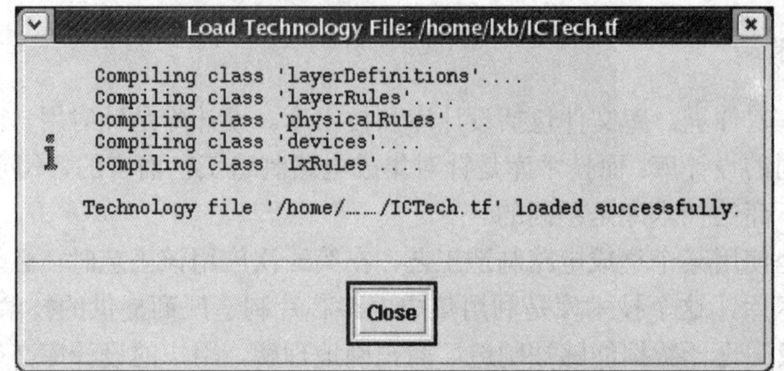

图 3.88　加载技术文件成功

技术库 ICTech 已经建立完毕，下面将设计库 Mydesign 和技术库 ICtech 相关联。在 Cadence 软件界面上，单击 Tools 菜单，选择命令 Tools→Technology File Manager，如图 3.89 所示，将出现“管理技术库”对话框，如图 3.90 所示。

图 3.89　选择管理技术库

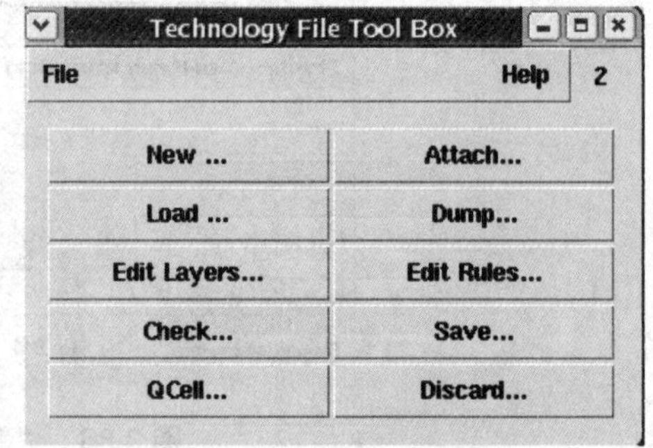

图 3.90　“管理技术库”对话框

在“管理技术库”对话框中，单击 Attach 按钮，表明将设计库与技术库相关联，然后出现“技术库与设计库关联”对话框，如图 3.91 所示。

【关联工艺库视频】

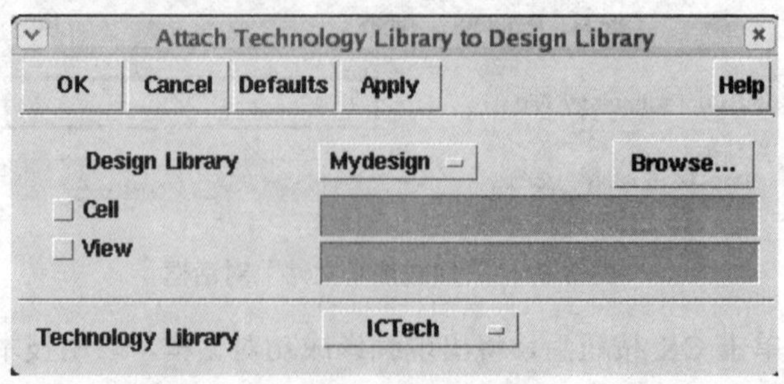

图 3.91　“技术库与设计库相关联”对话框

在图 3.91 中，选择 Design Library 为 Mydesign 选项，Technology Library 为 ICTech 选项，单击 OK 按钮后即将设计库 Mydesign 和技术库 ICTech 相关联，利用同样的方法也将设计库与其他工艺库相关联。

2. CMOS 反相器的版图

在 3.4.2 节中，已经建立了设计库 Mydesign，在该设计库内建立了单元 Inverter，并在该单元内建立了视图 schematic。schematic 是用于电路图的绘制，下面将在该单元内建立一个版图视图，用于版图的绘制。在 Library Manager 对话框内单击设计库 Mydesign，然后单击单元 Inverter，这时在视图一栏中将只出现在 3.4.2 节中建立的 schematic 视图，如图 3.92 所示。然后选择命令 File→New→Cell View，将出现“新建视图文件”对话框，如图 3.93 所示。

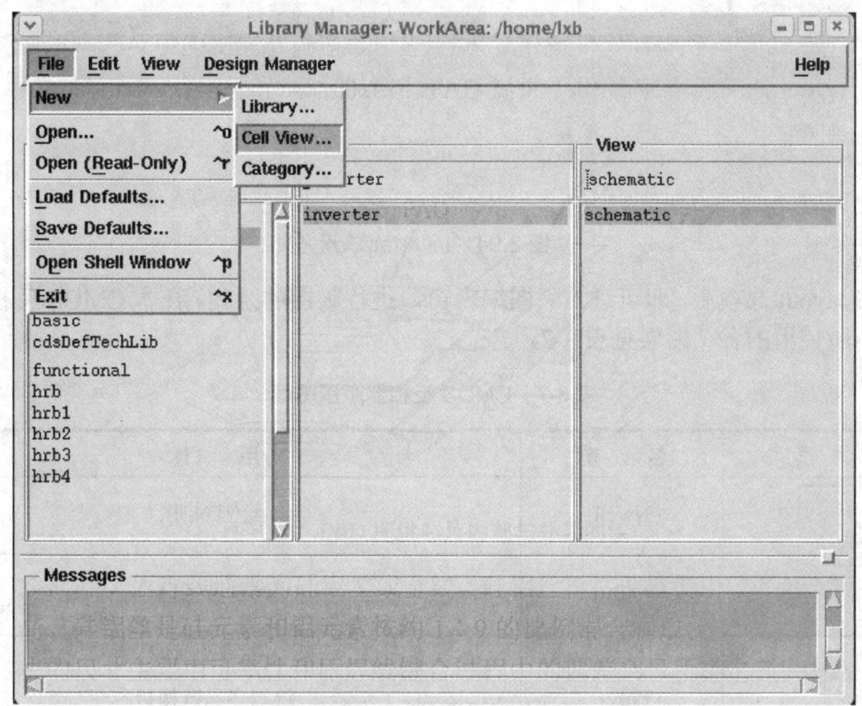

图 3.92　选择新建库

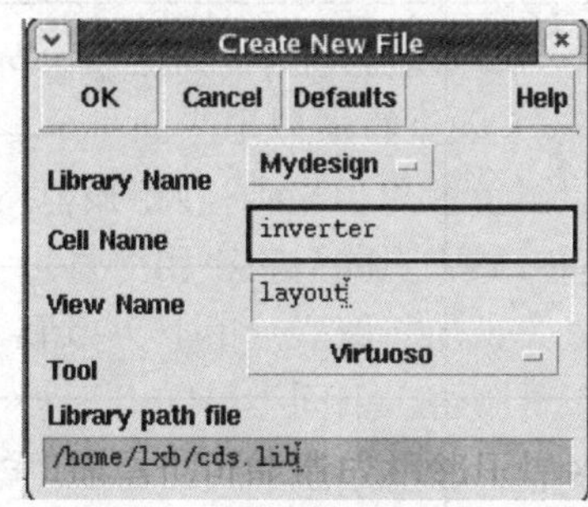

图 3.93　“新建视图文件”对话框

在图 3.93 中，选择 Tool 为 Virtuoso，View Name 处自动出现 layout，单击 OK 按钮后，视图文件 layout 建立完毕，这时在单元 Inverter 里将看见两个视图 schematic 和 layout，如图 3.94 所示。

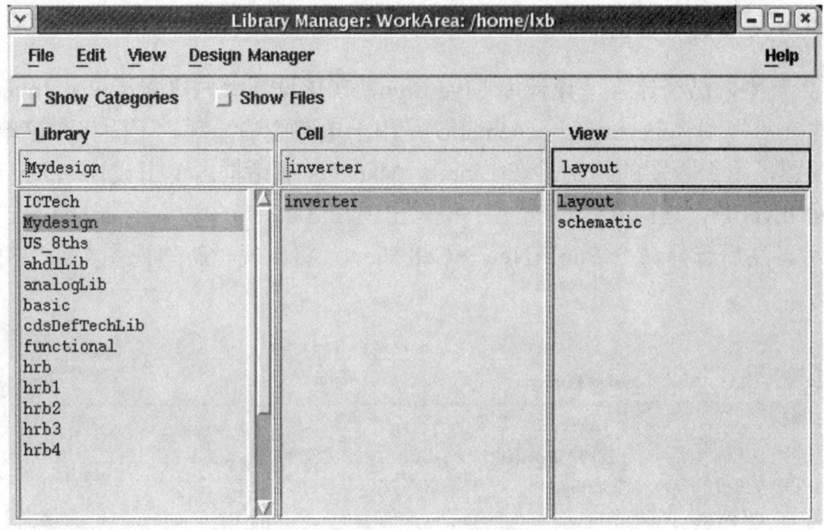

图 3.94　Inverter 单元

双击 layout 选项后，即可进入版图编辑窗口进行版图的绘制。在本 CMOS 反相器版图例题中，所使用的各个图层见表 3-7。

表 3-7　CMOS 反相器版图图层

图　层	名　称	用　途
	Nwell	绘制 N 阱
	Active	绘制有源区
	Poly1	绘制多晶硅栅极
	Pimp	P+注入，制备 PMOS 晶体管或衬底接触
	Nimp	N+注入，制备 NMOS 晶体管或 N 阱接触
	Metal1	金属 1，用于连线
	Contact	接触孔，连接金属 1 与有源区或多晶硅

应用实例

【CMOS 反相器的版图设计文档】

CMOS 反相器的版图。

下面详细说明 CMOS 反相器版图的绘制过程，由于不同工艺的特征尺寸不同，所以在绘制过程中不强调具体的尺寸，而只是给出绘制的过程，当将该例题应用于某个具体的工艺时，应详细参考其设计规则手册，使整个设计过程满足设计规则的要求。

【CMOS 反相器版图图层】

步骤 1：绘制 MOS 晶体管的有源区。在 LSW 窗口中选择 Active 作为输入层，然后选择画矩形命令，在版图编辑窗口内的屏幕某处画出一个矩形有源区，如图 3.95(a)所示。

步骤 2：绘制多晶硅栅极。在 LSW 窗口中选择 Poly1 作为输入层，然后选择画矩形命令，在有源区中间画出一个矩形多晶硅栅极，多晶硅栅极的两端要延伸出有源区，如图 3.95(b)所示。由于一条多晶硅栅极穿过一个有源区就会形成一个 MOS 晶体管，所以步骤 1 和步骤 2 可以统称 MOS 晶体管的绘制。

步骤 3：绘制 MOS 晶体管源区和漏区的接触孔。绘制源区和漏区的接触孔时，需要根据源区和漏区面积的大小来设置接触孔的数量，如果源区和漏区的面积足够，应尽量多设置接触孔，这样做一来可以减小接触孔失效的可能性，二来还可以降低接触电阻。在本例题中，源区和漏区分别设置两个接触孔，如图 3.96 所示。在本步骤操作过程中，绘制完源区的接触孔后，可以利用复制命令将接触孔复制到漏区，以便加快制图速度。

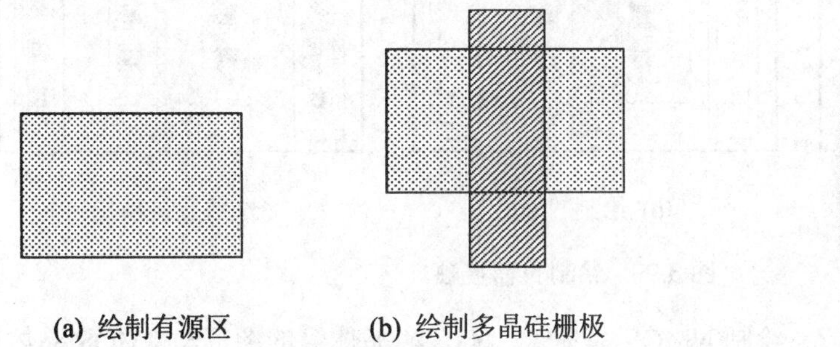

(a) 绘制有源区　　(b) 绘制多晶硅栅极

图 3.95　绘制 MOS 晶体管

图 3.96　绘制源区和漏区的接触孔

步骤 4：绘制 PMOS 晶体管的 Pimp。只画出有源区并不能确定晶体管的类型，必须在有源区的外围绘制 P^+注入，表示此区域内为 PMOS 晶体管。在 LSW 窗口中选择 Pimp 作为输入层，然后选择画矩形命令，在有源区的外围绘制 Pimp 矩形，如图 3.97 所示。

步骤 5：绘制 N 阱。对于 P 衬底 N 阱工艺来说，PMOS 晶体管必须放置在 N 阱内。在 LSW 窗口中选择 Nwell 作为输入层，然后选择画矩形命令，在 Pimp 的外围绘制 Nwell 矩形，如图 3.98 所示。绘制的 N 阱矩形应该稍微大一些，为后续的 N 阱接触留出空间。

【接触孔的尺寸与数量】

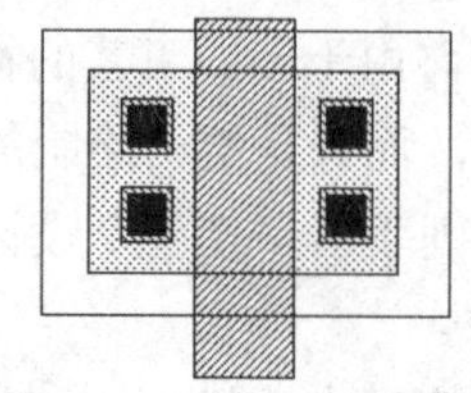

图 3.97 绘制 P^+注入

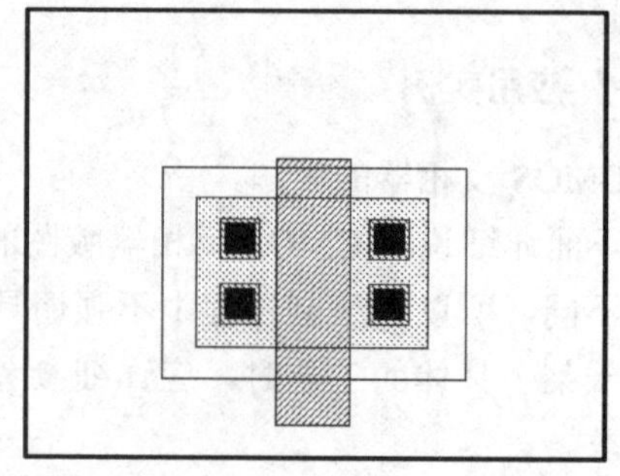

图 3.98 绘制 N 阱

步骤 6：绘制 N 阱接触。对于 P 衬底 N 阱工艺来说，N 阱就是 PMOS 晶体管的衬底，所以必须绘制 N 阱接触，以便引出衬底电极。首先在 LSW 窗口中选择 Active 作为输入层，然后选择画矩形命令，在 Pimp 的外围和 Nwell 的内部，围绕 PMOS 晶体管，在 PMOS 晶体管的左方、上方和右方，分别绘制有源区矩形，如图 3.99(a)所示，然后在 LSW 窗口中选择 Nimp 作为输入层，选择画矩形命令，在刚刚绘制的有源区矩形的外围绘制 Nimp 矩形，并使 Nimp 矩形包围 Active 矩形，如图 3.99(b)所示，最后在有源区内放置接触孔，如图 3.99(c)所示。

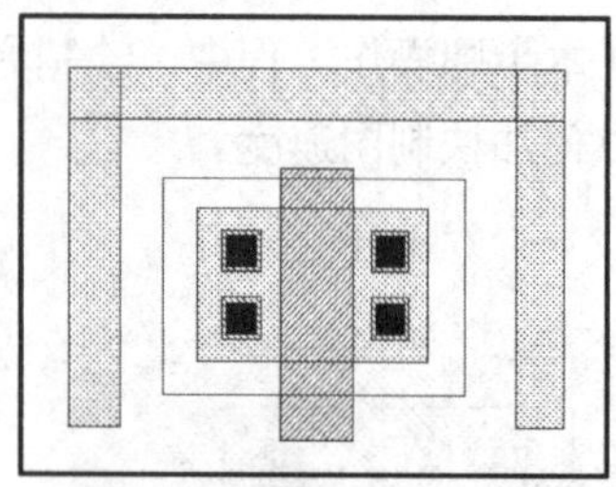

(a) 绘制有源区

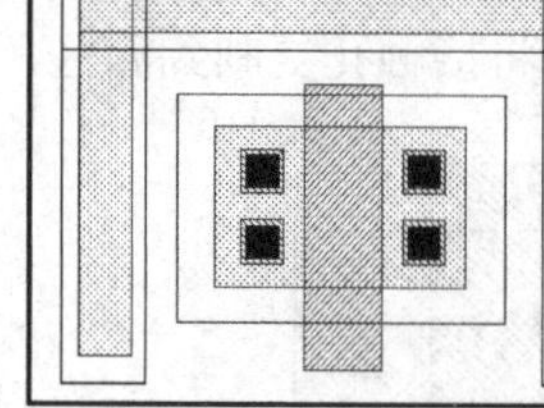

(b) 绘制 Nimp

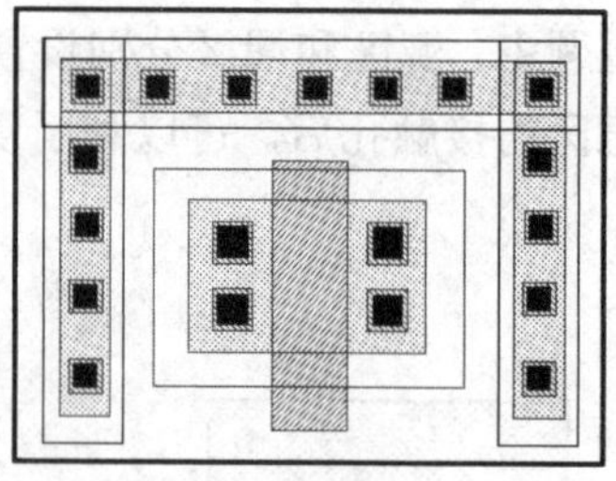

(c) 放置接触孔

图 3.99 绘制 N 阱接触

【绘制 N 阱接触彩图】

步骤 7：绘制 NMOS 晶体管。NMOS 晶体管的图形与 PMOS 晶体管的图形相似，区别在于 NMOS 晶体管没有 N 阱。把 PMOS 晶体管的图形复制并修改成 NMOS 晶体管图形可以省去很多重复性工作。首先选中除了 N 阱图形之外的所有 PMOS 晶体管图形，然后选择复制命令，用鼠标在选中的图形上单击，垂直向下运动光标，在移动过程中按 F3 键，在出现的对话框中单击 Upside down 按钮将图形上下翻转，然后在适当位置单击，即可完成图形复制。由于 NMOS 晶体管和 PMOS 晶体管的注入类型、衬底接触都是相反的，所以对于复制过来的图形，需要将 Nimp 层和 Pimp 层进行互换，最终 NMOS 晶体管的图形如图 3.100 所示。

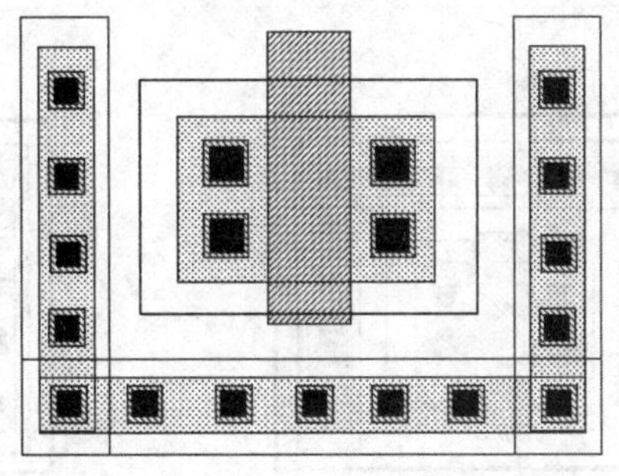

图 3.100　绘制 NMOS 晶体管

步骤 8：绘制金属连线。在 LSW 窗口中选择 Metal1 作为输入层，然后选择画矩形命令，将 NMOS 晶体管的漏极和 PMOS 晶体管的漏极连接在一起(反相器的输出)，并将各自的源极和衬底电极连接在一起，如图 3.101 所示。

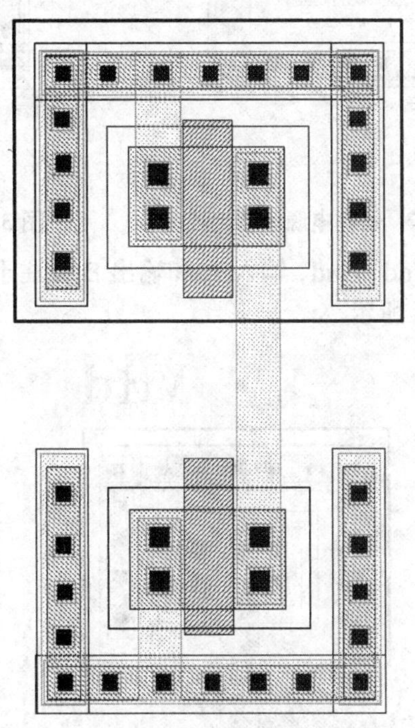

【绘制 NMOS 晶体管和金属连线彩图】

图 3.101　绘制金属连线

步骤 9：绘制电源线和地线。在 PMOS 晶体管的上方和 NMOS 晶体管的下方分别绘制电源线和地线，在 LSW 窗口中选择 Metal1 作为输入层，然后选择画矩形命令，绘制出电源线和地线，并将 PMOS 晶体管和 NMOS 晶体管的源极分别与电源线和地线相连接，如图 3.102 所示。

步骤 10：绘制反相器的输入。利用 Poly 层将 PMOS 晶体管和 NMOS 晶体管的多晶硅栅极连接在一起作为反相器的输入。在 LSW 窗口中选择 Poly1 作为输入层，然后选择画矩形命令，将 PMOS 晶体管和 NMOS 晶体管的栅极连接在一起，如图 3.103 所示。

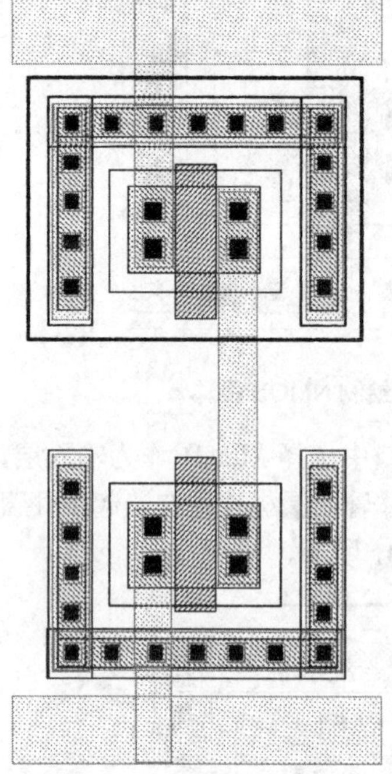

图 3.102　绘制电源线和地线

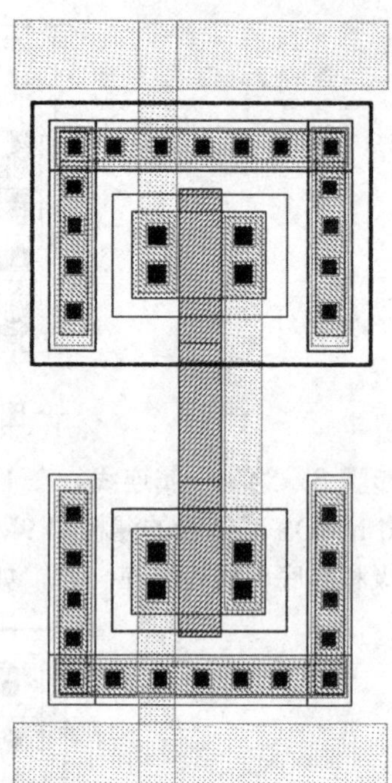

图 3.103　绘制反相器的输入

【绘制电源线和地线及反相器的输入彩图】

步骤 11：标注名称。将 Vdd、Gnd、输入 A 和输出 B 标注于版图的适当位置处，CMOS 反相器的最终版图如图 3.104 所示。

【CMOS 反相器最终版图彩图】

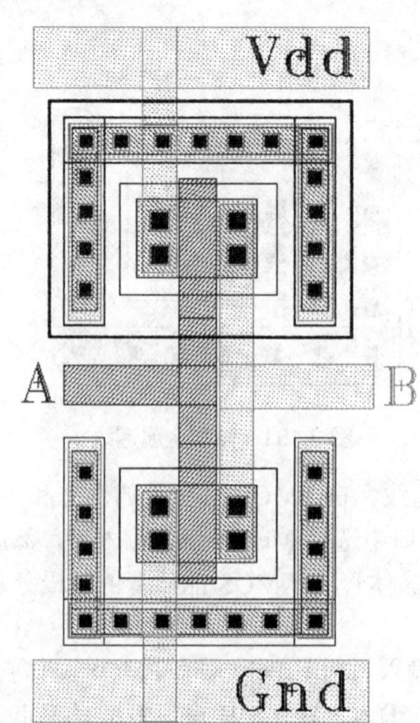

图 3.104　CMOS 反相器最终版图

在本 CMOS 反相器版图中，为了保证接触良好，N 阱接触和衬底接触都采用了 3/4 环形的结构，由于本版图设计只采用了一层金属，所以 N 阱接触和衬底接触的图形无法实现封闭。

3.4.6　版图验证

版图验证指的是利用专门的软件工具，对版图进行几个项目的验证，主要包括版图设计是否符合设计规则、版图和电路图是否一致、版图中是否存在多余器件以及版图是否存在断路、短路或悬空节点等。版图验证是版图设计中必不可少的一个环节，只有经过版图验证检查的版图才可以被送到芯片厂商去加工制作。

集成电路版图验证主要包括以下 5 项内容：

(1) 设计规则检查(Design Rule Check，DRC)。设计规则是集成电路版图各种几何图形尺寸的规范，DRC 就是按照某个工艺的设计规则检查版图中的图形是否满足最小宽度、最小间距、最小包围和最小延伸等要求。DRC 可以确保设计的版图没有违反设计规则，能够被集成电路工艺所制作。DRC 非常重要，已经成为版图验证必做的项目。

(2) 电学规则检查(Electric Rule Check，ERC)。ERC 主要检查版图是否存在短路、断路和悬空节点等错误，以及错误的注入类型、错误的衬底偏置和错误的电源(地)等。ERC 一般在进行 DRC 时同时完成，并不需要单独运行。

(3) 电路图—版图一致性检查(Layout Versus Schematic，LVS)。LVS 是把设计的电路图和版图进行对比，要求二者达到一致(匹配)。LVS 通常在 DRC 检查无误后进行，它是版图验证另一个必做的项目。

(4) 版图寄生参数提取(Layout Parasitic Extraction，LPE)。LPE 是根据版图的具体尺寸来计算和提取节点的寄生电容等参数。虽然 LPE 不是版图验证必做的项目，但是在某些集成电路设计中，为了更精确地分析版图的性能，可以进行 LPE，并在此基础上对设计的电路重新进行仿真。

(5) 寄生电阻提取(Parasitic Resistance Extraction，PRE)。PRE 专门提取版图中的寄生电阻，是 LPE 的补充。PRE 和 LPE 相互配合，能在版图上提取完整的寄生参数，从而更加精确地反映版图的性能。

用 Virtuoso Layout Editor 编辑生成的版图是否符合设计规则和电学规则，其功能是否正确，必须通过版图验证系统来验证。Cadence 提供的版图验证系统有 Dracula 和 Diva。两者的主要区别为：Diva 是在线验证工具，嵌入在 Cadence 的主体框架之中，可直接点击版图编辑大师上的菜单来启动，使用较方便，但功能较 Dracula 稍有逊色；Dracula 为独立的版图验证系统，可以进行 DRC、ERC、LVS、LPE 和 PRE，其运算速度快，功能强大，能验证和提取较大的电路，已经成为事实上的标准。本书中的版图验证(DRC 和 LVS)都是利用 Dracula 工具完成的。

利用 Dracula 进行版图验证的过程如图 3.105 所示，包括以下几个过程：①Create Rules File 建立规则文件。规则文件是根据具体的集成电路制造工艺编写而成的，在进行版图验证之前，规则文件必须编写完毕，通常规则文件使用芯片制造厂商提供给用户的。②Compile Rules File 编译规则文件。对规则文件进行编译，以便运行 Dracula。③Run Dracula 运行

Dracula。按照所编译的规则文件提供的信息，开始运行 Dracula 程序进行检查；④Interpret Dracula Output 分析输出结果。分析 Dracula 检查的输出结果，回到版图中纠正错误，并重新运行 Dracula 程序；⑤Clean Layout。消除所有错误后得到正确的版图。

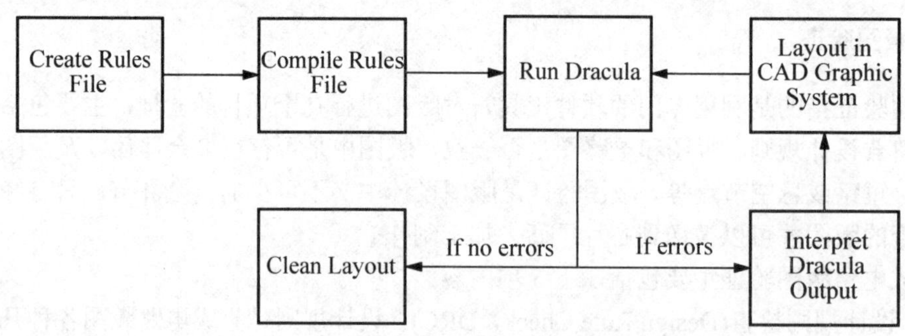

图 3.105　Dracula 版图验证过程

通过图 3.105 可以看出，版图验证是一个循环反复的过程，需要不断发现并改正错误，直至完全正确为止。

对于版图设计者来说，虽然可能没有机会去建立规则文件，但了解一下规则文件的结构还是有帮助的，而且在编译规则文件之前也必须对规则文件进行小的修改，以便使 Dracula 对需要检查的版图文件进行验证。Dracula 的规则文件主要包括 4 个模块：①Description Block 描述块。描述块包括 Dracula 运行的系统、执行的方式、顶层单元名、输入/输出器件、文件名和格式、图形单元比例以及输出文件等信息。描述块从“* DESCRIPTION”开始，至下一个模块之前结束。②Input-layer Block 输入层块。输入层块说明版图层数和层名。输入层块从“* INPUT LAYER”开始，至下一个模块之前结束。③Operation Block 操作块。操作块定义操作和应用，以便进行验证和表示错误，主要包括逻辑操作、电接点以及具体的 DRC、ERC、LVS 等验证。操作块从“* OPERATION”开始，至下一模块之前结束。④Plotting Block 绘画块。绘画块将输出文件发送至绘图仪等设备。绘画块从“* PLOT”开始，至规则文件结束(* END)。

下面的例子列出了规则文件的框架和一些内容。对于版图设计者而言，最重要的是描述块里的 indisk 和 primary 两处，其中 indisk 处表示要检查的文件，该文件由版图提取而来，后缀名为.gds，primary 处表示要检查版图所在的顶层单元。其次重要的是 printfile，它表示输出结果文件的名称。

```
*DESCRIPTION
;
indisk = gdsfilename
primary = topcellname
outdisk = err.gds
printfile = drc
system = GDS2
MODE = EXEC NOW
resolution = .001 micron
```

```
scale = .001 micron
…
* END

*INPUT-LAYER

nwell        =      1
active       =      2
poly1        =      3
poly2        =      4
nimp         =      5
pimp         =      6
contact      =      7
metal1       =      8
metal2       =      9
…
* END

*OPERATION

NOT…
AND Poly1 diff gate
OR …
…
CONNECT …
…
;normal check
…
WIDTH …
ENC[O] difgate implant LT 4 OUTPUT rule01 5
…
* END
```

3.4.7 Dracula DRC

Dracula DRC 是 Dracula 验证的组成部分，它不但能对版图几何图形进行检查，确保版图数据正确性，还能进行与 ERC 有关的电学规则检查。

应用实例

CMOS 反相器的 DRC。

以已经完成的 CMOS 反相器版图为例，运行 Dracula DRC 的步骤如下：

步骤 1：建立 DRC 运行目录。

为了运行 DRC，首先在要做 DRC 验证的设计库的路径下新建一个文件夹(如 drc)，该文件夹用于存放运行 DRC 时产生的一系列文件，文件夹建立完毕后将 DRC 的规则文件(如 drc.rul)文件复制至该文件夹内。

步骤 2：修改规则文件。

为了对要检查的版图文件进行 DRC，需要对规则文件进行修改，以便使规则文件能正确识别要检查哪个版图文件。将复制过来的规则文件中的 indisk = gdsfilename 和 primary = topcellname 分别修改为 indisk = inverter.gds 和 primary = inverter，如图 3.106 所示。

步骤 3：导出 gds2 文件。

为了进行 Dracula 验证，必须将版图文件导出成为 gds2 文件才可以。在 Cadence 软件界面，选择命令 File→Export→Stream，如图 3.107 所示，将出现 Virtuoso Stream Out 对话框。在该对话框中单击 Library Browser 按钮可以浏览库文件，单击该按钮找到设计库 Mydesign，选择 inverter 单元，并选择 layout 视图后，将在 Top Cell Name 处自动显示 inverter，View Name 处自动显示 layout，Output File 处自动显示 inverter.gds，表示导出 inverter 版图的 gds 文件，最后在 Run Directory 处填入保存 gds 文件的绝对路径(即新建 drc 文件夹的绝对路径)，如图 3.108 所示。图中 Run Directory 处的…表示省略，具体路径取决于用户的设置。

```
*DESCRIPTION

indisk = inverter.gds
primary = inverter
outdisk = drc.gds
printfile = drc
system = GDS2
MODE = EXEC NOW
resolution = .001 micron
scale = .001 micron
```

【DRC 规则文件】

图 3.106 修改规则文件

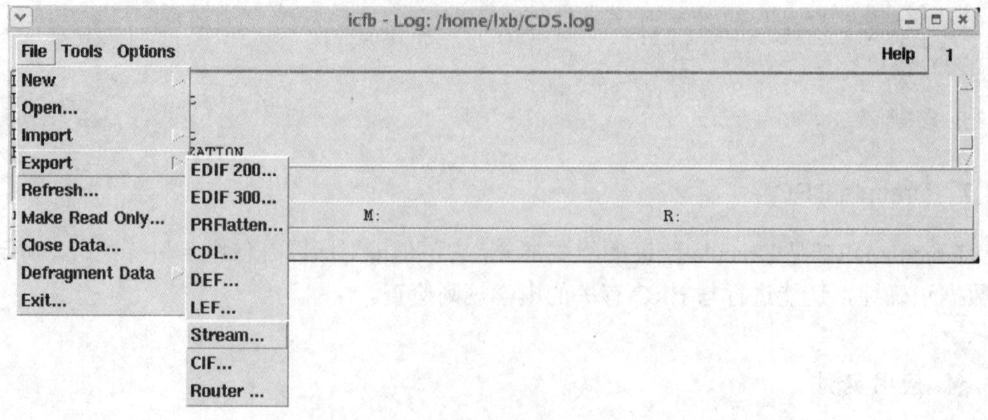

图 3.107 选择导出命令

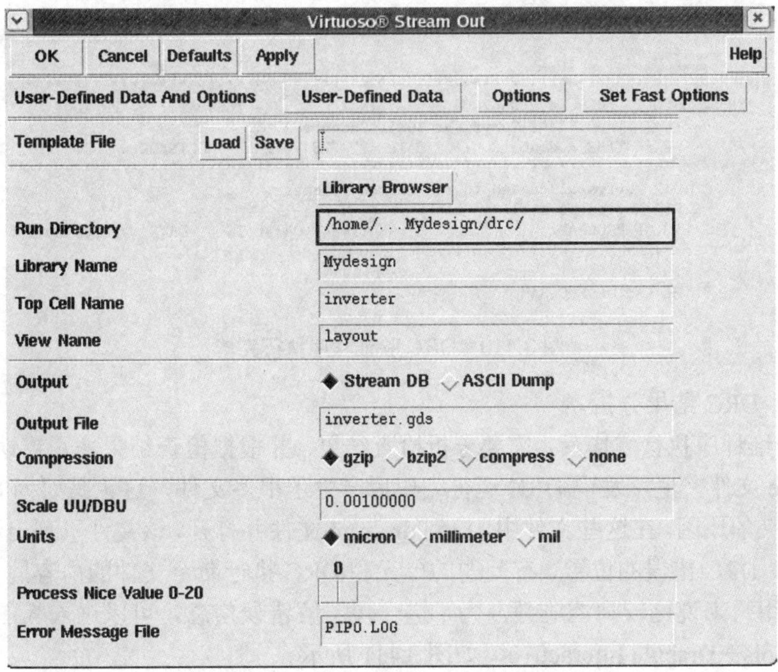

图 3.108　Virtuoso Stream Out 对话框

在图 3.108 中，设置完毕后，单击 OK 按钮，将弹出“gds 文件创建成功”对话框，如图 3.109 所示。

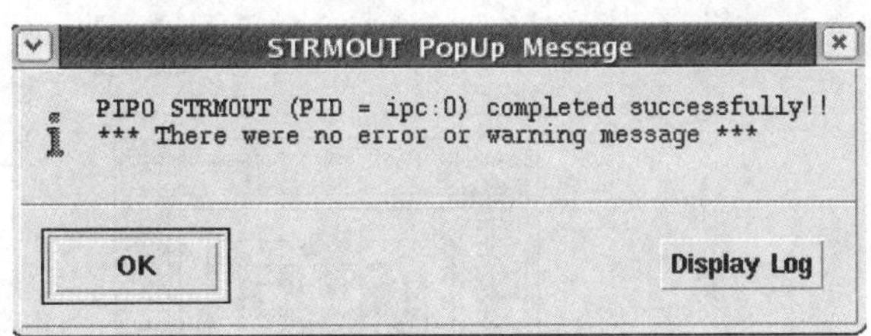

图 3.109　gds 文件创建成功

步骤 4：编译规则文件。

在终端里进入到新建的 drc 文件夹路径下，并输入以下命令：

```
$ PDRACULA          (启动预编译器)
: /get drc.rul      (将规则文件读入到预编译器中)
:/finish            (结束命令，如果规则文件无问题，系统会生成可执行文件 jxrun.com)
```

步骤 5：执行 DRC 检查。

在终端里输入命令：

```
./ jxrun.com  (运行程序)
```

执行完步骤 5 后，屏幕开始闪动，DRC 程序开始运行，最终屏幕显示如图 3.110 所示，表明程序运行了 151 级后，DRC 验证程序执行完毕结束。

```
*/N* AT STAGE: 151

**************************************************************************************
*/N*  GDS2OUT  (REV. 4.9.05-2004      / LINUX          /GENDATE: 5-APR/2004  )
                   *** ( Copyright 1995, Cadence ) ***
*/N*     EXEC TIME =04:46:18        DATE =22-FEB-2012      HOSTNAME =    server
**************************************************************************************
*     0.012 Mbytes allocated to the current process.
*     0.012 Mbytes is still in use.
*  THE END OF PROGRAM                     TIME = 04:46:18    DATE =22-FEB-2012 *

     * THE END OF PROGRAM *
```

图 3.110 DRC 验证程序执行完毕

步骤 6：DRC 结果分析。

DRC 验证程序执行完毕后，需要分析检查结果，并根据检查结果修正错误。进入到之前新建的 drc 文件夹里，发现 DRC 运行完毕后产生了很多文件，这也是要为 DRC 创建一个单独文件夹的原因。在这些文件中，找到 drc.sum 文件并打开，该文件里列出了所有 DRC 错误的种类、DRC 错误的位置、有问题的单元和 DRC 执行命令文件的内容等。drc.sum 文件对于普通用户来说比较晦涩难懂，为了进一步了解错误信息，可以进入版图编辑窗口，选择命令 Tools→Dracula Interactive，如图 3.111 所示。

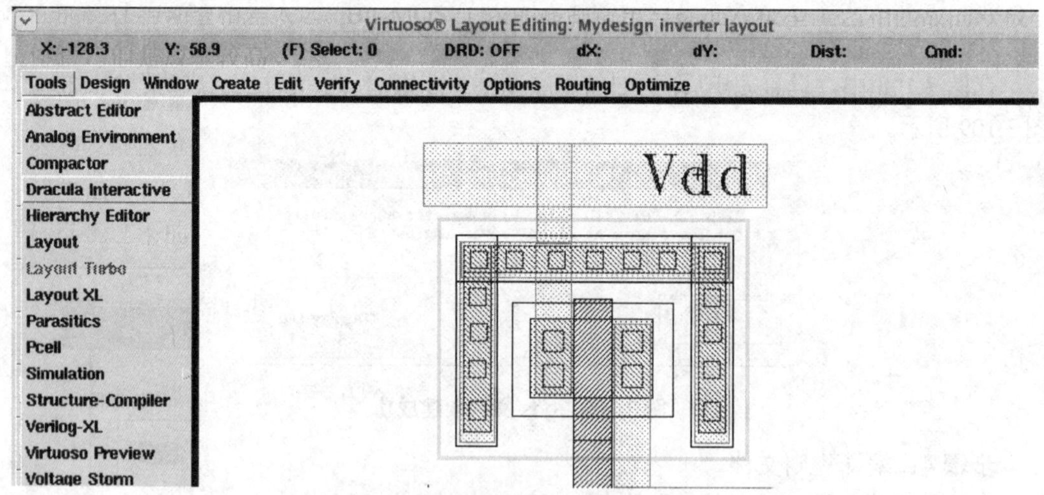

图 3.111 选择 Dracula Interactive 命令

选择命令 Tools→Dracula Interactive 后，菜单栏的命令菜单将增加 DRC、LVS 和 LPE 等项，如图 3.112 所示。

图 3.112 菜单栏的命令菜单增加 DRC 等选项

在菜单栏中，选择命令 DRC→Setup，出现 DRC Setup 对话框，在该对话框中的 Dracula Data Path 文本框处填入运行 DRC 程序时生成的数据文件的绝对路径，如/home/…/Mydesign/drc/，如图 3.113 所示，具体路径取决于用户的设置。

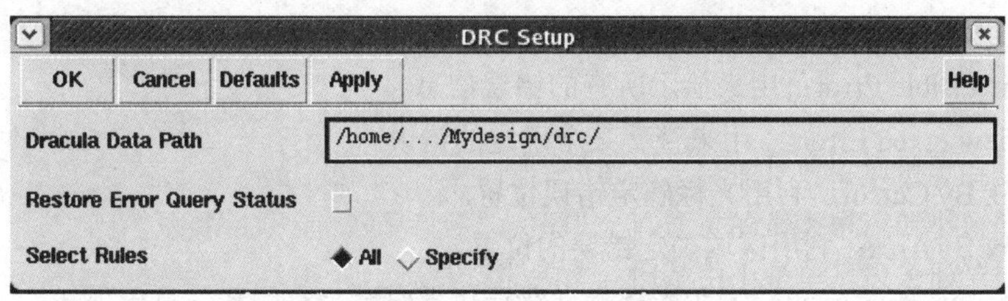

图 3.113 DRC Setup 对话框

在图 3.113 中，如果填入的 DRC 生成的数据文件的绝对路径有错误，该处的黑色框会闪动，此时应检查该路径内是否存在正确的 DRC 数据文件。绝对路径填写正确后，单击 OK 按钮，将出现如图 3.114 所示的 3 个用于显示 DRC 错误信息的窗口，其中，View DRC Error 窗口用来确定 DRC 错误的位置，Rules Layer Window 显示 DRC 错误的种类，Reference Window 显示目前图形在单元版图中的参考图形。

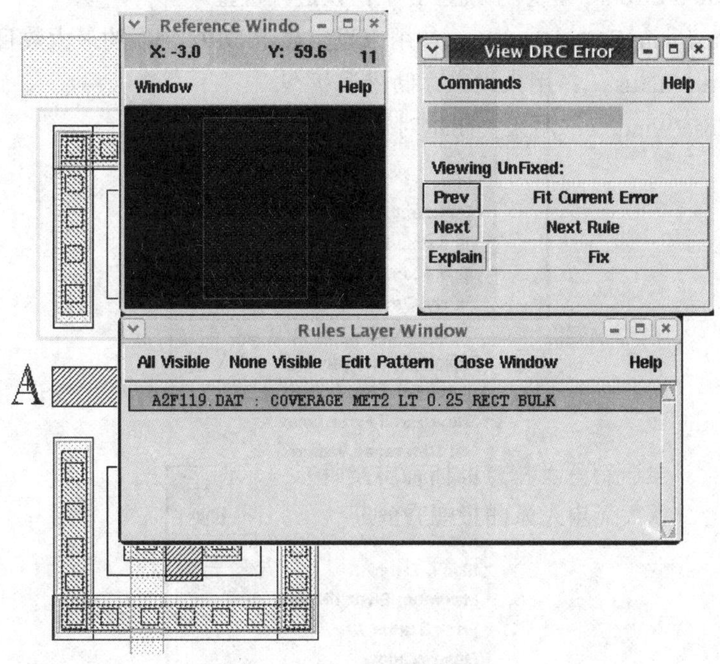

图 3.114 显示 DRC 错误信息的窗口

在 DRC 结果中，违反某条规则的错误可能不止一处，此时在 View DRC Error 窗口中，可以利用 Prev 按钮和 Next 按钮来查看违反该规则的前一条和下一条错误。选中某条错误后，单击 Fit Current Error 按钮，该错误对应的信息将在版图编辑窗口中显示，这时可以进入到版图编辑窗口中进行修改。单击 Explain 按钮可以显示违背该错误的解释信息。单击 Next Rule 按钮可以显示违反下条规则的所有错误。

在 View DRC Error 窗口中，单击 Commands 按钮，出现图 3.115 所示的下拉菜单，各菜单的作用如下：

(1) Fit Visible Error：用来显示所有的错误信息。

(2) View Fixed Errors：用来查看某个确定的错误。

(3) Fix By Cursor：利用光标确定错误位置。

(4) Fix By Area：利用区域确定错误的位置。

(5) Explain By Cursor：表示光标指向错误位置时，会有解释信息出现。

(6) Show Selected Rules：显示 Rules Layer Window 对话框。

(7) Show Fixed Error Count：显示错误的数量。

(8) Get Reference Window：显示 Reference Window 对话框。

(9) Reset All：表示清除版图中显示的所有 DRC 错误。

(10) Reset Fixed …：表示复位某个错误的显示。

(11) Reset Viewed …：用来复位查看的错误显示。

(12) Skip n Errors …：表示跳过 n 个错误进行检查。

(13) Maximum Error Display …：用来设定显示 DRC 错误的最大数目。

(14) Error Status …：用来设定存储错误状态。

(15) Close Window：用来关闭本对话框。

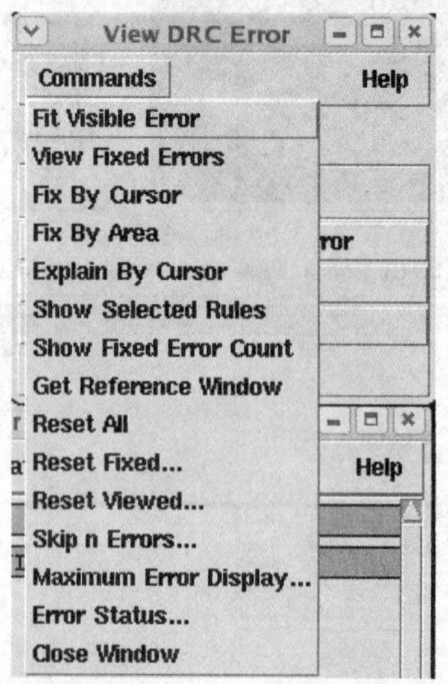

图 3.115　Commands 命令下拉菜单

当 DRC 所有错误修改完毕后，在菜单栏中选择命令 DRC→Quit，如图 3.116 所示，可以退出 DRC 交互式验证，回到版图编辑窗口。

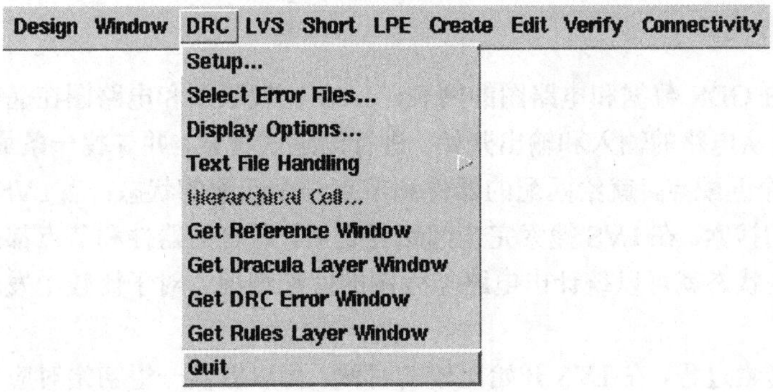

Design　Window　DRC　LVS　Short　LPE　Create　Edit　Verify　Connectivity

Setup...
Select Error Files...
Display Options...
Text File Handling
Hierarchical Cell...
Get Reference Window
Get Dracula Layer Window
Get DRC Error Window
Get Rules Layer Window
Quit

图 3.116　退出 DRC

3.4.8　Dracula LVS

版图 DRC 运行完毕，并改正所有 DRC 错误后，才可以运行 LVS 验证。与 DRC 一样，LVS 也是 Dracula 的重要组成部分，在集成电路版图设计中，LVS 主要用来保证电路图和版图的一致性。

电路图是由器件符号和连线构成的，而版图是由各种各样的图形构成的，二者的性质完全不一样，没有可比性。为了进行 LVS，电路图和版图都必须进行数据转换，利用转换后的数据就可以进行电路图—版图一致性比较了。

1. 版图的数据转换

为了在不同的设计工具之间进行数据交换，例如，把版图的基本数据转换成掩模制厂商能够读懂的格式，需要将版图文件利用通用的数据格式来表示。比较流行的数据格式有 CIF 和 GDS II 两种，但后者的应用比前者更加普遍。

GDS II(Geometric Data Standard II)是表达掩膜设计信息工业标准的基本数据格式，几乎能表示版图的各种图形数据。GDS II 是一种二进制数据流(stream)的格式，文件内以一种变长记录作为数据流的单位，每个记录的头 4 字节(4B)为记录头，其中前 2 字节为本记录的长度，第 3 字节是本记录的记录类型代码，第 4 字节是本记录的数据类型代码。

GDS II 数据流文件是一个很大的自我包容文件，它不仅包括库和单元，也包括版图的信息和设计中的层次结构。由于 GDS II 文件是二进制的数据流形式，读和写都必须由专门程序进行，无法直接对其进行修改。

为了与其他 EDA 软件进行数据转换，Cadence 软件提供内部数据与标准数据格式之间的转换，在 Cadence 软件界面，利用命令 File→Export→Stream 可将版图文件转换成 GDS II 文件。

2. 电路图的数据转换

电路图是由器件符号和连线构成的，而器件符号可能是晶体管，也可能是各种门电路，所以必须把电路图统一转变为晶体管级网表，才能进行 LVS 验证。Dracula 提供电路描述语言(Circuit Description Language，CDL)用于描述电路图文件，然后利用逻辑网表编译器 LOGLVS 将电路图的 CDL 描述转换为晶体管级网表，这种网表适合 LVS 使用。

3. LVS 运行流程

利用版图的 GDS 数据和电路图的网表，LVS 比较版图和电路图在晶体管级的连接是否正确。比较是从电路的输入和输出开始，进行渐进式搜索，并寻找一条最近的返回路径。当 LVS 找到一个匹配点，就给匹配的器件和节点一个匹配的状态；当 LVS 发现不匹配时，就停止该路径的搜索。在 LVS 搜索完全部路径之后，所有的器件和节点都被赋予了匹配的状态，通过这些状态就可以统计出电路与版图的匹配情况。对于比较中发现的错误，则输出报表或图形。

为了加快搜索过程，在 LVS 开始比较的时候，可以提供一组初始对应节点作为操作的起始点。如果版图库中的节点和电路图中的合格节点具有相同且唯一的标签时，它们就成为一对初始的对应节点。可以利用电源节点、地节点、顶层输入节点和顶层输出节点等作为合格的电路图节点。提供的初始节点越多，搜索过程就越快。如果 Dracula 没有找到初始对应节点，它也会启动自动匹配能力来进行搜索。

应用实例

CMOS 反相器的 LVS。

以已经完成的 CMOS 反相器版图为例，运行 Dracula LVS 的步骤如下：

【LVS 规则文件】

步骤 1：建立 LVS 运行目录。

为了运行 LVS，首先在要做 LVS 验证的设计库的路径下新建一个文件夹(如 lvs)，该文件夹用于存放运行 LVS 时产生的一系列文件。文件夹建立完毕后，将做 DRC 验证时生成的 inverter.gds 文件和 LVS 的规则文件(如 lvs.rul)文件复制至该文件夹内。

步骤 2：修改规则文件。

为了对要检查的版图文件进行 LVS 验证，需要对规则文件进行修改，以便使规则文件能正确识别要验证哪个版图文件。将复制过来的规则文件中的 indisk = gdsfilename 和 primary = topcellname 分别修改为 indisk = inverter.gds 和 primary = inverter，修改结果与图 3.106 一样。

步骤 3：导出电路网表。

为了进行 LVS 验证，必须导出电路网表。在 Cadence 软件界面，选择命令 File→Export→CDL，如图 3.107 所示，将出现“Virtuoso CDL Out”对话框，如图 3.117 所示。

在“Virtuoso CDL Out”对话框中，各个选项的功能如下：

(1) Template File：以模板的形式加载文件名和选项，并设置到“Virtuoso CDL Out”对话框中。

(2) Load：加载模板文件。

(3) Save：将当前设置保存为模板文件。

(4) Run In Background：选项打开表示以后台的形式运行 Export CDL，适用于复杂电路图。

(5) Netlisting Mode：分为数字(Digital)和模拟(Analog)两种，根据电路的类型进行选择，这里选模拟(Analog)。

(6) Library Browser：库文件浏览器。利用库文件浏览器，找到设计库(如 Mydesign)、单元(如 inverter)和视图(如 schematic)。设计库、单元和视图选择完毕后，在 Top Cell Name 处将自动显示 inverter，在 View Name 处将自动显示 schematic，Library Name 处启动显示 Mydesign，Output File 处默认为 netlist。

(7) Run Directory：运行目录设置。在 Run Directory 处填入存放 CDL 文件的绝对路径，取决于用户的设置。

(8) Resistor Threshold Value：设置电阻短路阈值，通常设为 0。

(9) Resistor Mode Name：输入电阻模型，通常不填。

(10) Equivalents：将相等的项目列表，通常不填。

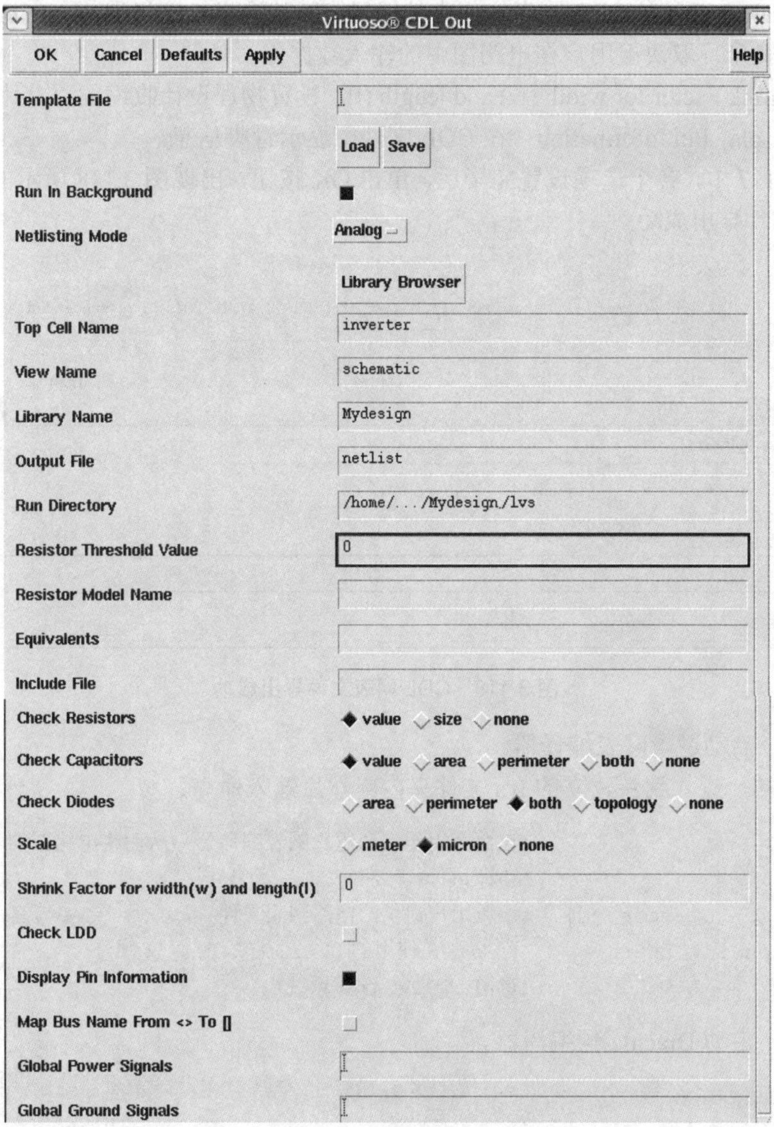

Virtuoso® CDL Out

OK　Cancel　Defaults　Apply　Help

Template File	Load　Save
Run In Background	■
Netlisting Mode	Analog
	Library Browser
Top Cell Name	inverter
View Name	schematic
Library Name	Mydesign
Output File	netlist
Run Directory	/home/.../Mydesign/lvs
Resistor Threshold Value	0
Resistor Model Name	
Equivalents	
Include File	
Check Resistors	◆ value ◇ size ◇ none
Check Capacitors	◆ value ◇ area ◇ perimeter ◇ both ◇ none
Check Diodes	◇ area ◇ perimeter ◆ both ◇ topology ◇ none
Scale	◇ meter ◆ micron ◇ none
Shrink Factor for width(w) and length(l)	0
Check LDD	□
Display Pin Information	■
Map Bus Name From <> To []	□
Global Power Signals	
Global Ground Signals	

图 3.117　Virtuoso CDL Out 对话框

(11) Include File：列出运行期间包含的文件名，通常不填。

(12) Check Resistors：表示在转换期间 Export-CDL 是否检查电阻信息。其中，value 表示检查电阻的阻值，area 表示检查电阻的尺寸，none 表示不检查电阻信息。这里选择 value。

(13) Check Capacitors：表示在转换期间 Export-CDL 是否检查电容信息。其中，value 表示检查电容的阻值，area 表示检查电容的面积，perimeter 表示检查电容的周长，both 表示检查电容的面积和周长，none 表示不检查电容。这里选择 value。

(14) Check Diodes：表示在转换期间 Export-CDL 是否检查二极管信息。其中，value 表示检查二极管的参数，perimeter 表示检查二极管的周长，both 表示检查二极管的参数和周长，none 表示不检查二极管。这里选择 both。

(15) Scale：表示在 CDL 网表文件中的标尺，默认为米，这里选择 micron(微米)(具体选择米还是微米，取决于用户在电路图中的输入数据)。

(16) Shrink Factor for width (w) and length (l)：设置物理设计收缩的百分比。默认为 0。

(17) Display Pin Information：在 CDL 文件中显示管脚信息。

在图 3.117 中，各个选项设置完毕后，单击 OK 按钮，出现图 3.118 所示的窗口，表示 CDL 网表文件导出成功。

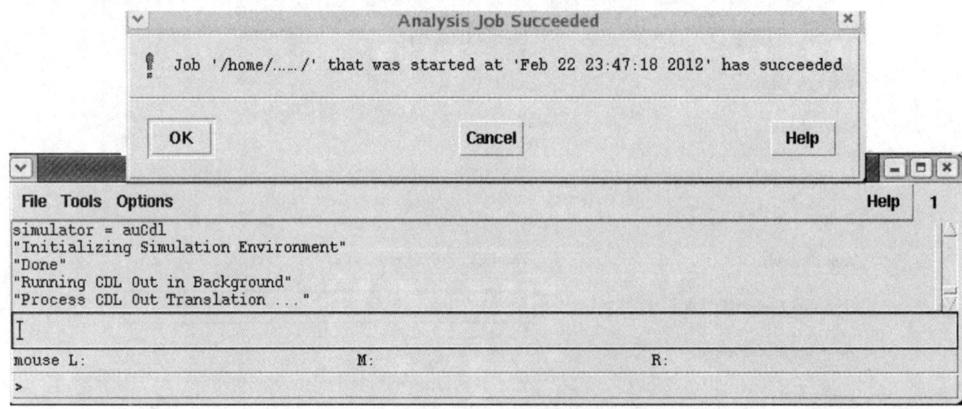

图 3.118　CDL 网表文件导出成功

步骤 4：启动逻辑网表编译器。

启动终端，进入到新建立的 lvs 文件夹内，然后输入命令：

```
$ LOGLVS                (该命令用于启动逻辑网表编译器，从而将电路图的 CDL 描述转
                        换成为晶体管级网表。)
:  cir inverter.cdl     (编辑用户提供的电路网表文件)
:  con inverter         (产生 LVS 使用的 LVSLOGIC.DAT 文件)
:  x                    (退出 LOGLVS 编译系统)
```

步骤 5：启动 Dracula 预编译器。

```
$ PDRACULA
:  /get lvs.rul
: /finish
```

步骤 6：执行 LVS 检查。在终端里输入命令：

```
./ jxrun.com
```

执行完步骤 6 后，屏幕开始闪动，LVS 程序开始运行，最终屏幕显示如图 3.119 所示，表明程序运行了 78 级后，DRC 验证程序执行完毕结束。

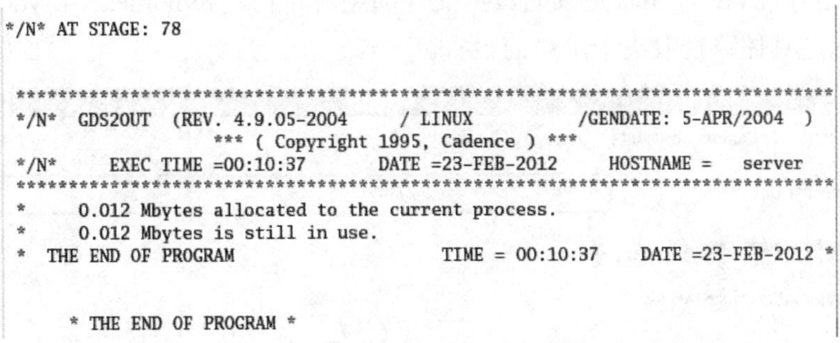

```
*/N* AT STAGE: 78

**********************************************************************************
*/N*  GDS2OUT  (REV. 4.9.05-2004       / LINUX           /GENDATE: 5-APR/2004  )
                  *** ( Copyright 1995, Cadence ) ***
*/N*      EXEC TIME =00:10:37        DATE =23-FEB-2012      HOSTNAME =    server
**********************************************************************************
*      0.012 Mbytes allocated to the current process.
*      0.012 Mbytes is still in use.
*   THE END OF PROGRAM                    TIME = 00:10:37     DATE =23-FEB-2012 *


      * THE END OF PROGRAM *
```

图 3.119　LVS 验证程序执行完毕

步骤 7：LVS 结果分析。

LVS 验证程序执行完毕后，需要分析检查结果，并根据检查结果修正错误。进入之前新建的 lvs 文件夹里，发现 LVS 运行完毕后产生了很多文件，这也是要为 LVS 创建一个单独文件夹的原因。在这些文件中，找到 lvs.lvs 文件，具体文件名取决于规则文件里 printfile 处的设置，该文件中包含着 LVS 验证得到的错误信息。打开该文件，找到 LVS DEVICE MATCH SUMMARY 部分，这部分列出了电路图与版图匹配或不匹配器件的数目；找到 DISCREPANCY POINTS　LISTING 部分，这部分列出了不匹配器件的名称等，如图 3.120 所示。

```
          ****************************************************
          **********     LVS DEVICE MATCH SUMMARY    **********
          ****************************************************


    NUMBER OF UN-MATCHED SCHEMATICS DEVICES      =      0
    NUMBER OF UN-MATCHED LAYOUT     DEVICES      =      0
    NUMBER OF    MATCHED SCHEMATICS DEVICES      =      2
    NUMBER OF    MATCHED LAYOUT     DEVICES      =      2
          ****************************************************
          **********   DISCREPANCY POINTS  LISTING   **********
          ****************************************************




                   NO DISCREPANCIES
```

图 3.120　查看 LVS 验证结果

在图 3.120 中，显示电路图和版图匹配的器件有两个，不匹配的器件为 0。本设计为 CMOS 反相器，只有一个 PMOS 晶体管和一个 NMOS 晶体管，比较简单，所以没有不匹配的器件。在 DISCREPANCY POINTS LISTING 部分也没有列表。

如果验证结果显示电路图和版图有不匹配的地方，就可以进入到 Dracula 交互式界面进行错误查找并修改。进入到版图编辑窗口，选择命令 Tools→Dracula→Interactive，然后在菜单栏中选择命令 LVS→Setup，出现 LVS Setup 对话框，在该对话框中的 Dracula Data path 处填入运行 LVS 程序时生成的数据文件的绝对路径，如/home/…/Mydesign/lvs/，如图 3.121 所示，具体路径取决于用户的设置。

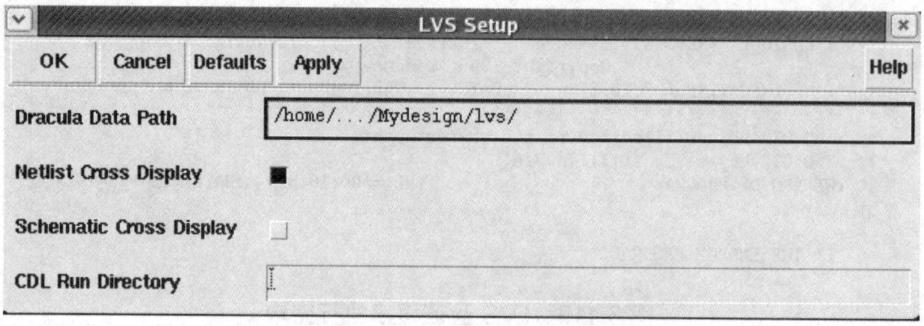

图 3.121 LVS Setup 对话框

在图 3.121 中，单击 OK 按钮后，出现 View LVS 窗口和 Reference Window 窗口，其中 Reference Window 窗口和在 DRC 交互式界面中的一样，用于显示错误的参考位置。View LVS 窗口主要用来寻找 LVS 错误，如图 3.122 所示。

在图 3.122 中，Error Hilite 一栏用于设置错误的高亮度显示。其中，Number 文本框中可以输入错误的数字范围，Add 将使 Number 中规定的错误高亮度显示在版图上，Delete 将使 Number 中规定的错误不再高亮显示，Fit 将 Number 中规定的错误以高亮度的形式和适当的比例显示在版图上，Next 将高亮度显示下一个错误，Prev 将高亮度显示上一个错误，Error Type…用于打开对话框设置高亮度显示错误类型。Explain 用于对器件的错误信息进行说明，Clear All 用于清除所用高亮度显示，Erase 用于消除单击项目的高亮度，Fit Current Hilite 使用适当比例显示当前高亮度错误，Current Hilite Blink 用于闪烁显示当前高亮度错误。

在图 3.122 中，Net Hilite 或 Dev Hilite 一栏用于在版图编辑窗口中选择高亮度的网线或器件。Name 指的是想要高亮度显示的网线或器件的名称，该名称来自于 DISCREPANCY POINTS LISTING 部分。单击 Cursor Pick 指出想要高亮度显示的网线或器件。Add 将在版图中找到输入到 Name 处的网线或器件，并在版图中高亮度显示，Delete 将在版图中找到输入到 Name 处的网线或器件，并取消其在版图中的高亮度显示，Fit 将输入到 Name 中的器件以高亮度的形式和适当的比例显示在版图上。

在图 3.122 中，最重要的就是 Error Hilite 一栏和 Net Hilite 或 Dev Hilite 一栏，这两个菜单栏主要用于查找 LVS 中的错误，并使其在版图中高亮度显示。其他不重要的选项栏就不一一介绍了。

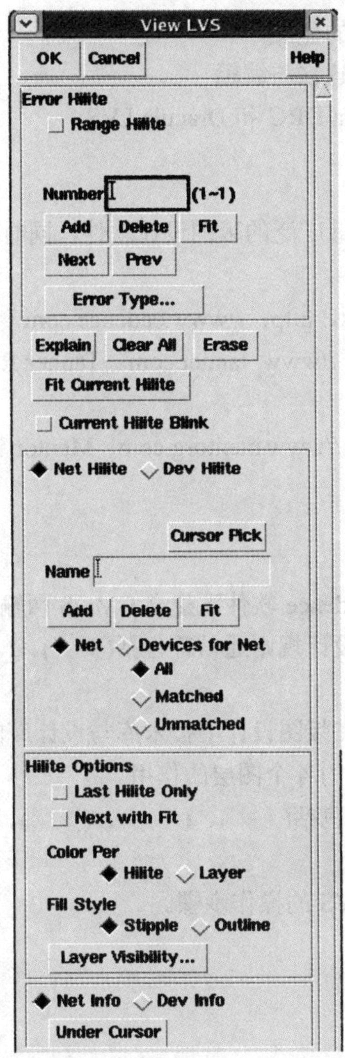

图 3.122　View LVS 窗口

运行 LVS 的目的是检查电路图和版图的一致性，对于版图设计者来说，主要应在版图中检查错误，包括：电路图中的元件是否都画到版图上了，有没有少画或多画；画出的元件是否正确等。运行 LVS 也是一个反复循环的过程，而且在改正过程上一个错误的过程中还有可能引入别的错误，所以进行 LVS 验证必须有信心和耐心。多学、多练、多想，相信大家一定能熟练掌握 Cadence 软件！

本章小结

本章主要介绍操作系统和 Cadence 软件，主要内容如下：

1. UNIX 和 Linux 操作系统
2. 虚拟机

3. Cadence 软件中电路图的建立

4. Cadence 软件中版图的建立与编辑

5. 版图验证，包括 Dracula DRC 和 Dracula LVS

【知识链接】

Cadence 软件是业内应用最广泛的版图设计软件，同时还有其他软件也可以进行版图设计。其主要有：

1. Cadence Design Systems，http：//www.cadence.com。

2. Tanner Research，http：//www. tanner.com。Tanner Research 销售的 L-EDIT 软件是比较优秀的版图设计软件。

3. Mentor Graphics，http：//www.mentorg.com。Mentor 销售的 IC Graph 软件是另外一种广泛应用的版图编辑器。

【习题】

【第 3 章习题解答】

1. 在 Cadence 软件下建立 CMOS 两输入与非门(或非门)的电路图。

2. 版图设计规则通常都包括(　　)、(　　)、(　　)和(　　)这 4 个方面。

3. 简述在版图设计中技术库与设计库的关系。

4. 简述在版图设计中常用的各个图层的作用。

5. 集成电路版图验证主要包括(　　)、(　　)、(　　)、(　　)和(　　)这 5 个方面，其中必做的是(　　)和(　　)。

6. 简述 Dracula DRC 和 LVS 的操作步骤。

第4章

电　阻

【本章知识架构】

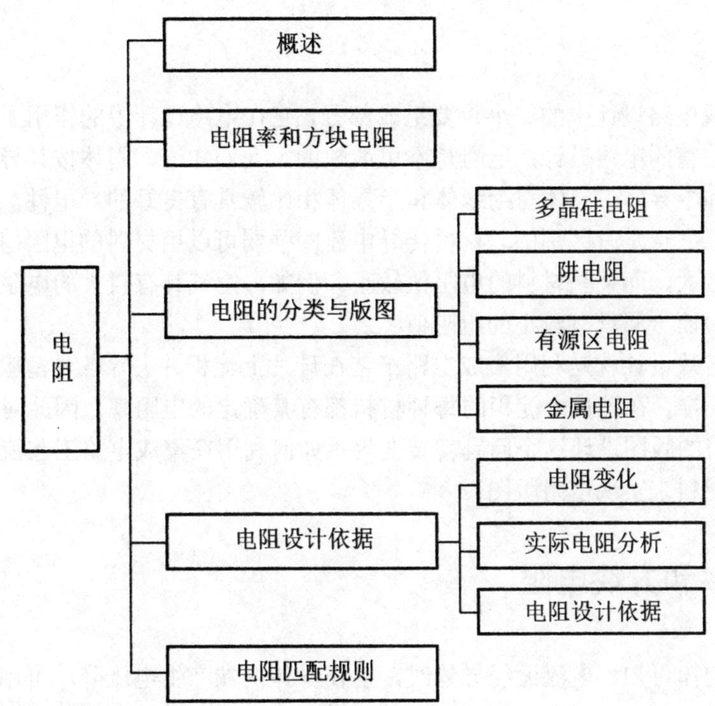

【本章教学目标与要求】

- 理解方块电阻的意义
- 掌握电阻的分类与版图
- 了解电阻的设计依据
- 熟悉电阻的匹配规则

【引言】

在物理学中，用电阻(Resistance)来表示导体对电流阻碍作用的大小。导体的电阻越大，表示导体对电流的阻碍作用越大。不同的导体，电阻一般不同，电阻是导体本身的一种特性。电阻元件又称电阻器是对电流呈现阻碍作用的耗能元件(以下简称电阻)。

本章首先介绍与电阻有关的一些基本概念，例如，电阻率和方块电阻；其次介绍集成电路中电阻的分类与相应版图；最后介绍电阻的设计依据与匹配规则。通过本章的学习，使大家熟悉并掌握集成电路中电阻的版图设计。

4.1 概述

电阻是集成电路设计中的一个重要组成部分，它在电路设计中的作用主要为限流和分压。对于一个完整的电路设计，电阻是不可或缺的。人们知道，固体按其导电性质可分为导体、绝缘体和半导体。导体与绝缘体和半导体相比较具有良好的导电性，但是不同材料的导体其导电能力也是有区别的。材料传导电流的强弱可以用材料的电阻值来表示，某些材料的电阻值较大，而某些材料的电阻值较小。例如，空气具有较大的电阻值，多晶硅具有中等电阻值，而金属具有较小的电阻值。

集成电路芯片设计就是利用集成电路工艺在硅片上淀积并去除各种薄膜材料，最终形成电路结构。同样，在硅片上淀积的每种材料都有其确定的电阻率。因此对集成电路芯片设计来说，电阻的版图设计这个问题就转变为“如何利用在集成电路工艺流程中硅片上已有的各种薄膜材料来实现电阻版图”。

4.2 电阻率和方块电阻

根据欧姆定律可知，电流流经导体时，会在导体两端产生电压降。可用公式表示为

$$V = IR \tag{4-1}$$

式中：V 为导体两端的电压，V；I 为流经导体的电流，A；R 为导体的电阻，Ω。导体的电阻值与构成导体的材料的特性有关，有的材料导电能力很强，而有的材料导电能力却较差。通常用电阻率来表示材料的导电能力，电阻率越大其导电能力就越差。

如图 4.1 所示，一块电阻率为ρ、长度为 L、宽度为 W、厚度为 t 的均匀导体薄膜材料，其电阻值可以表示为

$$R = \rho \frac{L}{Wt} \tag{4-2}$$

在式(4-2)中，长度 L 沿在薄膜材料平面内电流的方向，宽度 W 沿在薄膜材料平面内与长度相垂直的方向，厚度 t 沿与长度和宽度都垂直的方向。

集成电路中包含了多种类型的材料，如多晶硅、二氧化硅、金属、扩散层等，其中多晶硅、金属和扩散层都可以作为制作电阻的材料。在集成电路中的这些材料通常都被制作

成薄层的形式，即在图 4.1 中，厚度 t 非常小。对于一个确定的集成电路工艺，可以认为每一层薄膜材料的厚度是常数，具体值由集成电路工艺决定，与版图设计无关。由于电阻率是材料的固有属性，因此对于版图设计者来说，只能控制电阻的长度和宽度。

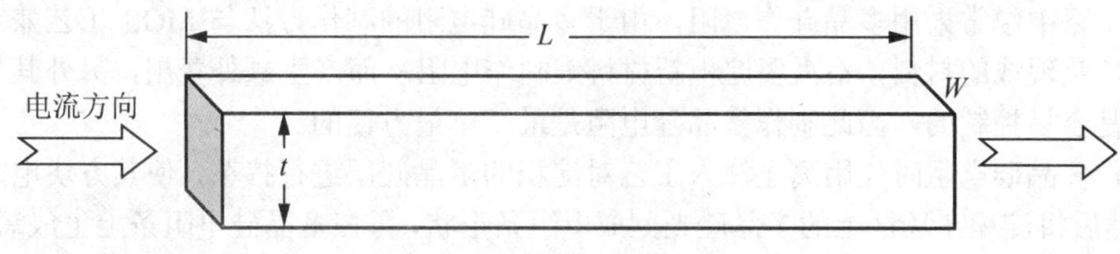

图 4.1　薄膜材料电阻示意图

将式(4-2)进行进一步变化可以得到

$$R=\rho\frac{L}{Wt}=R_S\frac{L}{W} \tag{4-3}$$

式中：$R_S=\frac{\rho}{t}$ 为方块电阻，Ω/□；$\frac{L}{W}$ 为方块数。通过式(4-3)可知，电阻的阻值可以用方块电阻乘以方块数得到，其中方块电阻与工艺有关，可通过查工艺手册或设计手册得到。方块数不一定是整数，可以含有小数。长和宽相等的电阻包含一个方块，其电阻值为一个方块电阻；长是宽两倍的电阻包含两个方块，其电阻值为两个方块电阻。

方块电阻又称薄层电阻。对于相同的集成电路工艺，同一材料的方块电阻是相同的。有了方块电阻的概念，人们就不必再考虑材料的厚度，只需关心材料的长度和宽度就可以了。因为版图设计是利用平面作图方法，所以只考虑长和宽对于电阻的版图设计是非常方便的。需要大家注意，利用式(4-3)可知，2μm×2μm 的正方形电阻和 4μm×4μm 的正方形电阻的阻值是相同的。当然这一切都是以集成电路工艺不变为前提的，如果集成电路工艺发生变化，材料的厚度发生变化，那么方块电阻也会发生变化。

知识要点提醒

在电阻的版图设计中，方块电阻的数值是非常重要的，可通过集成电路工艺手册来获得。

4.3　电阻的分类与版图

集成电路中的电阻可分为无源电阻和有源电阻两类。无源电阻通常是利用掺杂半导体材料或其他材料构成，主要包括多晶硅电阻、阱电阻、有源区电阻和金属电阻；而有源电阻则是通过将晶体管进行适当连接和偏置，利用晶体管在不同工作区域所表现出的电阻特性，例如，MOS 晶体管工作于线性区(三极管区)，其电流—电压特性接近于线性，这时该 MOS 晶体管可看成是一个有源电阻。

和无源电阻相比较，有源电阻的优点是占用面积较小，其缺点是工作状态受电流电压影响，不稳定。在集成电路设计中，大部分都是使用无源电阻。

4.3.1 多晶硅电阻

多晶硅在集成电路中的作用主要包括构成 MOS 晶体管的栅极、构成电阻和构成电容。在集成电路中经常采用多晶硅作电阻，由于多晶硅电阻的制作方法与 MOS 工艺兼容，而且多晶硅是现成的材料，不需要淀积新材料来制作电阻从而产生额外费用，另外其长度和宽度也是容易控制的，因此制作多晶硅电阻是最简单最方便的。

制作多晶硅电阻时先用离子注入工艺对淀积的多晶硅层进行掺杂，使其方块电阻满足要求，然后将淀积在场区上的多晶硅光刻成电阻条形状，再在多晶硅电阻条上生成氧化层，用来掩蔽源漏区注入时向电阻区的掺杂，避免方块电阻的变化。多晶硅电阻通常淀积在场区氧化层之上，这样可以减小电阻和衬底之间的寄生电容，还可以避免氧化层台阶引起的不希望发生的电阻变化。将多晶硅电阻淀积在场区氧化层之上需要双层多晶硅工艺来完成，即该集成电路工艺能够制作两层多晶硅。第一层多晶硅作为栅极、导线、多晶硅—多晶硅电容的下极板。第二层多晶硅作为多晶连线、多晶电阻、多晶硅—多晶硅电容上极板。

多晶硅电阻的阻值由掺杂浓度和电阻形状决定。接下来我们讨论电阻形状对多晶硅电阻值的影响。多晶硅电阻通常被制作成长条形，在电阻两端开接触孔与金属进行连接，接触孔之间的长度就是多晶硅电阻的长度 L，多晶硅电阻的宽度为 W，如图 4.2 所示。在后面的匹配规则介绍中可知，如果需要提高多晶硅电阻的精度和匹配度，则应该把电阻的长度和宽度都做大，同时保持方块数不变。

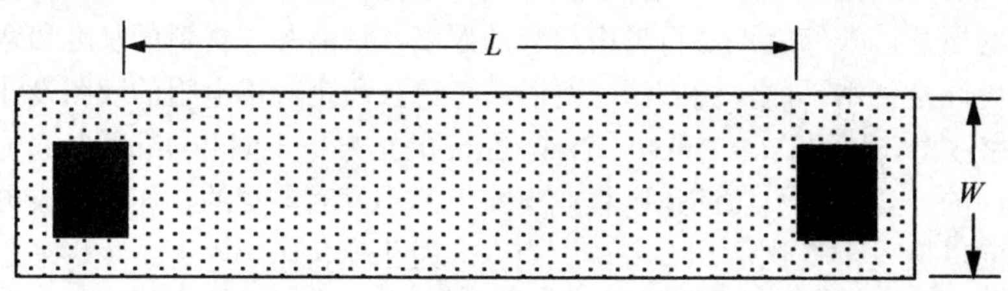

图 4.2　长条形多晶硅电阻示意图

在某些电路设计中可能需要大一些的电阻值，大阻值电阻的实现可通过增加电阻的方块数来实现，也可通过改变电阻的形状来实现。如图 4.3 所示，利用狗骨头形状来增加多晶硅电阻的阻值。在图 4.3 中，两个接触孔之间的多晶硅材料变窄，但是为了满足设计规则，保证接触孔可以放在电阻的内部，所以电阻的两端并没有缩小。由于其形状特点，将这种结构称为狗骨头型或哑铃型电阻。

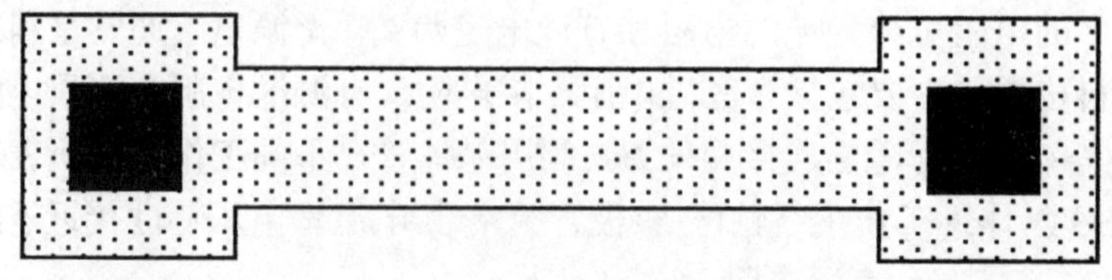

图 4.3　狗骨头形状多晶硅电阻示意图

如果需要更大一些的电阻，可以通过增加电阻的方块数来实现。在集成电路中通常不使用又长又直的薄膜材料来制备电阻，因为这种材料在电路结构布局中很难处理，而且由于应力作用，又长又直的薄膜材料在集成电路制作过程中容易发生翘曲，导致电阻失效。对于这种情况，可以利用蛇形结构(又称折弯结构)的电阻来实现，如图 4.4 所示。

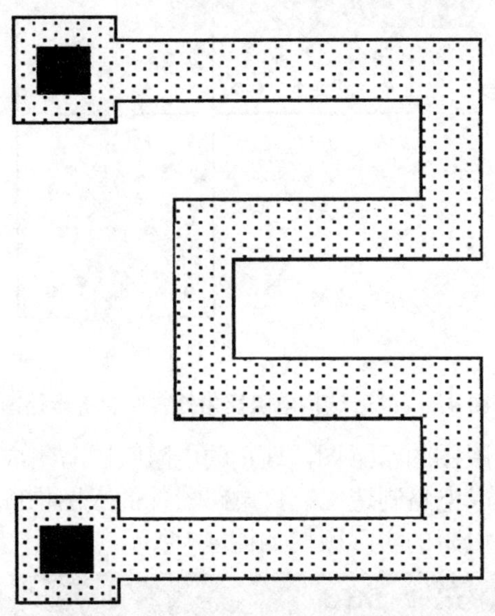

图 4.4　蛇形结构多晶硅电阻示意图

在图 4.4 中，电阻的方块数较多，电阻值较大，而且电阻结构呈正方形，有利于电路设计布局，减小占用面积。蛇形结构电阻阻值的计算方法如图 4.5 所示，将蛇形电阻分成多个方块电阻的串联，于是在图 4.5 中共有 30 个方块电阻。需要注意的是，在电阻的拐角处，电子的流动只利用了半个拐角，因此每个拐角处的方块必须折半处理(实验表明，这种近似是合理的)，即每个拐角按半个方块数计算，如图 4.6 所示，于是总的方块数应为 30−6/2=27。在图 4.6 中，箭头代表电流的流动方向。

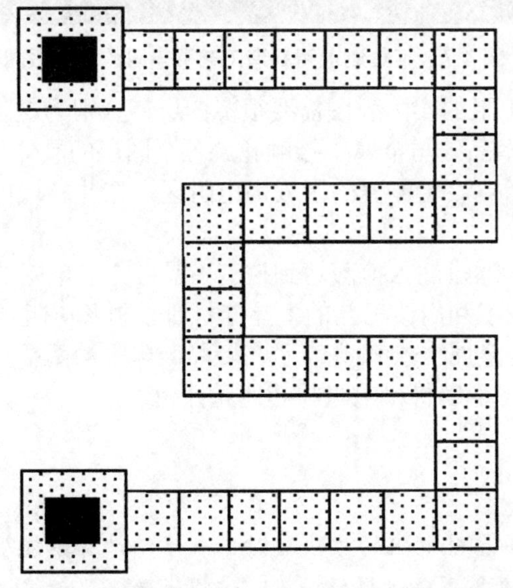

图 4.5　蛇形结构电阻方块数计算方法示意图

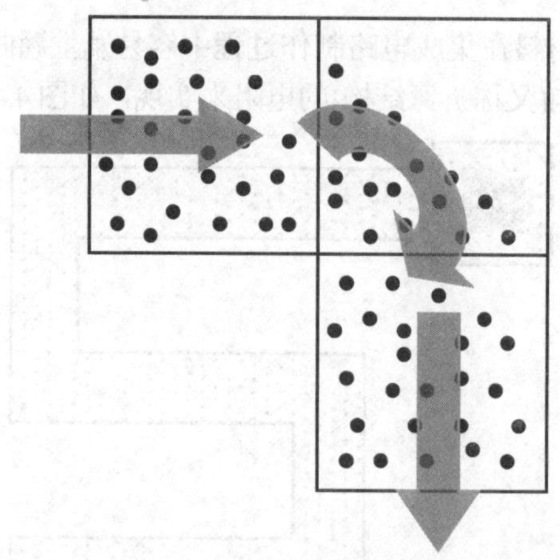

图 4.6 蛇形结构电阻拐角处方块需折半处理

以上只是给出了电阻版图的示意图，真正的电阻版图与集成电路芯片制造厂商提供的工艺有关。对于不同的集成电路制造工艺，电路器件的版图构成也是不同的。以某芯片制造厂商提供的工艺为例，电阻的实际版图如图 4.7 所示。

图 4.7 某集成电路制造工艺下电阻的实际版图

通过图 4.7 可知，电阻的实际版图需要很多图层，分别为电阻标示层、高阻注入层、第二层多晶硅和第二层多晶硅与金属 1 接触孔。各个图层的具体作用如下：

(1) 电阻标示层表示被该层覆盖的区域为电阻区，在此区域内的多晶硅材料作为电阻来使用。

(2) 高阻注入层表示通过注入掩蔽达到控制多晶硅方块电阻的目的。

(3) 第二层多晶硅表示利用该工艺的多晶硅材料来制备电阻，通常是第二层多晶硅。

(4) 第二层多晶硅与金属 1 接触孔表示在多晶硅电阻的两端开与第一层金属相连接的接触孔，然后利用第一层金属将该电阻与其他元件相连接。

知识要点提醒

在图 4.7 中，计算多晶硅电阻的方块数时，长度的计算不能从接触孔开始，而应该计算在高阻注入层区域内的多晶硅材料的长度。这是因为如果存在高阻注入层，则表示在高阻注入层内的多晶硅的方块电阻较大(约几kΩ/□)，而没被高阻注入层覆盖的多晶硅材料其方块电阻特别小(约几十Ω/□)。所以对于精度不太高的计算，只需计算高阻注入层内的多晶硅电阻的阻值即可。

4.3.2 阱电阻

通过第2章集成电路制造工艺的学习可知，掺杂的半导体材料具有电阻特性，不同的掺杂浓度具有不同的电阻率。利用这一特性，可以采用半导体材料制作集成电路所需的电阻。例如，CMOS集成电路工艺中的P阱和N阱，它们都是轻掺杂区，电阻率很高，方块电阻可达到10kΩ/□，因此可以利用阱区制作阻值较大的电阻。但这种电阻的精度不高，而且阱的掺杂浓度很低，经过光照后电阻的阻值会发生变化，呈现出不稳定的现象。

图4.8为N阱电阻示意图。在图中，最外层虚线代表N阱。因为阱电阻是低掺杂区，所以在阱电阻的两端都要做重掺杂区作为阱接触，重掺杂区由有源区和N^+注入构成。最后在重掺杂区内打上接触孔以便使阱电阻和其他电路元件相连接。

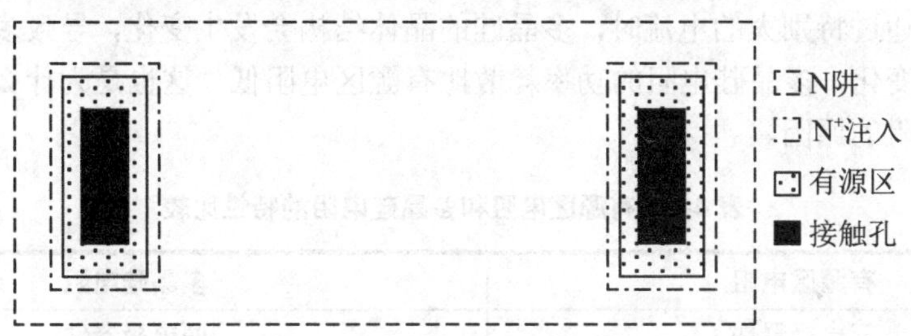

图4.8 N阱电阻示意图

绘制N阱电阻的版图时，一定要保证电阻图形的尺寸(长度或宽度)至少是阱深的两倍，否则阱将不能达到全部结深。尺寸小于结深两倍的电阻会呈现出更高的方块电阻，极端情况下，该电阻近似于开路状态。

4.3.3 有源区电阻

除了阱可以作电阻外，有源区也可以作电阻。无论P^+还是N^+有源区都可以做电阻，还可以做成结构性的扩散电阻，例如在两层掺杂区之间的中间掺杂层，典型的结构是NPN中的P型区，这种电阻又称沟道电阻。这种有源区电阻是在集成电路工艺过程中同时形成的，不需要增加专门的工艺步骤。缺点是电阻率不能灵活变化，受到工艺的限制。

对于有源区电阻必须考虑衬底(即阱)的电位分布。由于电阻层和阱的导电类型不同，如果电阻是P型半导体，那么阱就必须是N型半导体；反之亦然。因此，电阻区和阱之间形成一个PN结。为了防止这个PN结导通，阱必须接一定的电位。要求无论哪个端，也不管在任何工作条件下，都要保证PN结不能导通。通常将P型衬底接电路中的最低电位，N型衬底接最高电位。这样连接的最坏工作情况是电阻只有一端处于零偏置，其余点都为反偏置。例如，图4.9所示的P^+有源区电阻做在N阱中，除了电阻两端的接触孔之外，还必须在阱区增加第3个接触孔，并把这个接触孔接到最高的电位(通常是电源V_{DD})，保证PN结反偏。

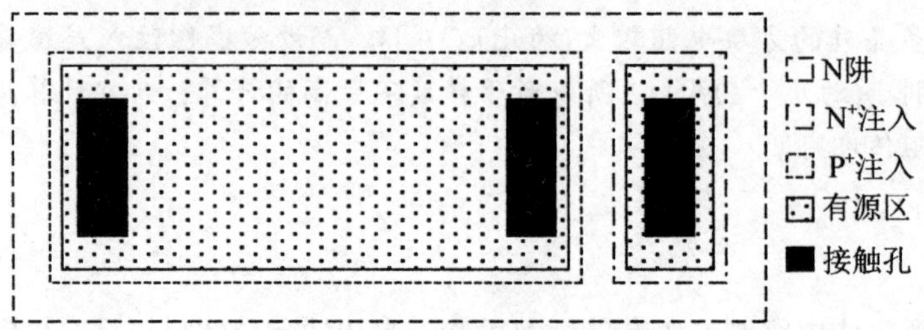

图 4.9　有源区电阻示意图

 **小思考：**仔细观察图 4.8 和图 4.9，分析阱电阻和有源区电阻版图的区别。

有源区电阻和多晶硅电阻的比较见表 4-1。通过表 4-1 可知，多晶硅电阻是两电极器件，有源区电阻是三电极器件，多晶硅电阻的连接简单。多晶硅电阻和有源区电阻相比，易于工艺控制，温度稳定性高，而且寄生参数小。但由于多晶硅材料具有电流修正效应，当多晶硅电阻通过特别大的电流时，多晶硅的晶体结构会发生变化，导致多晶硅电阻的阻值发生永久性变化。多晶硅电阻的功率耗散比有源区电阻低，这也是为什么不总是利用多晶硅来制作电阻的原因。

表 4-1　有源区电阻和多晶硅电阻的特性比较

有源区电阻	多晶硅电阻
三电极器件	两电极器件
温度稳定性低	温度稳定性高
工艺控制较难	易于工艺控制
功率耗散高	功率耗散低
寄生大	寄生小
薄层电阻率可大可小	薄层电阻率较小

4.3.4　金属电阻

人们知道，金属是导体，而且是良导体，即金属的电阻率很低，方块电阻很小。尽管金属的方块电阻很小，但这并不意味着可以被忽略。标准双极工艺的金属厚度大约为 0.1μm，方块电阻为 20～30mΩ/□。CMOS 工艺的特征尺寸较小，金属厚度通常小于 0.1μm，对应的方块电阻也稍大一些。

金属电阻的典型阻值为 50mΩ～5Ω。这个范围的电阻可以用于构造电流敏感电路和大功率双极型晶体管的镇流。与多晶硅电阻一样，金属电阻既可以布成一条直线，也可以布成蛇形或折叠状。电阻应位于场氧化层的上面，以避免氧化层台阶引起金属方块电阻的变化。在多层金属工艺中，可以用任意层的金属来制作电阻。需要注意的是，上层金属导线可以布在下层金属电阻之上，但是上层金属电阻不能布在下层金属或硅导线的上面，因为这样会造成电阻的非等平面性。

金属电阻的阻值主要取决于金属层的厚度和金属的组分。如果电阻足够宽以至于可以忽略宽度偏差，则对金属方块电阻的控制基本上等于金属厚度的变化，对大部分工艺来说为±20%。利用金属制备电阻存在一个潜在的缺陷，很多工艺常规上只是检测金属的宽度，并不检测金属的方块电阻，这样就增加了工艺漂移出控制之外而不被发现的可能。

有些设计者喜欢在电流敏感电路中使用金属电阻，因为金属电阻不仅能够以最小的电压降控制大电流，而且其温度系数也非常小，可以用来实现简单且高精度的限流电路。

知识要点提醒

金属导线同样具有电阻，很多人经常忽略这一点。

4.4　电阻设计依据

上面已经介绍了如何计算电阻的阻值以及电阻的版图构成，然而实际的集成电路制造工艺可不像 CAD 作图那样完美，例如，在版图设计中电阻的形状是长条形，可实际制作出来的电阻其图形边缘却是锯齿形，而且实际制作出来的电阻的阻值可能会明显地大于或小于版图设计中的阻值。因此需要对于电阻变化有关的因素进行分析，从而得到电阻设计依据和电阻匹配规则。

4.4.1　电阻变化

影响电阻值的因素很多，主要包括工艺变化、温度、非线性和寄生电阻等。其他因素主要影响电阻匹配，包括方向、压力和温度梯度、热电子效应、刻蚀速率的不一致性等。

工艺变化影响电阻的阻值主要在于方块电阻和尺寸这两个方面。方块电阻随薄膜厚度、掺杂浓度、掺杂分布和退火条件的变化而变化；电阻的尺寸会由于光刻对准误差和刻蚀速率不一致而变化。

现代的集成电路制造工艺可以将方块电阻的误差维持在±20%以内。线宽控制指的是对由光刻和工艺带来的尺寸变化的度量。对 1μm 或者更大的特征尺寸，它与宽度的关系不大。也就是说，如果 5μm 的特征尺寸能够容忍±1μm 的变化，那么 25μm(或者更大)的特征尺寸也可以。因此，通常用特征尺寸的百分比来衡量线宽控制，该百分比随着特征尺寸的增加而改善。

大部分工艺可以保证线宽控制在其最小特征尺寸的±20%以内。例如，最小特征尺寸为 5μm 的标准双极工艺的线宽控制大约为±1μm。

如果已知方块电阻的变化和线宽控制，那么长度为 L，宽度为 W 的电阻的变化可用下式表示：

$$\Delta R = \frac{e_L}{L} + \frac{e_L}{W} + \Delta R_S \tag{4-4}$$

式中，ΔR 为电阻的变化；e_L 为线宽控制(或线宽变化)；ΔR_S 为方块电阻的变化。

假设电阻的长度为 10μm，宽度为 2μm，线宽控制为±0.25μm，所用材料的方块电阻变化为±25%，那么通过式(4-4)可知，电阻的变化为±40%；若长度和宽度分别增加一倍，而方块电阻的变化不变，那么电阻的变化为±32.5%。通过分析可知，若要提高电阻的精度，应尽量增大电阻的尺寸。

如果假设方块电阻的变化为±25%，线宽控制为最小特征尺寸的±20%。那么，在电阻精度不重要的情况下，电阻可以使用最小宽度，阻值变化大约为±50%。当需要中等精度电阻时，电阻宽度应至少为最小特征尺寸的 2 倍或 3 倍，阻值变化大概为±35%。当需要高精度电阻时，电阻宽度应选用最小特征尺寸的 5 倍，阻值变化约为±30%。

通过第 2 章集成电路制造工艺的学习可知，无论采用哪种扩散工艺制备阱都存在横向扩散效应。对于阱电阻，其精度同时取决于横向扩散和线宽控制。在这种情况下，对给定精度所需的宽度应当用结深或最小特征尺寸来计算，具体取决于哪个值更大。因此，8μm 深的 N 阱电阻至少应为 16μm 宽才有可能获得中等的精度。

温度的变化也会影响电阻的阻值变化。一般来讲，阱电阻的温度系数最大，而金属电阻的温度系数最小，多晶硅电阻的温度系数介于二者之间。因为不同材料的温度系数不同，所以匹配的电阻要尽量使用相同的材料制备。

理想的电阻其电流和电压之间应为线性关系，而实际的电阻总是呈现出一定的非线性。这种非线性主要来源于自加热、强场速度饱和及耗尽区侵蚀。

实际的电阻无法与环境完全隔绝，在高频下不可避免地会发生电容和电感耦合，有些电阻还可能发生结电流泄漏，例如阱电阻和有源区电阻。由于多晶硅电阻不存在 PN 结，所以其寄生效应要小。

4.4.2 实际电阻分析

通过对图 4.7 电阻的实际版图分析可知，在某些集成电路工艺中，为了得到较高的方块电阻，可以增加一掩蔽层(高阻注入层)，利用该掩蔽层来提高多晶硅电阻的电阻率，进而提高方块电阻。在该掩蔽层下的多晶硅材料称为体区材料，对应体区电阻；而将体区电阻两端的多晶硅材料称为头区材料，对应头区电阻；将多晶硅和接触孔之间电阻称为接触区电阻。多晶硅电阻的剖面图如图 4.10 所示，R_1 和 R_2 分别为电阻两端。

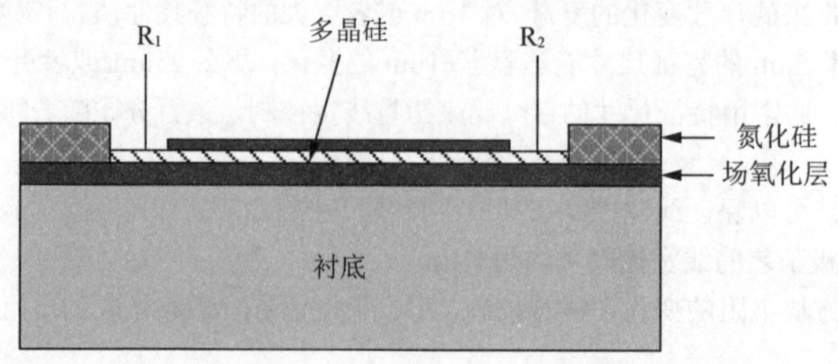

图 4.10　多晶硅电阻的剖面示意图

在图 4.2 和图 4.5 中，计算多晶硅电阻的阻值时，并没有计算头区电阻和接触电阻。多晶硅电阻的总电阻 R 可以表示为

$$R = r_b + 2r_h + 2r_c \tag{4-5}$$

式中：r_b 为体区电阻；r_h 为头区电阻；r_c 为接触区电阻。

如果用方块电阻来表示多晶硅的总电阻，那么式(4-5)将变为

$$R = \frac{L_b}{W_b}R_{sb} + 2\frac{L_h}{W_h}R_{sh} + 2\frac{R_c}{W_c} \tag{4-6}$$

式中：L_b 和 W_b 分别为体区电阻的长和宽；R_{sb} 为体区的方块电阻；L_h 和 W_h 分别为头区电阻的长和宽；R_{sh} 为头区的方块电阻；W_c 为接触区宽度；R_c 为接触电阻因子。

同样，体区电阻、头区电阻和接触区电阻可能由于制作工艺的误差而存在误差。利用光刻和刻蚀工艺得到体区电阻时，体区材料可能存在过刻蚀或欠刻蚀。简单来说，过刻蚀就是刻蚀过头，导致电阻刻蚀得过短、过窄；而欠刻蚀就是刻蚀不足，导致电阻过长、过宽。通常情况下，多晶硅电阻存在过刻蚀。

体区电阻存在制作工艺上的误差，头区电阻和接触电阻也一样。

知识要点提醒

为了获得高精度的电阻计算，在计算体区电阻的基础上，还应该计算头区电阻和接触区电阻。

4.4.3　电阻设计依据

通过以上分析可知，实际加工出来的电阻可能并不像版图设计软件里画的那么完美，而且还可能存在各种误差。那么该如何进行电阻设计呢？

电阻的设计依据主要包括两个方面：误差控制和电流密度。下面从这两个方面给出电阻的设计依据。

在 4.4.1 节和 4.4.2 节中，已经进行了电阻的误差分析。由于制造工艺误差会导致电阻发生变化，而且总电阻应包括体区电阻、头区电阻和接触电阻。

由于芯片制造厂商能够很好地控制体区电阻，而对于头区电阻和接触区电阻的控制却并不理想，因此希望，对于一个电阻，体区电阻应该在总电阻中起到支配作用，即总电阻应远大于头区电阻和接触电阻。如果一个电阻体材料的长度接近甚至小于头区材料长度和接触区长度，那么将很难控制该电阻的阻值。

对于确定的集成电路制造工艺，实际电阻的最小尺寸应该是确定的。例如，线宽控制为±0.1μm，为了得到百分之一的精度，体区材料的长度应该为 10μm。由于线宽控制主要来源于光刻和刻蚀工艺误差，因此关于电阻尺寸的经验法则为：体区材料的长度至少应为光刻和刻蚀工艺误差的 100 倍，宽度至少应该为光刻和刻蚀工艺的 50 倍。如果需要进一步提高精度，那么长和宽还应该增加，因为线宽控制是不变的，长和宽的增加会提高精度。

电流密度也是电阻设计的一个重要依据。在这里，电流密度指的是电阻中能够安全可靠通过的电流。当电阻通过低于电流密度的电流时，电阻能够长期稳定地工作。人们知道，粗电线能够通过大电流而不烧毁，而利用细电线传输大电流时，细电线却容易发热进而烧毁。对于集成电路中的电阻也是一样，较宽的电阻允许通过较大的电流，而较窄的电阻只允许通过较小的电流。

在集成电路中电阻的电流密度是比较保守的，可靠性系数通常要达到数万小时。当然，可以使电阻工作在大于电流密度的电流下，只不过这会降低电阻的可靠性，缩短电阻的寿命。

有关电流密度的经验法则为：每微米宽度电阻的电流密度为 0.5mA。通常在集成电路的工艺手册中会提供每种材料的电流密度，不同材料的电流密度略有不同。如果已知电阻材料的电流密度，就可以利用下式来计算所需的电阻材料的宽度：

$$W = \frac{I_{max}}{D} \tag{4-7}$$

式中：W 为所需的电阻材料的宽度，μm；D 为电阻材料的电流密度，mA/μm；I_{max} 为该电阻通过的最大电流，mA。

保证电阻始终工作在电流密度下，对于电阻的设计非常重要。

知识要点提醒

金属和接触孔都具有各自的电阻，为了保证安全，二者同样也必须工作在电流密度下。关于金属和接触孔电流密度的要求应详细参考集成电路工艺手册。

4.5 电阻匹配规则

大部分集成电阻都有±20%～±30%的误差，这些误差比相应的分立器件大很多，但这并没有阻止集成电路向着高度精确匹配的方向发展。在第 2 章集成电路制造工艺中，人们知道，集成电路的所有器件都制作在同一个硅片上，它们所经历的工艺条件非常接近。如果一个器件的值增加了 10%，那么所有类似的器件都会有相似的增加。在同一集成电路中两个相似器件的差异可以优于±1%，在很多情况下甚至优于±0.1%。为获得确定的常数比率而专门制作的器件称为匹配器件。

模拟集成电路的精度和性能一般都依靠器件匹配获得。许多机制都会影响匹配，包括尺寸偏差、掺杂偏差、氧化层厚度偏差、工艺偏差、电流流动的不均匀、机械应力和温度梯度等。

电阻匹配规则对于电阻的版图设计非常重要，在电阻的版图设计中遵循匹配规则，可以得到匹配度高、精度高的实际电阻。

电阻匹配规则通常包括以下几点：

(1) 如果没有很大的功率需要耗散，应尽可能使用多晶硅电阻。

无源电阻主要包括多晶硅电阻、阱电阻和有源区电阻，在这 3 种电阻中，多晶硅电阻的工艺和温度稳定性最高，阱电阻其次，有源区电阻的工艺和温度稳定性最差。因此应尽可能使用多晶硅电阻。

(2) 对于精度要求高的电阻，电阻条应采用较宽的尺寸，同时调整其长度保持其方块数不变。

根据式(4-3)可知，电阻等于方块电阻乘以方块数，方块数没有发生变化，则电阻值也

不变。不过根据 4.4.1 节的分析可知，如果采用较宽尺寸的电阻，则精度会得到提高。

(3) 对于数值较大的电阻，要将其分成较短的电阻单位，平行放置并串联在一起，如图 4.11 所示。

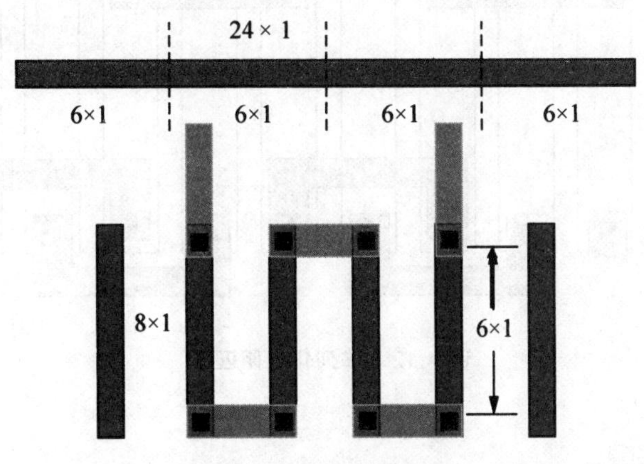

图 4.11 大电阻的拆分

知识要点提醒

在集成电路版图设计中，经常拆分大尺寸器件来提高匹配性，而且版图更加规整，易于在整体电路版图中拼凑。

(4) 需要匹配的电阻应采用同一种材料制成。

在集成电路工艺中可以使用多种材料来制备电阻，但是不同材料的温度系数不同，这会导致由不同材料制备的电阻无法随温度的变化而同步变化。尽量不要用不同的材料来构造匹配的电阻。

(5) 需要匹配的电阻应采用相同的宽度。

在 4.4.1 节中已经分析了，集成电路的工艺误差是一定的，如果两个电阻的宽度不同，那么这两个电阻将会产生系统失配。

(6) 需要匹配的电阻应尽量使用相同的电阻图形。

在关于电阻的分析中，并没有考虑角和端部效应对电阻的影响。如果电阻的图形不相同，那么角和端部效应的存在将使电阻无法实现精确匹配。

(7) 需要匹配的电阻应尽量沿同一方向摆放，并尽可能靠近。

电阻的制备需要用到扩散或离子注入工艺，如果电阻的摆放方向不一致，那么这两项掺杂工艺都会引起电阻的失配，而且这种失配与电阻之间的距离有关，距离越大，失配就越大，因此匹配的电阻还要尽可能地靠近放置。

(8) 阵列化的电阻应采用叉指结构来提高匹配度。

如图 4.12 所示，两个电阻 R_1 和 R_2 需要匹配，可以将 R_1 和 R_2 分别拆分，然后叉指布置连接。叉指结构能够产生共质心版图，从而提高匹配度。每个电阻既可以分成偶数个分段，也可以分成奇数个分段，但偶数个分段阵列要优于奇数个分段阵列，原因在于偶数个分段阵列能够抑制热电效应。

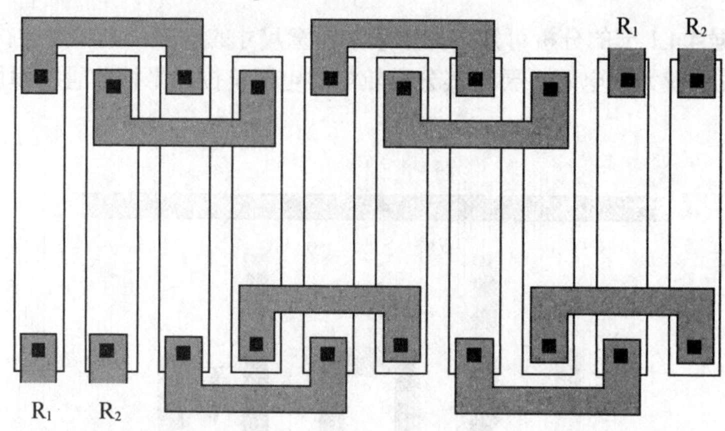

图 4.12　阵列化电阻匹配

知识要点提醒

在集成电路版图设计中，经常利用叉指结构来提高器件的对称性。

(9) 为了保证光刻和刻蚀工艺过程中，阵列化电阻周围的环境一致，需要在阵列化电阻的两侧设置虚拟电阻(Dummy)。

实验表明，利用刻蚀工艺处理多晶硅时，刻蚀速率取决于多晶硅开口的形状和大小。大的开口可以确保进入更多的刻蚀剂，刻蚀速度快，而小的开口进入的刻蚀剂少，刻蚀速度慢，这里所说的开口主要是指多晶硅与多晶硅之间的距离。很明显，当很多多晶硅条并排摆放时，阵列边缘的电阻条会受到刻蚀速率变化的影响。为了保证阵列化电阻周围的环境一致，需要在阵列化电阻的两侧设置虚拟电阻，如图 4.13 所示。虚拟电阻和阵列化电阻在材料、图形上都是相同的，只不过虚拟器件并不是电路设计中需要的，它的存在只是为了保证阵列化电阻周围的环境一致，提高光刻和刻蚀的一致性。虚拟电阻和阵列电阻的间距与阵列电阻之间的距离相等，同时为了防止静电荷在虚拟电阻上积累，应该将虚拟电阻的两端接地或其他合适的低阻节点，图 4.13 中并未标出这种连接。

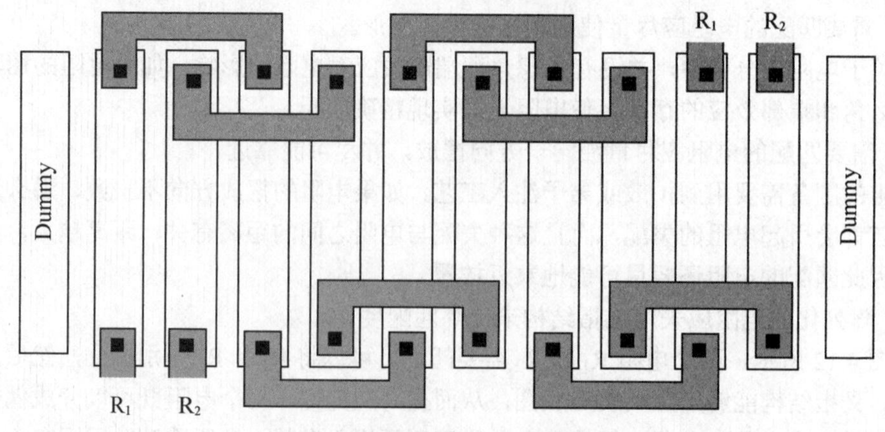

图 4.13　阵列化电阻两侧加虚拟器件

知识要点提醒

在集成电路版图设计中，经常利用虚拟器件来保证周围环境的一致性，从而提高匹配度。

(10) 匹配的电阻应尽量放置在低应力区，远离功率器件，并尽量降低电阻的功耗。

很多半导体材料都有压阻效应，即材料的电阻随施加在材料上的应力的变化而变化，因此电阻应尽量远离高应力区，避免发生不希望的电阻阻值改变。功率器件的存在会产生较大的热梯度，热梯度对电阻的影响可能比应力还要大，匹配的电阻要远离功率器件。同样如果电阻的功耗过大也会产生热梯度，从而影响匹配。

本章小结

本章主要介绍集成电路中的电阻，主要内容如下：

1. 电阻率和方块电阻
2. 电阻的分类
3. 电阻的版图
4. 电阻的设计依据
5. 电阻的匹配规则

【知识链接】

电阻的单位是欧姆(Ohm，符号为Ω)，是以德国 18 世纪著名物理学家欧姆(Georg Simon Ohm)的名字来命名的。他提出了表述电压、电流和电阻三者之间关系的欧姆定律，为了表示对他的敬意，电阻单位以欧姆命名。

【习题】

【第 4 章习题解答】

1. 解释方块电阻及其使用方块电阻的意义。
2. 集成电路中的电阻主要包括(　　)和(　　)。
3. 集成电路中的无源电阻主要包括(　　)、(　　)、(　　)和(　　)。
4. 集成电路中电阻的设计依据主要考虑(　　)和(　　)两方面。
5. 解释集成电路中电阻的设计依据。
6. 比较多晶硅电阻和有源区电阻。
7. 简述集成电路中常用的电阻匹配规则。

第 5 章

电容和电感

【本章知识架构】

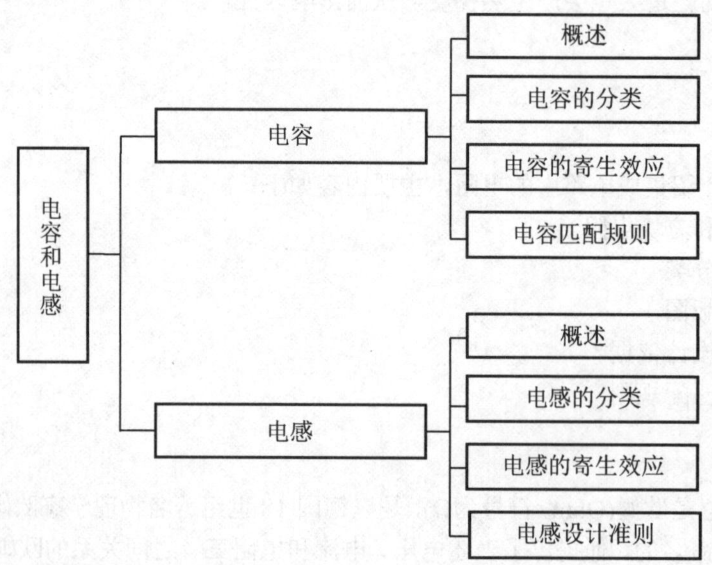

【本章教学目标与要求】

- 了解电容和电感在集成电路中的作用
- 了解电容的寄生效应
- 掌握电容的分类与版图
- 熟悉电容的匹配规则
- 了解电感的寄生效应
- 掌握电感的分类与版图
- 熟悉电感的设计准则

【引言】

本章主要介绍与电容和电感有关的一些知识。通过本章的学习，使大家熟悉并掌握集成电路中电阻和电容的版图设计方法。

5.1　电容

电容是集成电路设计中的一个重要组成部分。作为一种无源元件，电容在电路中的主要作用为耦合交流信号、构建延迟和相移网络等。对于一个完整的电路设计，电容是不可或缺的。

电容存储静电场能量，通常体积较大。在集成电路中，很难实现几百皮法的电容，通常可以实现几飞法至几皮法的电容。如果要使用几百皮法的大电容，就只能使用片外的分立器件形式的电容。

5.1.1　概述

电容器是一种能够储存一定量电荷(即一定数目电子)的器件。电容器储存电荷的能力称为电容，电容的单位是法拉(简称为法)。

电容器经常被简称为电容，尽管有时会引起混淆。电容可分为多种规格和种类，包括陶瓷电容、云母电容、玻璃膜电容、纸质电容、铝电解电容和钽电容等，图 5.1 所示的是各种分立器件形式的电容。

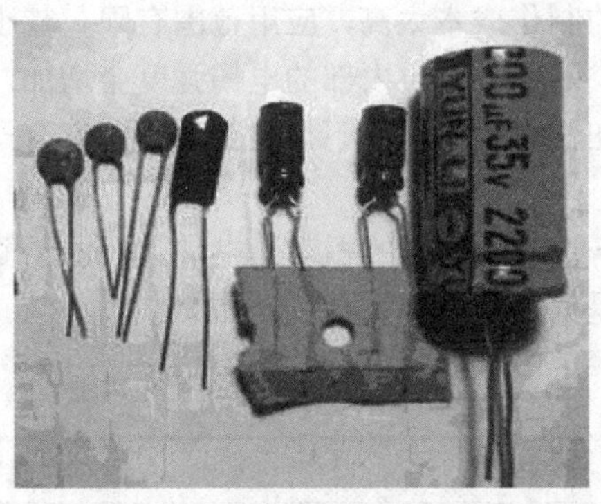

图 5.1　各种分立器件形式的电容

电容虽然有各种规格和种类，但基本结构都是一样的，主要由两个金属极，中间夹有绝缘材料(电介质)构成。由于电容能够存储电荷，所以电容的两个电极之间就存在电压。电容两个电极之间的电压 V 和电容存储的电荷 Q 之间的关系为

$$Q = CV \tag{5-1}$$

式中：C 为电容，单位是法(F)。1F 是一非常大的电容值，大多数分立电路使用的电容都在几皮法(pF，$1\text{pF}=10^{-12}$ F)至几千微法(μf，$1\mu\text{f}=10^{-6}$ F)范围内。

由于集成电路是平面加工工艺，所以在集成电路中所有的电容都是平板电容。平板电

容由两块导电平板构成，两块导电平板被称为电介质的绝缘材料隔开，电荷就存储在这个电介质中。平板电容示意图如图 5.2 所示。

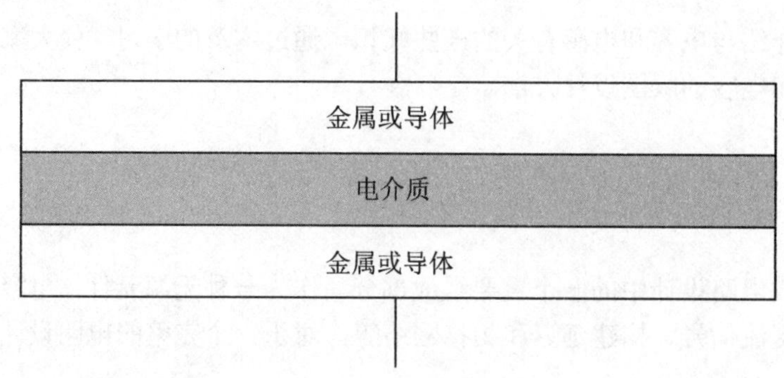

图 5.2　平板电容示意图

平板电容的电容值可由下式计算：

$$C = \frac{A\varepsilon_r\varepsilon_0}{t} \tag{5-2}$$

式中：C 为电容，单位是 F；A 为两块导电平板的重叠面积，单位是 cm^2；t 为两平板之间的距离(即电介质的厚度)，单位是 cm；ε_r 为相对介电常数，为无量纲的量；$\varepsilon_0 = 8.85\times10^{-14}F/cm^2$ 为真空介电常数。

通过式(5-2)可知，电容由电介质的厚度、介电常数以及两块平板相互重叠部分的面积决定，其中介电常数是衡量电介质质量的常数。如果想要得到大的电容，可以利用介电常数大的材料或减小电介质的厚度。某些材料的介电常数很大，例如，钛酸钡锶的相对介电常数可达几千，但该材料的制作成本太高，应用范围有限。减小电介质的厚度可以增大电容，但当电介质的厚度减小时，电介质内部的电场强度会增加，太大的电场强度会导致介质击穿，从而隔离失效。在一定工作电压下，电介质的厚度有一最小值，低于最小值则不能保证电介质的有效隔离。

表 5-1 列出了集成电路中常用材料的相对介电常数，由于氮化物和氧化物的介电常数与淀积条件有关，所以只是给出了介电常数的范围。

表 5-1　常用材料的相对介电常数

材　　料	相对介电常数(真空 ε_r =1)
硅(Si)	11.8
二氧化硅(SiO_2)	4～5
氮化硅(Si_3N_4)	6～9

利用式(5-2)，假设平板电容采用二氧化硅作为电介质，其厚度为 20nm，相对介电常数为 4，如果需要得到 100pF 的电容，则两平板的重叠面积至少应该为 $0.056mm^2$，这个值对于特征尺寸越来越小的大规模集成电路来说实在太大。在集成电路中想要集成几百皮法的电容是比较困难的，因为那将占用大量的芯片面积。

利用式(5-2)计算出的电容值略小于实际值，这是因为实际上电场不单单存在于两平板之间，在平板的边缘也存在电场，这就是边缘效应，如图 5.3 所示。由于边缘效应而产生的电容称为边缘电容，边缘电容等于单位边缘电容常数乘以极板的周长，它存在于极板的 4 个边。边缘效应的存在相当于增大了平板的面积，增加的程度与电介质的厚度成正比。如果平板的尺寸远大于电介质的厚度，边缘效应可以被忽略。

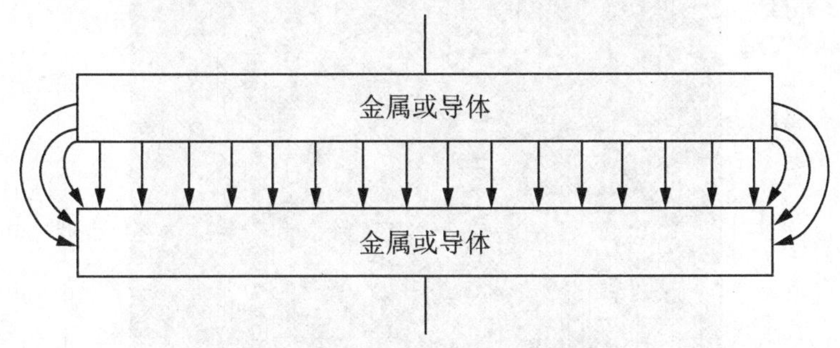

图 5.3 平板电容的边缘效应

5.1.2 电容的分类

在集成电路中常用的电容主要包括：多晶硅-多晶硅电容、多晶硅-扩散区电容、金属-多晶硅电容和金属-金属电容等。

1. 多晶硅-多晶硅电容

多晶硅-多晶硅电容可以在双层多晶硅集成电路工艺中制作，又称双层多晶硅电容。第二层多晶硅作为电容的上电极板，第一层多晶硅作为电容的下电极板，氧化层作为电介质。多晶硅-多晶硅电容如图 5.4 所示，C_1 和 C_2 为电容的两个电极。利用多晶硅材料作为电容的上下平板，必须对多晶硅进行重掺杂以降低其电阻率。

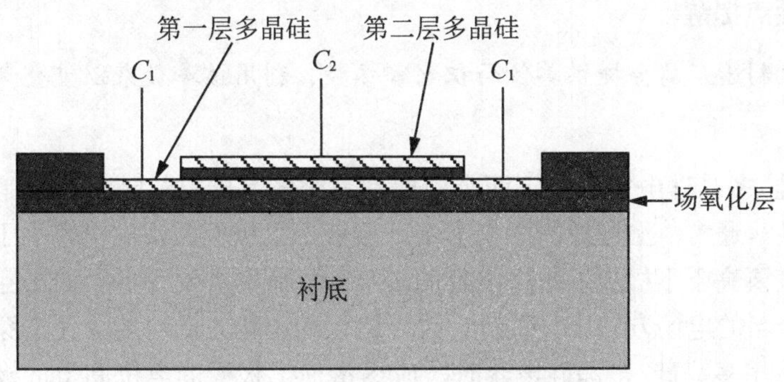

图 5.4 多晶硅-多晶硅电容示意图

多晶硅-多晶硅电容通常制作在场区处，由场氧化层把电容和衬底隔开。由于场氧化层较厚，所以多晶硅-多晶硅电容的寄生参数小，而且无横向扩散影响。通过精确控制两层多晶硅的面积以及两层多晶硅之间的氧化层的厚度，可得到精确的电容值。

由于多晶硅-多晶硅电容制作在场氧化层上，所以电容结构的下方不能有氧化层台阶，因为台阶会引起电容下极板的表面不规则，将造成介质层局部减薄和电场集中，从而破坏电容的完整性。

图 5.4 所示只是多晶硅-多晶硅电容的示意图，实际的多晶硅-多晶硅电容的版图要稍微复杂一些。图 5.5 为某集成电路制造工艺下的多晶硅-多晶硅电容的实际版图。

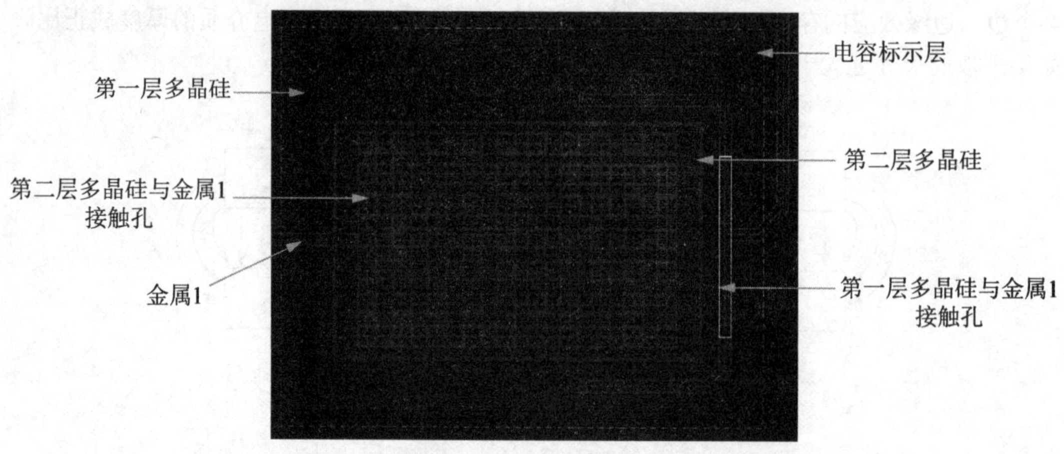

图 5.5　某集成电路制造工艺下的多晶硅-多晶硅电容的实际版图

在图 5.5 中，多晶硅-多晶硅电容的实际版图包括：电容标示层、第一层多晶硅(或多晶硅 1)、第二层多晶硅(或多晶硅 2)、金属 1、第一层多晶硅与金属 1 接触孔和第二层多晶硅与金属 1 接触孔。其中电容标示层表示在此区域内制作电容，这一点与电阻的版图是类似的；第一层多晶硅作为电容的下极板；第二层多晶硅作为电容的上极板；金属 1 起到连接电极的作用，通常为金属铝；第一层多晶硅与金属 1 之间的接触孔，引出下极板电极 C_1；第二层多晶硅与金属 1 之间的接触孔，引出上极板电极 C_2。在图 5.5 中，上下两层多晶硅的面积并不相等，计算电容时只需要考虑重叠部分即可。

知识要点提醒

通常，芯片制造厂商会提供单位面积电容参数，利用该参数乘以重叠部分的面积即可得到电容值。

虽然多晶硅-多晶硅电容的上下两个极板都是由多晶硅材料制备，但是上下两个极板并不能完全互换。通常，上极板的面积小于下极板，上极板的寄生电容小于下极板，而且上极板的平整度要高于下极板，这样电容的击穿特性就是非对称的，即击穿特性与电场方向有关。选择恰当的电场方向十分关键，因为错误的电场方向可能会使击穿电压下降一半甚至更多。在应用多晶硅-多晶硅电容时，应尽量使上极板的电位高于下极板，保证电场方向从第二层多晶硅指向第一层多晶硅。

2. 多晶硅-扩散区电容

如果某集成电路制造工艺只能制备单层多晶硅，那么该工艺可以制造多晶硅-扩散区电容。该电容的上极板为多晶硅，下极板为扩散区。在淀积多晶硅前应先对下极板区域进行掺杂。和基本集成电路工艺流程相比，这是为制作电容而额外增加的一次工艺步骤。然后再生长栅氧化层并淀积作上电极的多晶硅。多晶硅-扩散区电容的下极板为扩散区，而扩散区既可以是有源区也可以是 N 阱，所以又可以将多晶硅-扩散区电容分为多晶硅-有源区电容和多晶硅-N 阱电容。图 5.6 为多晶硅-有源区电容的示意图。

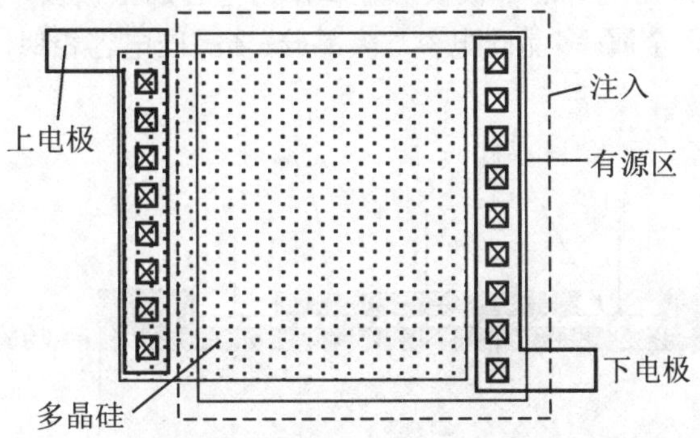

图 5.6　多晶硅-有源区电容示意图

图 5.7 所示为下极板为 N 阱结构的多晶硅-N 阱电容。图(a)为该电容的俯视图，而图(b)为剖面图。

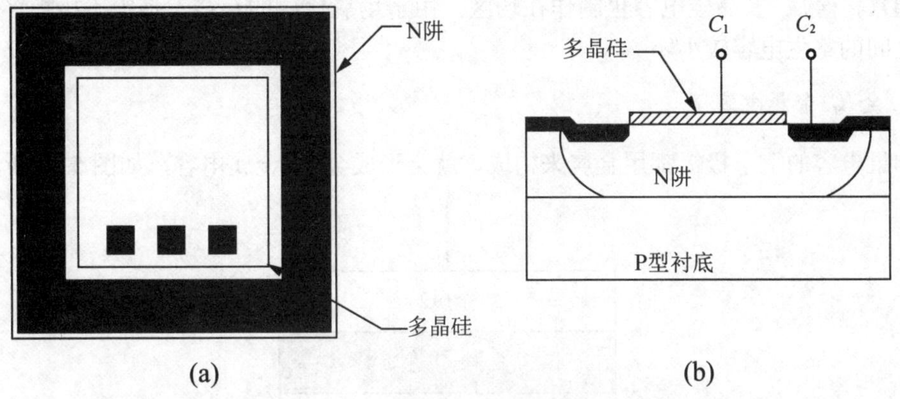

图 5.7　多晶硅-N 阱电容示意图

对于多晶硅-N 阱电容，由于 N 阱是轻掺杂的，所以下极板 N 阱具有较大的串联电阻，可通过在 N 阱的四周布置接触孔来降低串联电阻的影响。同时下极板 N 阱还有寄生结电容，该寄生结电容来自于 PN 结，如图 5.8 所示。在进行多晶硅-N 阱电容下极板电位的连接时需要注意，必须始终保证 N 阱和 P 型衬底之间的 PN 结始终反偏。多晶硅-N 阱电容在一定电压下有非线性效应。

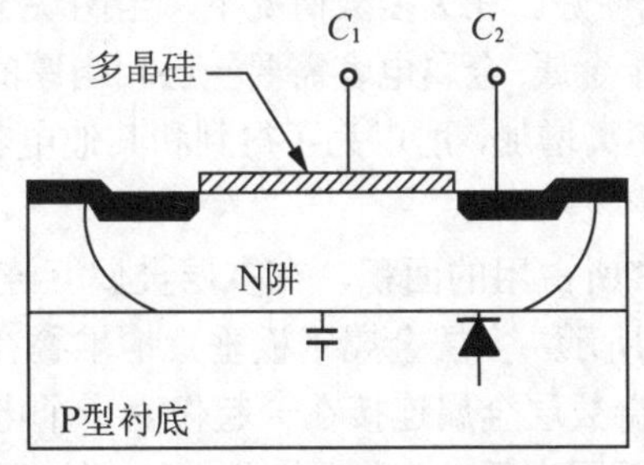

图 5.8　多晶硅-N 阱电容的寄生结电容

3. 金属-多晶硅电容

如果利用多晶硅作为电容的下极板，金属作为电容的上极板，就可形成金属-多晶硅电容。如图 5.9 所示，金属-多晶硅电容与多晶硅-多晶硅电容相似，只不过上极板是金属而不是多晶硅。

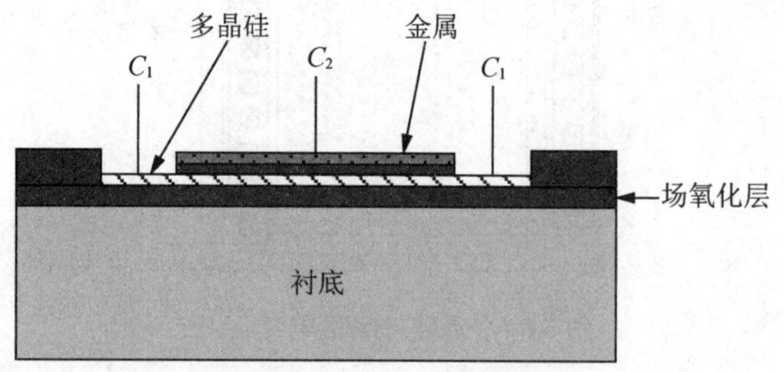

图 5.9　金属-多晶硅电容示意图

通常，金属-多晶硅电容也制作在场区，由于场氧化层的存在，使得下极板多晶硅与衬底之间的寄生电容较小。

4. 金属-金属电容

如果电容的上下极板都用金属来构成，就会形成金属-金属电容，如图 5.10 所示。

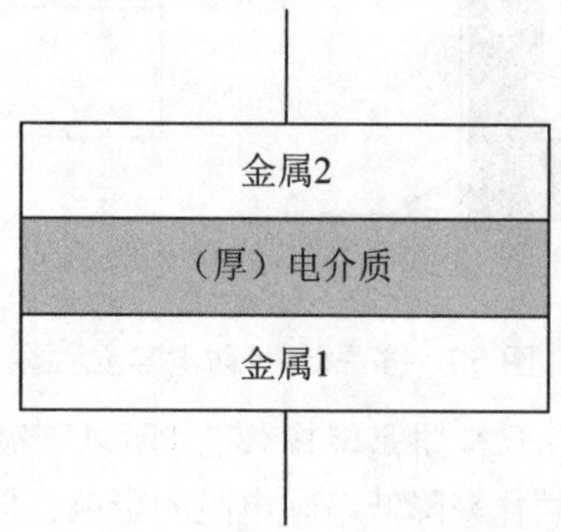

图 5.10　金属-金属电容示意图

金属-金属电容不存在 PN 结，从而消除了结电容，对电压的依赖也消失了。另外，金属-金属电容的精度高、匹配性好。在大多数情况下，当两块金属重叠时，必须确保上下两层金属不能短路。所以，对于金属-金属电容需要一层相当厚的电介质材料来隔离不同的金属层。由于两层金属之间的距离增加，所以为了得到和其他电容相同的电容值，需要制备的金属极板的面积将大大增加。

为了减小金属-金属电容所占用的面积，在多层金属互连系统中可以制备叠层金属电容。叠层金属电容如图 5.11 所示，多层金属平板垂直地堆叠在一起，从上至下，每两层金属之间都存在电容。通过将奇数层金属连接在一起作为一个电极，而将偶数层金属连接在一起作为另一个电极。从剖面图来看，金属-金属电容是梳状交叉结构。

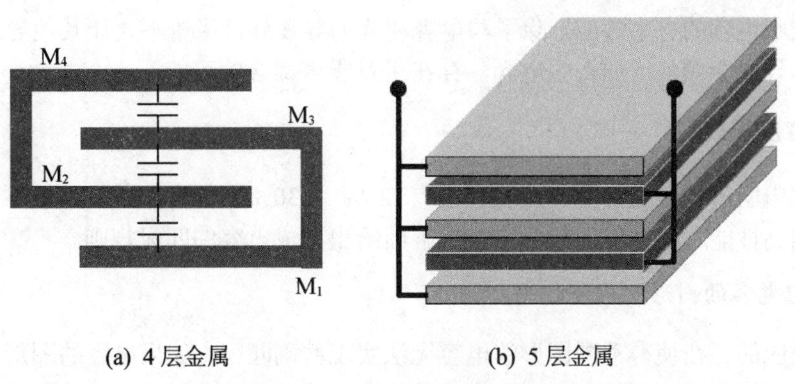

(a) 4 层金属　　(b) 5 层金属

图 5.11　叠层金属电容示意图

以图 5.11(a)所示的叠层电容为例，假设上极板为金属 M_2 和金属 M_4，下极板为金属 M_1 和金属 M_3，则由于梳状交叉结构，上下极板的面积都相当于增加至重叠面积的 3 倍，总电容等效于图中所示的 3 个电容之和。对于叠层金属电容，其典型优点就是在单位芯片面积上可获得更大的电容，缺点是受限于多层金属互连系统使用的金属层数。

小思考： 如果利用 5 层金属来制备叠层电容(图 5.11(b))，思考如何计算总电容。

5.1.3　电容的寄生效应

利用集成电路中已有的材料制备电容是非常方便的，因为有时并不需要额外增加工艺步骤。这是个好消息，但也可能是个坏消息。在集成电路中存在电容是常见的情况，任何时刻，只要有一块导电材料跨过另一块导电材料且二者之间还存在电解质(包括空气)就会形成一个电容器。即使有时人们不想让它出现，但它却偏偏存在，这种不希望存在却偏偏存在的电容又称寄生电容。在版图设计中的任务就是尽量减小寄生电容。

以图 5.4 所示的多晶硅-多晶硅电容为例，说明在集成电路中存在的电容寄生效应。图 5.12 所示为多晶硅-多晶硅电容寄生效应的电路模型，电容 C_2 代表期望得到的电容，电容 C_1 代表第一层多晶硅(下极板)与衬底之间的寄生电容，该寄生电容与下极板的面积和场氧化层的厚度有关，电容 C_3 代表第二层多晶硅(上极板)与其他材料之间的寄生电容，通常 C_3 小于 C_1。

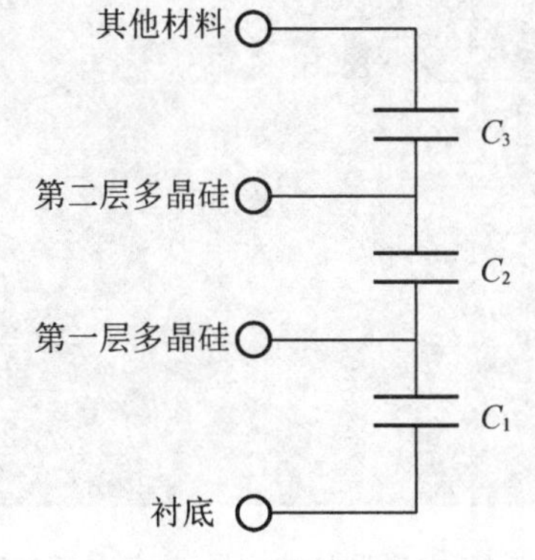

图 5.12　多晶硅-多晶硅电容的寄生效应

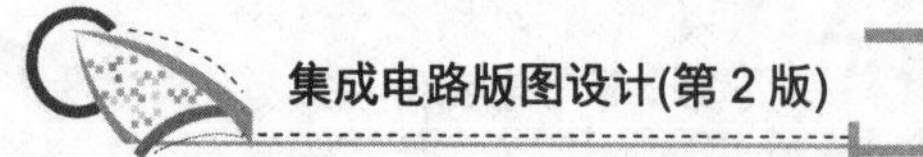

为了减小电容的寄生效应，除了与电容相连的导线外，尽量不要让其他导线从电容上跨过，因为导线会额外增加寄生电容，存在引发噪声耦合的可能。

5.1.4 电容匹配规则

同集成电阻一样，大部分集成电容也有±20%～±30%的误差，如果匹配得当的话，同样可以得到高性能、高精度的集成电容。下面给出集成电容的匹配规则。

1. 匹配电容的图形要尽量相同

边缘效应的存在使得不同图形的电容无法实现精确匹配。如果电容的图形不同，那么每一个电容都应该由一定数目的子电容或单位电容构成，通过相同的子电容或单位电容的图形来实现不同尺寸电容的匹配。

2. 精确匹配电容的尺寸应该采用正方形

因为在扩散和离子注入、光刻和刻蚀等工艺过程中图形会发生收缩或扩张，所以硅片上生产出来的器件图形尺寸不会与版图数据的尺寸完全匹配。版图图形的尺寸与实际测量尺寸之间的差异构成了工艺偏差，工艺偏差对电容会引入系统失配。对于电容，由于边缘效应的存在，外围变化可导致较大的失配。周长面积比越小，电容的匹配精度越高。在所有矩形中，正方形的周长面积比最小，因而其匹配性最好。当匹配电容的周长面积比相等时，它们对工艺偏差不敏感。对于两个等值电容的情况，可以通过用相同形状的电容来实现。通常把相同的匹配电容绘制成正方形。如果电容值不是简单的比例，就应该采用匹配子电容或单位电容阵列。

图 5.5 给出了某集成电路制造工艺下的多晶硅-多晶硅电容的实际版图。从该图中可以看出，版图中电容的图形不是正方形，其匹配性并不好，因此需要重新作图。通过将新电容的图形设置成正方形，并使新旧图形的面积相等，从而完成新电容版图图形的绘制，如图 5.13 所示。

图 5.13 正方形形状的多晶硅-多晶硅电容版图

在图 5.13 中，为了保证下极板串联电阻的影响降到最小，利用版图正中心的“十”字形和四周的“口”字形的金属 1 对下极板进行连接，在“口”字形图形的两侧分别设置了 4 个开口，保证连接上极板的金属 1 能够通过，进而与金属 2 相连接。无论是第一层多晶硅还是第二层多晶硅，版图图形都是正方形，只不过第二层多晶硅(上极板)图形由 4 个相同大小的子图形构成。

小思考：在图 5.13 中，如何计算电容上下极板的交叠面积？

3. 匹配电容的大小要适当

电容的随机失配与电容面积的平方根成反比，但并不是面积远大匹配就越好。总是存在一个最佳电容尺寸，超过这个尺寸，梯度效应就会非常明显，从而影响匹配。据报道，某些 CMOS 集成电路工艺中，正方形电容的尺寸应该介于 20μm×20μm 和 50μm×50μm 之间。超过该尺寸的电容应该被划分成多个单位电容，利用适当的交叉耦合减小梯度影响，改善电容整体的匹配性。

4. 匹配电容要邻近摆放

与电阻一样，邻近摆放可降低集成电路制造工艺的失配。如果涉及多个电容，则应该把它们排布在尽可能小的矩形阵列里，同时保证相邻的行具有相同的间距，相邻的列也具有相同的间距。

5. 利用阵列结构拆分大电容来实现对称性，阵列结构应该共质心，并在阵列电容的周围设置虚拟电容

与虚拟电阻一样，虚拟电容(C Dummy)也可以消除刻蚀速率的变化，而且虚拟电容还能屏蔽横向静电场的影响。每个虚拟电容的两个电极都应该连接在一起，防止静电荷积累到极板上。虚拟电容和邻近电容的间距应等于阵列电容之间的距离。假设有两个匹配电容，电容值(或面积)为 $C_2=8C_1$，设 C_1 为单位电容。通过将电容 C_2 进行拆分，并在其周围设置虚拟电容来实现精确匹配。如图 5.14 所示，图形正中心为电容 C_1，在 C_1 的四周为电容 C_2(在图中用虚线连接表示)，其面积为 C_1 的 8 倍，在 C_2 的四周为虚拟电容，虚拟电容的面积为 C_1 的 16 倍。虚拟电容的存在保证了电容 C_1 和 C_2 周围环境的一致，但增大了版图的面积。

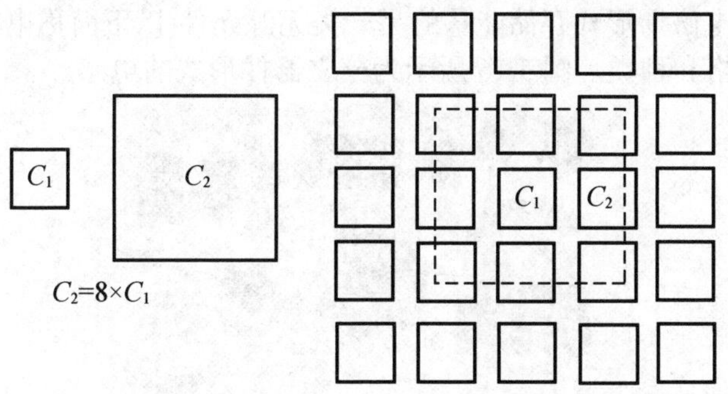

图 5.14　设置虚拟电容实现电容匹配

知识要点提醒

在集成电路版图设计中，经常拆分大尺寸器件来提高对称性，并利用虚拟器件来保证周围环境的一致性，从而提高匹配度。

6. 精确匹配的电容应进行静电屏蔽，如果没有静电屏蔽，则不应该在电容上方布线

静电屏蔽就是在电容的两个极板的外侧利用金属或其他材料进行覆盖，并对覆盖材料进行适当连接，从而实现电容极板免受静电干扰的方法。静电屏蔽能使极板免受邻近导线的影响，还能屏蔽电容耦合。由于集成电路工艺的特殊性，通常只能对电容的上极板进行静电屏蔽。图 5.15 为对多晶硅-多晶硅电容的静电屏蔽示意图。

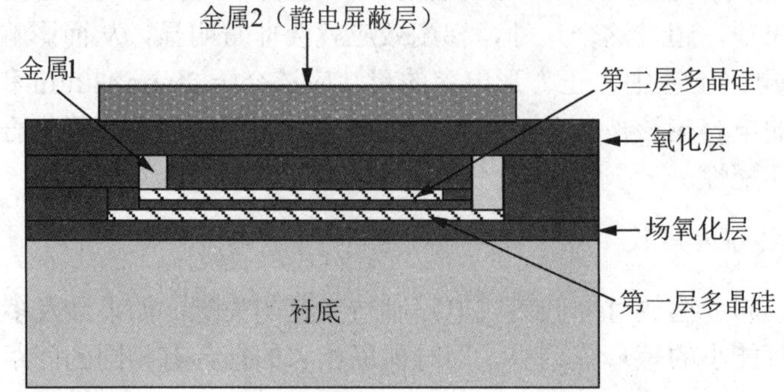

图 5.15　多晶硅-多晶硅电容的静电屏蔽示意图

在图 5.15 中，第二层金属(金属 2)构成静电屏蔽层，完全覆盖了上极板，该静电屏蔽层和电容的下极板进行电连接，形成夹层电容结构；而且静电屏蔽层和下极板的面积都大于上极板，可以抑制边缘电场。

7. 匹配的电容应尽量放置在低应力区，并远离功率器件

把电容放置在低应力区可避免应力诱发极板变形，远离功率器件可避免热梯度产生失配。

5.2 电感

电感元件是以电磁场形式存储能量的另一类无源元件(以下简称电感)。与电容一样，电感也分为多种规格和种类，图 5.16 所示为分立器件形式的电感。

图 5.16　各种分立器件形式的电感

通常，电感的体积非常庞大，在实际的集成电路中最多只能集成几十纳亨(nH)的电感，如此小的电感在频率低于 100MHz 时没有什么实际用处，所以在模拟电路中很少使用集成电感。集成电感主要使用在射频集成电路中，例如，工作频率为 1GHz 或更高的集成电路。

5.2.1 概述

流过导体的电流会在导体的周围产生磁场。随着导体内电流的变化，磁场的能量发生变化。这些能量沿着导体产生电压降。导体的电流和电压之间的关系可以表示为

$$V = L\frac{\mathrm{d}i}{\mathrm{d}t} \tag{5-3}$$

式中：V 为导体两端的电压降；$\frac{\mathrm{d}i}{\mathrm{d}t}$ 为电流的变化率；L 为导体的电感，单位为亨利(H)。

电感是比较有用的电路元件。为了要得到所需的电感值，导线的长度可能会相当长，可以通过改变电感的形状结构来达到目的。最简单的电感由圆环形导线构成，如图 5.17 所示。

圆环形结构不能产生大电感，对于分立电感可以通过将多个圆环结构逐层堆叠起来形成螺旋结构(即线圈)来得到大电感。对于线圈结构的电感，由于在每匝线圈之间存在磁耦合，整个线圈的电感正比于线圈的匝数的 2 次方，这种 2 次方关系使得利用线圈可以很容易地得到大电感。线圈结构电感如图 5.18 所示。

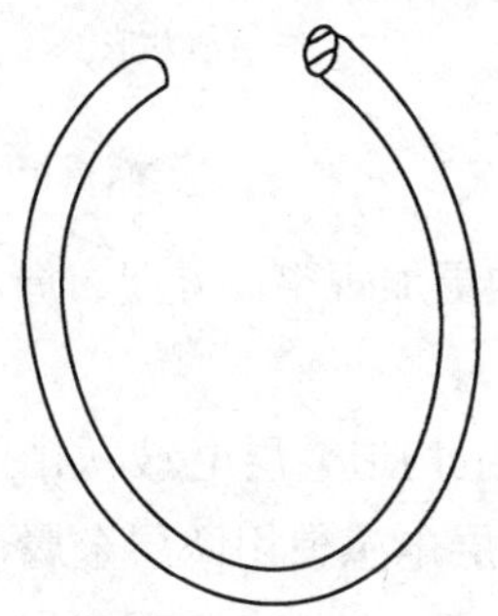

图 5.17 圆环形结构电感

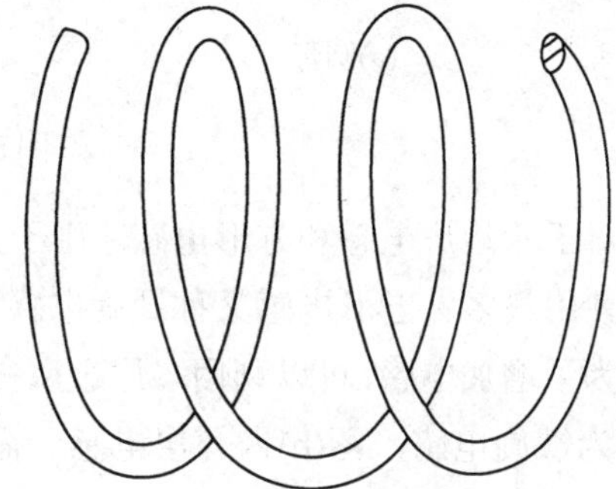

图 5.18 线圈结构电感

5.2.2 电感的分类

线圈结构的电感很难集成，对于采用平面加工工艺的集成电路芯片，可以使用平面结构的电感(简称平面电感)，如图 5.19 所示。

尽管可以使平面结构电感的圈数等于线圈结构电感的匝数，但由于平面电感的各圈的直径不同，内圈直径小，因此电感小，而且外圈产生的磁场不全部通过内圈，所以和线圈结构电感相比较，平面结构的电感较小。

平面电感包括圆形、八边形和方形，如图 5.20 所示。对于 CAD 作图，圆形结构很难实现，而且产生版图的数据量很大，因此人们更喜欢八边形和方形结构的电感。

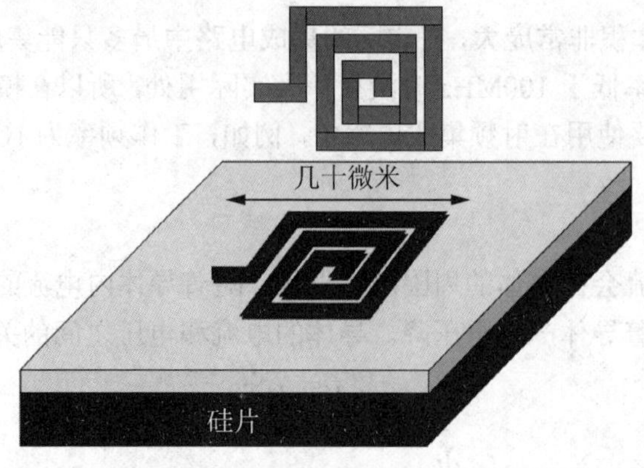

图 5.19　平面结构电感

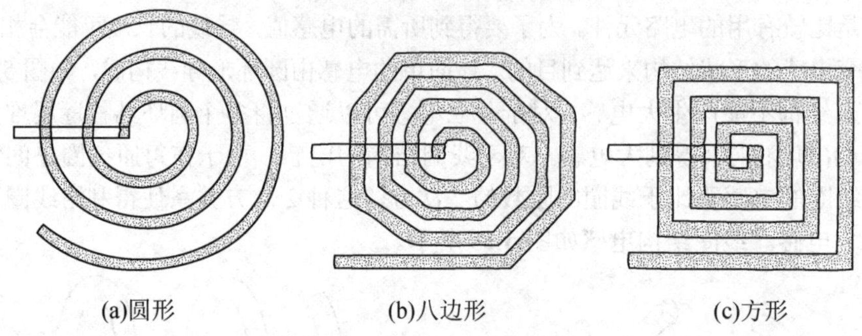

图 5.20　平面电感

对于八边形电感和方形电感，由于方形电感图形结构更加规整，方便布局，因此方形电感使用最多。方形电感又称螺旋电感。

为了增加电感，可以利用多层金属在螺旋电感的基础上构造叠层电感，如图 5.21 所示，图(a)为螺旋电感，图(b)为叠层电感。需要注意的是，叠层电感使用两层金属，其中金属 M_1 和金属 M_2 的绕行方向必须一致，且二者绕线穿插不重叠，以避免两层金属之间产生寄生电容。电感的两个抽头分别在金属 M_1 和金属 M_2 的末端。

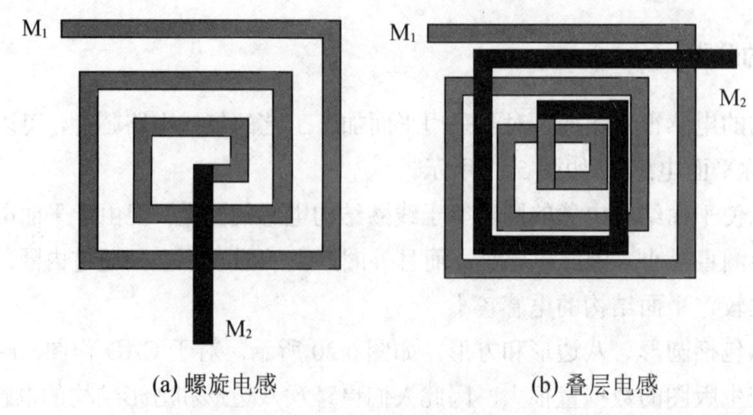

图 5.21　叠层电感

5.2.3　电感的寄生效应

集成电感会受到很多寄生效应的影响，其中涡流损耗是最重要的。根据式(5-3)可知，交变电流的变化会产生磁场。由于互感作用，磁场的变化又会在附近的导体中产生循环电流。这些涡流会消耗磁场的能量，这就是涡流损耗。涡流损耗对于低功耗集成电路的影响越来越重要。

由于涡流损耗对整个电路的影响可以等效于插入串联电阻引起的损耗，因此可通过把电感制作在轻掺杂衬底上来避免涡流损耗。因为磁场可以深入到硅中几微米，所以若使用外延层制备硅片，则外延层和下面的衬底都必须是轻掺杂的。

通常使用品质因数(Quality Factor，Q)来衡量电感的寄生效应。品质因数 Q 可定义为系统的最大储能值与系统在一个周期内的能量损耗的比值。如果衬底的电阻率非常高，则可忽略寄生电容和涡流损耗，那么平面电感的品质因数 Q 为

$$Q = 2\pi f \frac{L}{R_s} \tag{5-4}$$

式中：f 为电路的工作频率；L 为电感值；R_s 为电感的有效串联电阻。

品质因数 Q 值越大，电感的寄生效应就越小。理想电感的 Q 值为无穷大。Q 值与频率有关，Q 值随着频率的增加而增加，Q 值达到一个峰值后由于寄生电容等的影响，Q 值开始下降。集成电感的 Q 值通常在 1～40 范围内。Q 值为 40 的电感性能较好，而 Q 值低于 5 的电感性能较差。

为了减小寄生效应，提高 Q 值，可以使用最厚的、电阻率最低的金属来制作电感，因为此时串联电阻较小；同样，为了降低串联电阻也可以采用较宽的金属来制备电感，但较宽的金属会增加寄生电容，寄生电容的增加会降低 Q 值。

5.2.4　电感设计准则

大多数集成电路设计者很少使用集成电感，但对于专门从事射频电路设计的人员就可能用到集成电感，如手机芯片设计。

下面给出集成电感版图设计的一般准则，这些准则应该结合具体芯片制造厂商的工艺规则来使用，以取得很好的效果。

(1) 集成电感应制作在高电阻率的衬底上。为了减小涡流损耗，应该把电感制作在高电阻率(轻掺杂)的衬底上。

(2) 尽量用高层金属制作电感。由于第一层金属距离衬底太近，为了减小寄生电容效应，应该利用最高层金属来制备电感，或将两层或三层金属结合在一起使用。

(3) 所有未连接的金属线都要远离电感。

为了避免电感与其他金属导线的互感，所有未连接的金属线都要远离电感，有经验表明，金属线与电感之间的最小距离应为特征工艺尺寸(即最小线宽)的 5 倍。不单单金属线，其他元件(如 PN 结)也应尽量远离电感。这样由于电感本身占用的面积就大，其他元件还要尽量远离电感，所以造成芯片面积的浪费。

(4) 尽可能地降低电感不同圈的导线之间的距离。不同圈的导线之间的距离越小，它们之间的磁耦合就越强，从而得到更大的电感值。不同圈的导线之间的距离受限于光刻和刻蚀工艺水平。

(5) 尽量不要在电感的上面或下面放置金属板。同样，在电感的上面或下面放置金属板也会产生涡流损耗。金属板的面积越大，涡流损耗就越大。若存在金属板，则应尽量远离电感。

(6) 电感导线应该短而直。构成电感的金属导线也存在寄生电阻和寄生电容效应，因此导线的长度和面积应尽量小。

(7) 尽量使用集成电路芯片厂商提供的电感库。

知识要点提醒

集成电路芯片厂商提供的电感库是经过仔细研究、认真推敲的，而且是经过实践检验的，因此在集成电路版图设计中使用已有的电感库是最简单、最安全的方法。

与电阻相比较，电容难以集成，而电感更难以集成。即便如此，由于集成电路设计的需要，电容和电感与电阻一样都是不可或缺的。当然，如果可能的话还是应尽量使用电阻和电容。

本章小结

本章主要介绍集成电路中的电容和电感，主要内容如下：

1. 电容和电感的分类
2. 电阻和电感的版图
3. 寄生效应
4. 匹配规则和设计准则

【知识链接】

电容的单位是法拉(F)。法拉第是英国 19 世纪著名的物理学家和化学家，他发现了电磁感应现象，在物理学科的各个领域都有建树。电容的单位(法拉，F)就是为了纪念他而以其名字命名的。

电感的单位是亨利(H)。亨利是美国 19 世纪著名的物理学家，他发现了电感并制造了电动机，在电磁学领域进行过很多研究。电感的单位(亨利，H)就是以其名字命名的。

【习题】

1. 集成电路中的电容主要包括(　　)、(　　)、(　　)和(　　)。
2. 比较集成电路中的 4 种主要电容。

3. 简述集成电路中电容的寄生效应与屏蔽方法。

4. 简述集成电路中电容的匹配规则。

5. 集成电路中的电感主要包括(　　)、(　　)、(　　)和(　　)。

6. 简述集成电路中电感的设计准则。

【第5章习题解答】

第 6 章

二极管与外围器件

【本章知识架构】

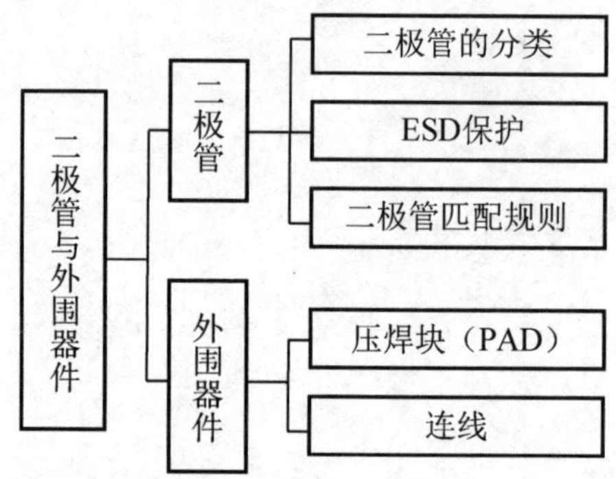

【本章教学目标与要求】

- 理解二极管在集成电路中的作用
- 掌握二极管的分类与版图
- 熟悉 ESD 保护
- 熟悉二极管的匹配规则
- 熟悉压焊块的版图设计
- 了解电源和地线的设计

【引言】

简单来说，二极管的作用就是开关，电流的开关。把电流比作水流的话，阳极是上流，阴极则是下流，水可以从上流流至下流[图(a)]，但从下流不能流至上流[图(b)]，这就是二极管的单向导通。

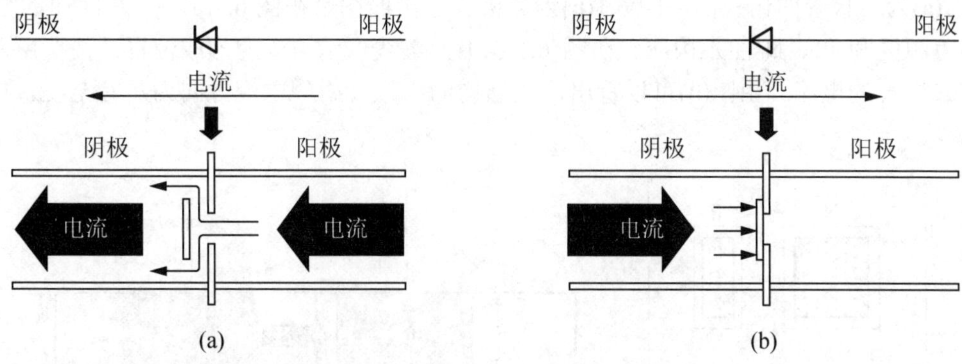

(a)　　　　(b)

本章主要介绍二极管与外围器件。二极管内容方面包括二极管的分类、ESD 保护和二极管的匹配规则；外围器件内容方面包括压焊块与电源和地线。通过本章的学习，使大家熟悉并掌握集成电路中二极管与压焊块的版图设计方法。

6.1　二极管

二极管在集成电路中有很多应用，尤其是在模拟电路中。在 CMOS 工艺中，二极管对提供参考电压、温度补偿和温度测量等都非常有用。另外还可以将二极管接入到运算放大器的反馈回路中，原来由电阻构成反馈回路的线性关系变成了对数关系，从而构成对数放大器。

PN 结是二极管的核心部分，在 PN 结的 P 区和 N 区分别加上电极就构成了二极管。芯片内部有很多 PN 结。例如：N 阱 CMOS 集成电路中的 N 阱和 P 型衬底构成芯片中最大的 PN 结，NMOS 管的源漏与衬底形成两个 PN 结，这些 PN 结的反偏是电路正常工作的基础。

二极管的主要作用是保证电流的单向导通，即电流只能从一个方向通过二极管(P 区流向 N 区)，因此可作器件之间的隔离。在 MOS 集成电路中，二极管除了作为一般电路使用外，还经常作为静电放电(Electrostatic Discharge，ESD)保护使用，ESD 保护可以防止电压击穿损坏芯片。为了尽可能多地泄放流入或流出二极管的能量(电流)，二极管的面积不能太小，因为流过二极管的电流和面积成正比。

6.1.1　二极管的分类

二极管既可以使用标准双极工艺制作，也可以使用标准 CMOS 工艺制作。本文主要介绍标准 CMOS 工艺下二极管的分类和版图。

在标准的 CMOS 集成电路工艺中，二极管主要分为两种：一是衬底上的二极管(简称衬底二极管)；二是阱中的二极管(简称阱二极管)。所谓衬底二极管就是在衬底上直接制作二极管，在 CMOS 工艺中，衬底二极管是免费制作的，不需要额外增加工艺步骤；而阱二极管就是把二极管制作在阱中。

图 6.1 所示为 P 型衬底上的二极管，该二极管是由 P 型衬底上的 N 区和 P 区构成的。图 6.1(a)为二极管的俯视图，图 6.1(b)为二极管的剖面图。在图 6.1(a)中，P 区和 N 区分别由有源区和 P^+、N^+注入构成。在图 6.1(b)中，虚线表示 PN 的形成位置，箭头所示为流过二极管的电流。由图(b)可以看出，该结构的二极管中的电流方向为从右至左，电流通路少。

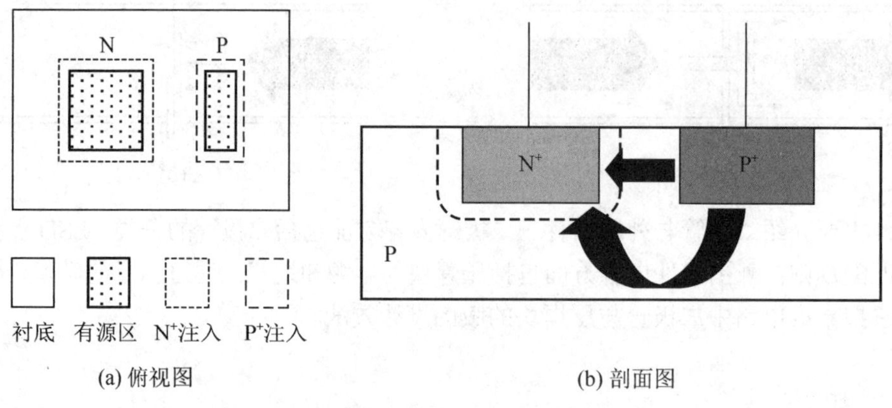

(a) 俯视图　　(b) 剖面图

图 6.1　衬底二极管示意图

为了增加电流通路，尽可能多地泄放流入或流出二极管的电流，可以把二极管设计成环状结构，如图 6.2 和图 6.3 所示。图 6.2 为环状结构衬底二极管示意图，图 6.3 为环状结构阱二极管示意图。

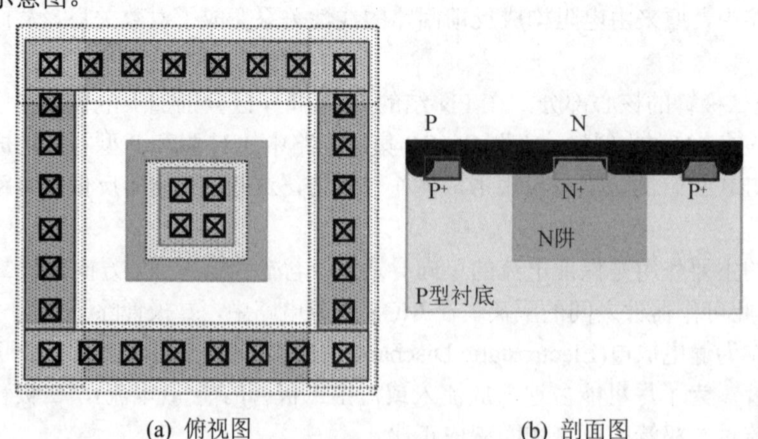

(a) 俯视图　　(b) 剖面图

图 6.2　环状结构衬底二极管示意图

在图 6.2 中，P^+环直接制作在衬底上，而 N^+接触制作在 N 阱中，P^+环围绕着 N^+接触。在图 6.3 中，整个二极管制作在 N 阱中，N^+环围绕着 P^+接触。

图 6.4 为环状结构阱二极管的电流示意图。与图 6.1 相比较，环状结构可确保各个方向都存在电流通路，从而增加电流的泄放量。

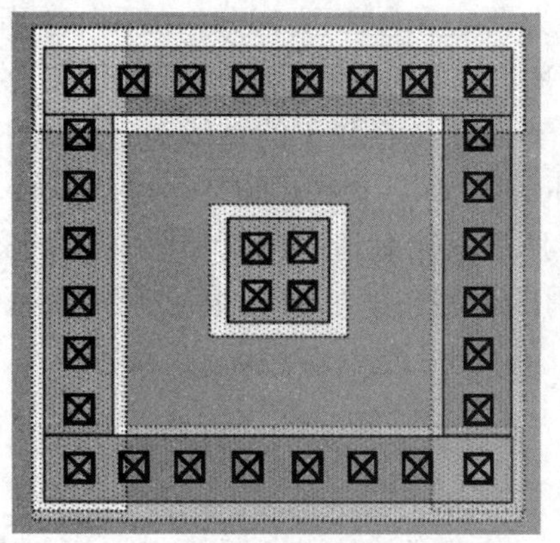

(a) 俯视图

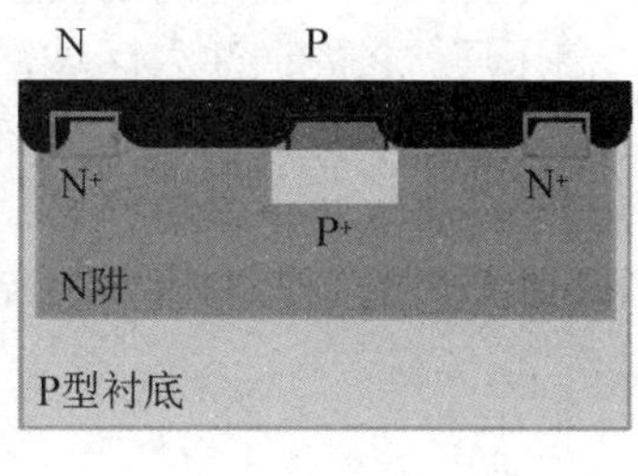

(b) 剖面图

图 6.3　环状结构阱二极管示意图

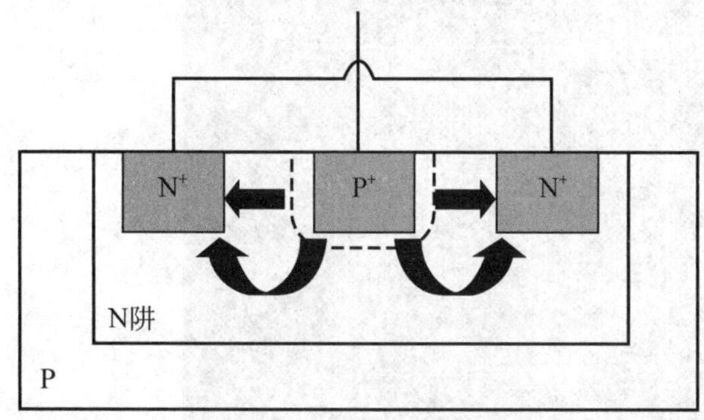

图 6.4　环状结构阱二极管的电流

衬底二极管与阱二极管制作的方法不同，二者的作用也不相同。以 CMOS P 型衬底 N 阱工艺为例，由于 P 型衬底必须接电路的最低电位才能保证整个芯片上电路的正常工作，因此，衬底二极管只能应用于 ESD 保护中输入到负电源的保护通路。而阱二极管制作在 N 阱里，对于 N 阱工艺，N 阱可以接最高电位，也可不接最高电位：如果接最高电位，将形成 ESD 保护中的输入到正电源的保护通路；如果不接最高电位，则可将其应用于一般电路中。

知识要点提醒

注意衬底二极管和阱二极管应用范围的区别。衬底二极管只能应用于 ESD 保护中输入到负电源的保护通路，而阱二极管既可以用于形成 ESD 保护中的输入到正电源的保护通路，也可以将其应用于一般电路中。

以上只是列出了各种二极管的结构示意图，真正二极管的版图与集成电路芯片制造厂商提供的工艺有关。对于不同的集成电路制造工艺，电路器件的版图构成也是不同的。以某芯片制造厂商提供的工艺为例，环状结构阱二极管的实际版图如图 6.5 所示。

为了方便识图，将该二极管的版图分为图(a)和图(b)两部分，如图 6.5 所示。在图(a)中，二极管标示层表示此区域内为二极管版图；图(b)为删除二极管标示层的结果，版图中包括 N 阱，高压层，P 失调注入区域，有源区与金属 1 的接触孔，金属 1 与金属 2 的接触孔。整个二极管制作在 N 阱中，N^+环形成 N 极，版图正中心为 P^+接触，形成 P 极。由于二极管经常作为静电放电保护使用，所以有的制造工艺增加了一个高压层，表示该区域应能够承受较高的电压。在 N 阱的周围还制作了 P^+环，该 P^+环可保证 N 阱周围的电位一致。

知识要点提醒

在集成电路版图设计中，电阻、电容、二极管和双极型晶体管的版图都有各自的标示层，这些标示层的作用是表示在该标示层的区域内所制作的器件类型。

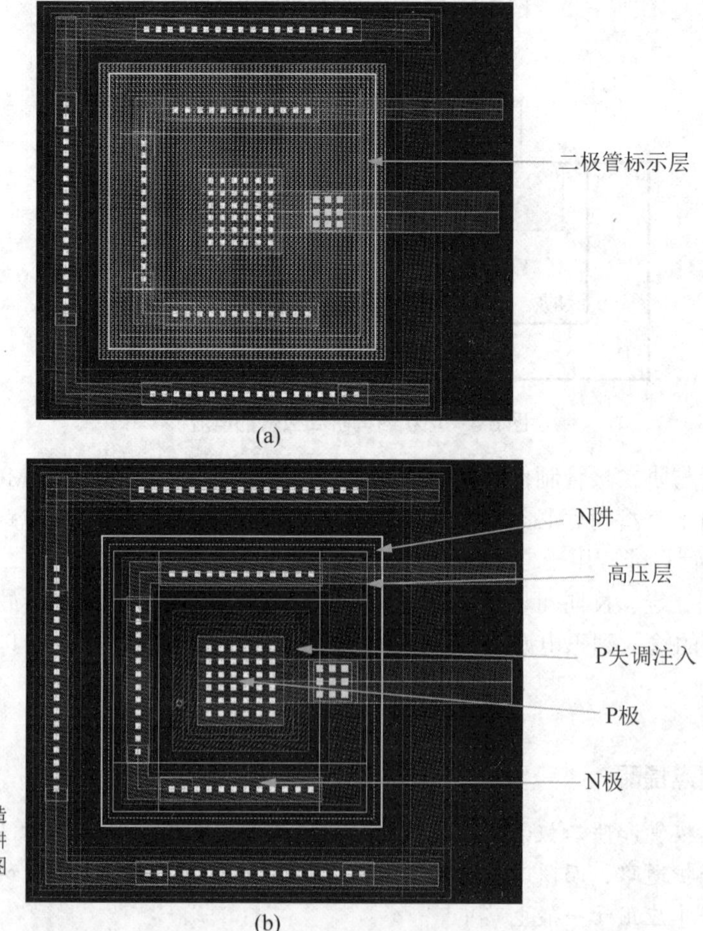

【某集成电路制造工艺下环状结构阱二极管的实际版图彩图】

图 6.5　某集成电路制造工艺下环状结构阱二极管的实际版图

6.1.2　ESD 保护

当一个高电势的带电体接触到电路的外引脚时，静电放电现象就会发生。例如，在冬季，人们大多穿着化纤类衣物，在人的身体上积累了大量静电荷，当人手接触金属导体时可能就会发生静电放电。

很多人喜欢用手去拿集成电路芯片并在无意中触碰引脚，这种做法不仅不正规，而且也可能导致静电放电现象的发生，造成芯片损坏，如图 6.6 所示。

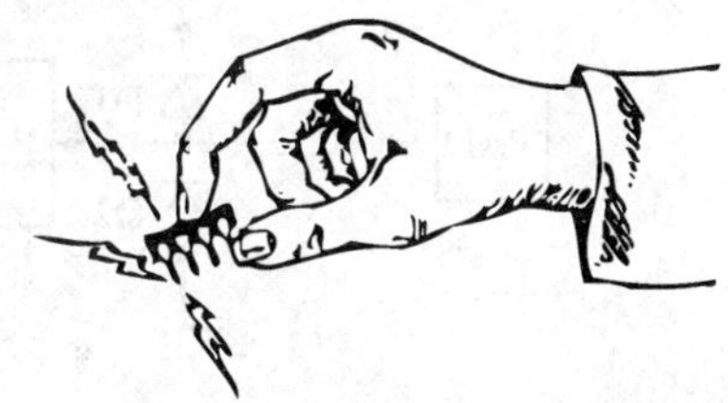

图 6.6　芯片引脚的静电放电

由于 MOS 器件的栅极下面存在二氧化硅层，所以具有极高的绝缘电阻。当在栅极发生静电放电而栅极又处于浮置状态时，静电感应的电荷无法很快地泄放掉，而该氧化层又非常薄，静电感应电荷使得栅极与衬底之间会产生非常高的电场，一旦该电场强度超过栅极氧化层的击穿电压，则会发生栅极击穿导致 MOS 器件损坏。栅极氧化层被击穿后，栅极与沟道之间的电阻变得很低，而且栅极失去了对沟道电流的控制，MOS 管失效。MOS 器件遭受静电放电后产生的破坏除了栅极击穿外，还包括 PN 结击穿。MOS 管的源和漏与衬底之间依靠 PN 结来隔离，如果静电放电发生在源或漏的 PN 结处，无论 PN 结是正偏还是反偏，一旦 PN 结流过很大的电流，PN 结就可能烧毁，造成源或漏与衬底的短路，MOS 管失效。

在人体上会积累大量的静电荷，当发生静电放电现象时，人体可以等效于一个几百皮法的电容和一个几千欧姆电阻的串联。根据环境湿度的不同，人体的等效电压可以从几百伏到几千伏。这时，如果人手触碰到芯片的引脚，芯片就可能损坏，而且，如果人体的等效电压非常高，即使人手没有触碰到芯片引脚，在人手和芯片引脚之间也可能会产生电弧，导致静电放电现象发生。正规的拿取芯片的方法是使用镊子，而不是用手，拿取芯片之前应该用手触碰金属导体，并尽量带静电防护护腕。

如果我们能够为静电感应产生的电荷提供泄放通路，就可以解决静电放电对器件的损害问题。在 CMOS 集成电路中经常采用利用二极管和电阻构成的静电放电保护电路，如图 6.7 所示，其中，PAD 为压焊点，R 为限流电阻，D1 和 D2 为二极管，V_{dd} 与 V_{ss} 分别为正负电源电压。

该静电放电保护电路的工作原理是利用二极管的正向导通、反向截止将输入电压的幅度控制在一定的范围内，从而避免高电压对内部电路的损害。具体如下：当从 PAD 点输入的电压高于 V_{dd} 时，二极管 D1 导通，输入电压被箝位在 $V_{dd}+V_d$ 电位，V_d 为二极管的正向导通电压，约为 0.7V；当输入电压低于 V_{ss} 时，二极管 D2 导通，输入电压被箝位在 $V_{ss}-V_d$(V_{ss} 为负值)。因此，施加到内部电路的输入电压的范围为 $V_{dd}-V_{ss}+2V_d$，该范围仅比正负电源电压范围 $V_{dd}-V_{ss}$ 大 $2V_d$，对于内部电路来说，这是一个安全电压，不会产生任何损害。限流电阻 R 通常为多晶硅电阻，其阻值一般在几百欧姆到几千欧姆之间，其主要作用为防止从 PAD 点流入大电流烧毁二极管 D1 和 D2。两个二极管 D1 和 D2 最好采用环状结构，保证提供较大的电流泄放量。当从 PAD 点的输入电压恢复到正常状态时($V_{ss}<V_{in}<V_{dd}$)，二极管恢复截止功能，使 PAD 点与 V_{dd} 和 V_{ss} 的连接断开。

另一种静电放电保护电路如图6.8所示。与图6.7相比较，在图6.8中使用了由栅极连接源极的NMOS管和PMOS管来代替二极管(软件制图符号为—|◁—)，这样连接的MOS管等效于二极管。图6.8与图6.7的工作原理基本相同，只是缺少了一个限流电阻。因为缺少了限流电阻，所以图6.8中的两个MOS管的面积不能太小，即两个MOS管的宽长比(W/L)必须很大，等效于二极管的面积大，保证大电流能够通过。

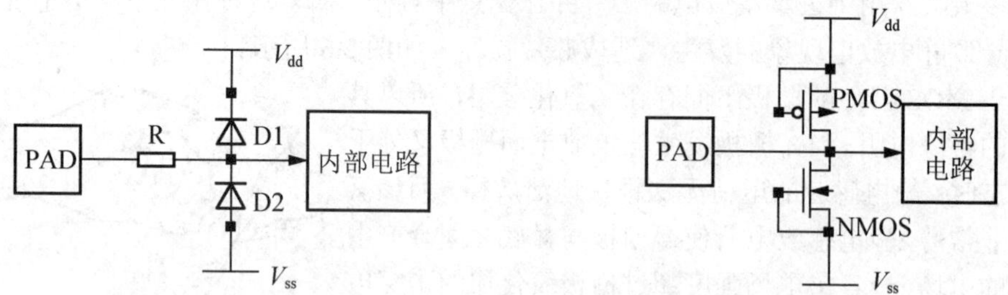

图6.7　利用二极管和电阻构成的静电放电保护电路　图6.8　利用MOS管构成的静电放电保护电路

利用MOS管构成的静电放电保护电路的版图示意图如图6.9所示。在图6.9中，PMOS管和NMOS管都使用了叉指结构，宽长比很大，而且源漏区的面积很大，保证大电流能够通过。

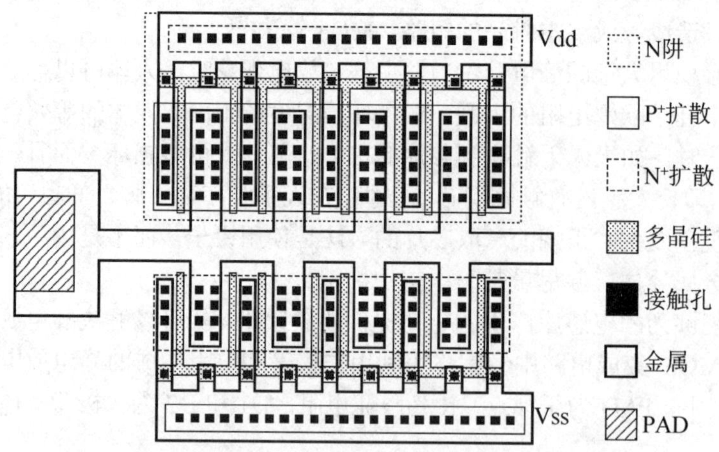

图6.9　利用MOS管构成的静电放电保护电路的版图示意图

某制造工艺下利用MOS管构成的静电放电保护电路的实际版图如图6.10所示，其中中间区域为PAD点，上下两部分分别为PMOS管和NMOS管。

为了对集成电路进行全面保护，可以对芯片上的每一个输入、输出端口都进行ESD保护，如图6.11所示。

在芯片的每个引脚上都放置二极管形式的ESD保护电路会有缺陷，ESD保护电路中的二极管的电容和衬底将把输入和输出连接起来，如果芯片有一个很敏感的输入引脚和噪声很大的输出引脚，那么在高频电路中，电容的阻抗会变得很低，输出将会对输入产生很大的影响。因此，在一些高频电路的版图中并不放置ESD二极管。

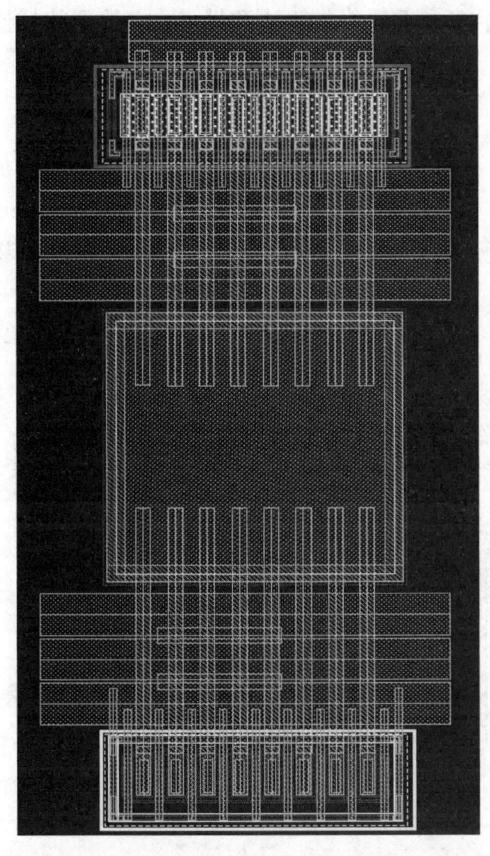

图 6.10　某制造工艺下利用 MOS 管构成的静电放电保护电路版图

【某制造工艺下利用 MOS 管构成的静电放电保护电路版图彩图】

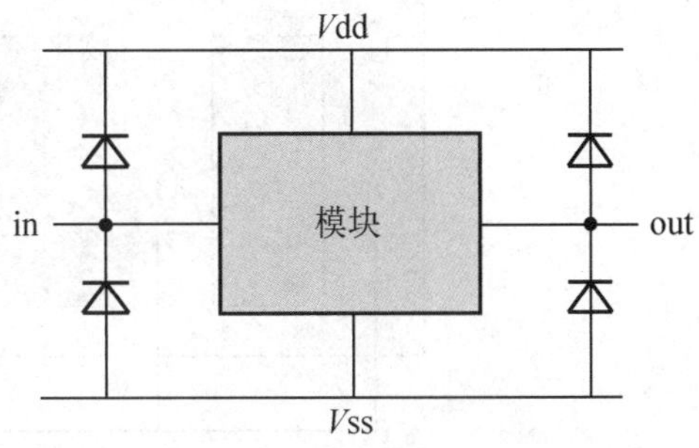

图 6.11　对芯片的每个输入、输出端口都进行静电放电保护

小思考：以上提供的 ESD 保护都属于一级保护，如果一级保护不能够完全泄放静电电流，则应该采用二级保护。思考二级静电放电保护的电路结构。

6.1.3　二极管匹配规则

二极管的匹配规则比电阻、电容和电感的匹配规则简单。

(1) 理想的二极管的版图应该是圆形的。

根据物理学中的电学理论可知，在器件结构中的尖峰处会产生较大的电场，电场中的高电压往往集中在器件结构的拐角处。为了防止高电压和电流对二极管的损害，理想的二极管的版图应该是圆形的，因为圆形没有尖角，如图 6.12 所示。

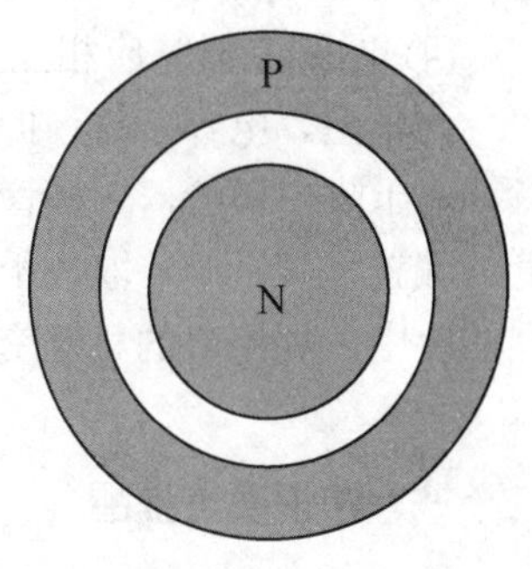

图 6.12　理想的二极管版图结构

圆形结构没有尖角，电流不能在一点聚集，电压尖峰被抑制。大部分 CAD 制图工具并不能画出真正的圆形。例如，

有的 CAD 软件中利用多边形(通常是八边形)来代替圆形。当然，边数越多，多边形就越接近圆形。

知识要点提醒

圆环边数是表示代替圆形的多边形的边数。在版图编辑器内选择命令 Options→Layout Editor，出现 Layout Editor Options 对话框后，可以设置圆环边数(Conic Sides)，注意圆环边数通常是 2 的整数倍。

(2) 利用梳状结构来保证二极管的面积同时降低二极管的电阻。

对于一些特殊结构的二极管，可以采用梳状结构，如图 6.13 所示。在图 6.13 中，二极管被分割成多个单独的小块，用导线进行并联，形成梳状结构。

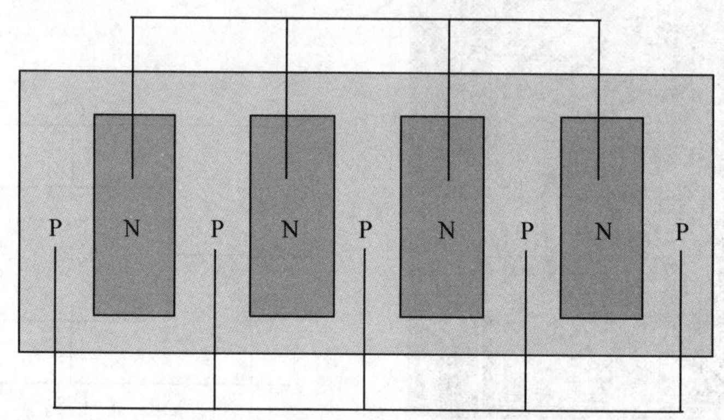

图 6.13　梳状结构的二极管版图

梳状结构二极管可以降低二极管的电阻，同时又保证了二极管的面积，与梳状结构的 MOS 管相类似，这是一种容易控制的、紧凑的版图设计。

(3) 合理设计 CMOS 二极管的面积。

因为流过二极管的电流和面积成正比，所以为了尽可能多地泄放流入或流出二极管的电流，应尽量增大二极管的面积。但是，为了尽量减小芯片的面积，二极管的面积又不能太大。合理设计二极管的面积对于集成电路的版图设计也是非常重要的。CMOS 工艺下二极管的典型工作电流密度为 5～50nA/μm^2，根据这一参数可合理地设计 CMOS 二极管的面积。

(4) 匹配二极管应相互交叉形成共质心结构。

与电阻、电容一样，拆分二极管形成共质心结构可提高两个二极管的匹配度。需要注意，对于阱二极管，二极管阵列不应该在同一个阱中相互交叉，因为流过阱的电流对二极管的偏置程度不同，取决于两个二极管的相对位置。每个二极管的阵列都应该放在各自独立的阱中，利用阱的相互交叉形成共质心结构。

知识要点提醒

对于匹配二极管，各自的阱是独立的，不能合并。

6.2　外围器件

最终的集成电路芯片必须要安装在管壳中进行引线键合和封装才能交付至客户使用，在芯片的周围分布着压焊块(PAD 点)和与 I/O 有关的输入、输出电路，这些称为外围器件，而芯片内部是完成电路功能的电路主体部分，称为内部电路。外围器件的尺寸很难缩小，人们总是想方设法减小内部电路的面积，从而降低芯片的成本。

6.2.1　压焊块(PAD)

集成电路与外界电路之间存在多种接口，例如，输入接口、输出接口、电源接口和地接口等。为了使芯片内部电路与外部接口相连接，需要在芯片的四周放置压焊块，版图设计时将压焊块与芯片中的相应节点连接，芯片制造完毕后再通过压焊线将压焊块与外部接口相连接，从而完成芯片与外界电路的连接。PAD 提供了芯片内部与外界的接口，如图 6.14 所示。

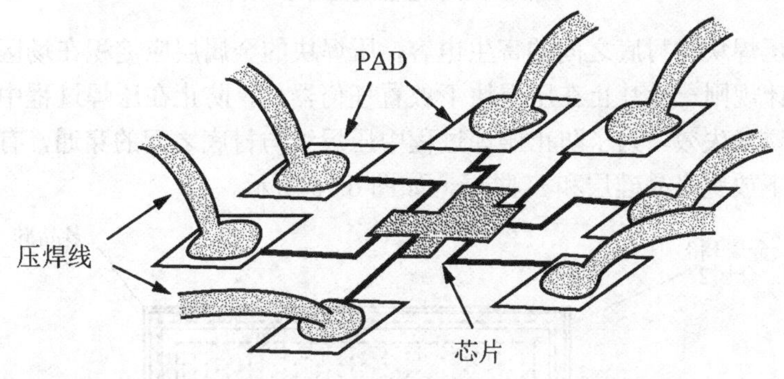

图 6.14　PAD 提供芯片内部与外界的接口

在图 6.14 中，压焊线通常为硅铝丝或金线，硅铝丝价格便宜使用较多，金线性能优良但价格较高。硅铝丝是硅元素和铝元素按约 1∶9 的比例混合制成。

压焊块的尺寸主要由可靠性和压焊线键合过程中的偏差余量所决定。从电路设计的可靠性角度来说，压焊块的尺寸越小越好，因为这样可以减少压焊块对衬底的寄生电容，而且可以减小芯片面积。从压焊线键合过程中的偏差余量来说，压焊块的尺寸通常不小于压焊线能够连接的最小尺寸。例如，当压焊线的直径为 25～50μm 时，压焊块的尺寸不能小于 70μm×70μm。压焊块的尺寸至少应为压焊线直径的 2～3 倍，一来可以保证压焊线末端的薄饼状结构与 PAD 点间的良好接触；二来可以避免压焊过程中不可避免的对准误差。为了减小压焊块的尺寸，应该尽量使用小直径的压焊线，但是直径小的压焊线能允许通过的最大工作电流小，需要在压焊块尺寸和允许通过的最大工作电流之间折中考虑。压焊块之间的距离不能小于压焊机能够工作的最小间距，否则将造成压焊线之间的短路，而且压焊线在压焊过程中产生的弯曲和拖尾也可能造成相邻压焊块的短路。

压焊块的结构与集成电路制造工艺有关。最简单的压焊块是由最上层金属形成的正方形构成，由于只用了一层金属，单纯依靠该层金属与半导体材料的附着力，这种结构在键合过程中很容易被扯动剥离而造成压焊块的失效。因此，比较典型的压焊块结构通常是由最上面的两层金属构成，在两层金属之间有很多通孔相连接，如图 6.15 所示。这种结构的压焊块结构比较坚固，抗扯动能力强，缺点是对衬底的电容比由最上层金属构成的压焊块对衬底的电容要大。

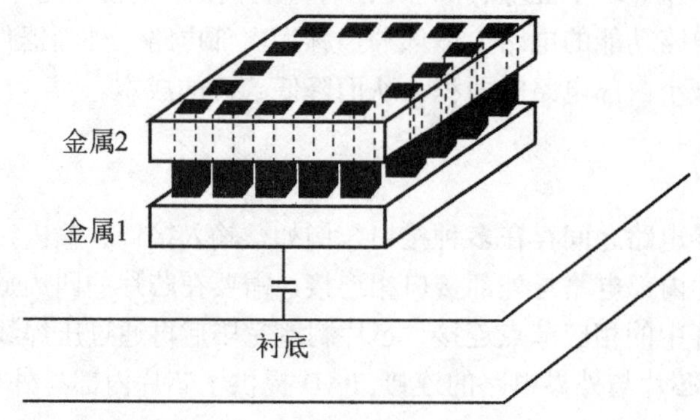

图 6.15　双层金属压焊块结构

为了减小压焊块与衬底之间的寄生电容，压焊块的金属层应淀积在场区的厚二氧化硅层上。版图设计规则一般禁止在压焊块下放置任何器件，防止在压焊过程中产生的高压引起器件的应力诱发失效。为了防止压焊过程中压焊线与衬底之间的穿通，有时还需要在压焊块的金属层下放置多晶硅层和 N 阱层，如图 6.16 所示。

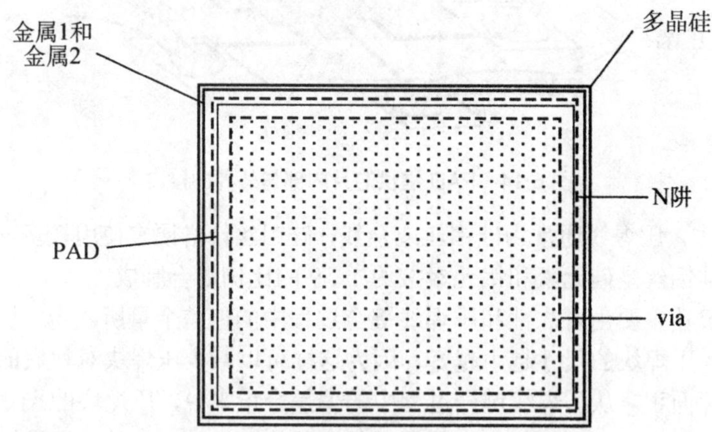

图 6.16　双层金属压焊块版图示意图

在图 6.16 中共有 6 个层：最外层为多晶硅层，其次为金属 1 层和金属 2 层，然后是 N 阱层，最后是 PAD 层和 via 层。其中，多晶硅层是为了防止压焊过程中的穿通。金属 1 层和金属 2 层构成如图 6.15 所示的结构，PAD 层表示该区域是压焊块，via 表示连接金属 1 和金属 2 的过孔。多晶硅层的面积最大，保证对整个压焊块提供抗穿通保护。金属的面积大于 PAD 的面积，一来可以利用金属密封芯片，防止可动离子等进入；二来在光刻和刻蚀工艺中，即使存在对版误差和过腐蚀，也可保证在整个压焊块范围内都有金属存在。

在图 6.16 中包括 N 阱层或阱层，放置在压焊块下方的阱主要起到隔离的作用，主要是用来防止在晶圆级测试时探针划透压焊块和场氧化层与衬底短路(即穿通)造成的器件损坏。如果在压焊块的下方存在阱，即使发生穿通，压焊块是与阱相连接，而不是与整个衬底相连接，可以防止测试过程中造成的器件失效。在压焊块下方放置阱也会有些问题，如果阱不连接到某个电位，一旦发生穿通，阱就会向衬底注入电子，这意味着阱需要一个电子收集环，从而浪费大量面积，所以在某些集成电路制造工艺中在压焊块的下方不放置阱，如果特别需要放置阱的话，也必须把阱与压焊块相连接。

芯片制造完毕后，需要在芯片表面上淀积磷硅玻璃或硼硅玻璃对芯片表面进行钝化保护。这种钝化材料是不导电的，为了完成芯片与外界电路的连接，必须在压焊块上开窗口，利用光刻和刻蚀工艺把窗口内的钝化材料去掉，露出压焊块最上层的金属，才能完成键合连接。PAD 层就是起到在压焊块区域开窗口的作用，有时又称 PAD-Open，PAD 层的尺寸应小于金属 1 和金属 2 的尺寸，保证压焊线和金属的良好接触。

在图 6.16 中，金属 1 和金属 2 之间的过孔占据了压焊块的大部分面积，最重要的是在图中只有一个过孔。由于在过孔中需要填塞钨金属，而钨金属是比较软的，不适合承受压焊过程中的压力，因此图 6.16 所示的压焊块结构并不合适。对图 6.16 的压焊块结构进行修改，利用多个小的过孔完成金属 1 和金属 2 的连接，如图 6.17 所示。图 6.17 所示的压焊块版图与图 6.16 相似，只是没有 N 阱层。金属 1 和金属 2 之间利用多个过孔完成连接，这种网状结构不但能够提高压焊块的抗压能力，而且还能防止大面积金属由于内应力的作用而发生的翘曲。最上层金属(金属 2)是一大面积金属，保证压焊块和压焊线的良好接触。PAD 点外围金属环的作用是防止在划片过程中划片锯齿对 PAD 点的破坏。

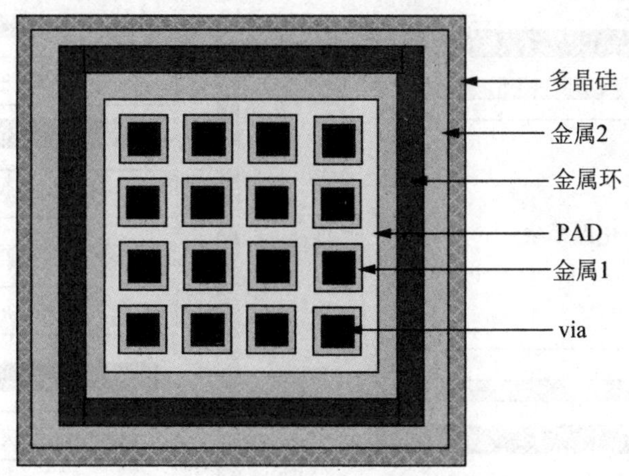

图 6.17 典型的压焊块版图示意图

以上给出的只是压焊块版图的示意图，某集成电路制造工艺下压焊块的实际版图如图 6.18 所示，该压焊块的尺寸为 167μm×167μm。

小思考： *在双层金属压焊块版图中，为了提高压焊块的抗压能力，通常要求上层金属是一块大面积金属，而下层金属为很多个小面积金属。思考在这样的设计中，如何实现提高抗压能力？*

图 6.18　某制造工艺下压焊块的实际版图

6.2.2　连线

为了使集成电路芯片能够正常工作，任何一个芯片内部都必须有电源线和地线，而且芯片内部不同器件或不同模块之间也需要电连接。随着芯片尺寸越来越小，芯片集成度越来越高，连线已经成为集成电路版图设计中的一个重要问题。

1. 电源线和地线的布线方式

在集成电路芯片中，电源线和地线对整个芯片进行供电，二者的布线方式主要有环绕式和叉指式两种，如图 6.19 所示。

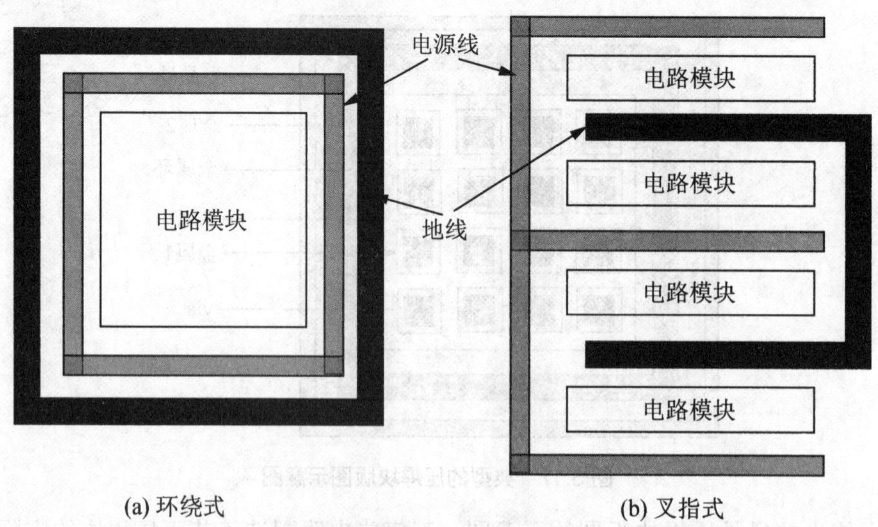

图 6.19　电源线和地线的布线方式

在图 6.19(a)中，电源线和地线环绕芯片电路模块，在需要电源和地的区域利用金属跳线与电路模块进行连接，电源线和地线的形状不一定是封闭的。这种布线方式占用面积小，但由于电源线和地线达到电路模块内部的距离比到达电路模块边缘要远，容易产生电压

降，不适合对电压精度要求高的某些电路。在图 6.19(b)中，电源线和地线以叉指的形式分布于每个电路模块两侧，这种布线方式可保证每个电路模块上的电源和地分布均匀，其缺点是占用面积较大。

2. 金属线的宽度和长度

进行模拟集成电路设计时，需要计算电路消耗的功率和电流。其中，电流的大小直接影响电源和地金属导线的尺寸，因此需要根据电流来计算金属导线的尺寸(主要指宽度)。

金属线能安全承受的工作电流称为电流常数，通常用每微米多少毫安来表示。在典型的 CMOS 集成电路工艺中，电流常数大约为 0.5mA/μm。用电流常数和电路中可能通过的最大电流可确定承受电流的金属线宽度：

$$W = \frac{I_{\max}}{I_{\mathrm{b}}} \tag{6-1}$$

在式(6-1)中，W 为金属线的宽度，μm；$I_{\max}$ 为电路中可能通过的最大电流，mA；I_{b} 为电流常数，I_{b}=0.5mA/μm。

金属线宽度分布规则：内部单元可以采用较小宽度的金属线，较大单元的金属线要相应加宽，电源和地线应该采用最大宽度的金属导线。在集成电路芯片中，电源线和地线是最宽的，利用这一点，很容易在版图中分辨出电源线和地线。

金属连线不宜过长，也不能太宽。太长或是太宽的金属由于应力(金属自身的应力、金属与介质层之间的应力)的存在，在工艺制备流程中可能会发生形变，容易起翘，金属线的最大长度和宽度应详细参考具体集成电路的工艺手册。

3. 金属线布线规则

电路由元件和元件间的连线构成，理想的连线在实现连接功能的同时，不带来额外的寄生效应。在版图设计中，可用来作连线的层有金属、多晶硅和扩散区。

对于电路中较长的走线，要考虑到寄生电阻效应。金属和多晶硅分别有各自不同的方块电阻值，实际矩形结构的电阻值只与矩形的长宽比有关。金属或多晶硅连线越长，寄生电阻值就越大。为防止寄生大电阻对电路性能的影响，电路中尽量不走长线。布线时应尽量选用金属作为连线；个别无法布通的地方可选用多晶硅连接，但要尽量短。如果是分配电压，可选用多晶硅作为连线；如果要分配电流，则要尽量选用金属作为连线，避免多晶硅的电学修正效应。

不同层的金属布线尽量采用相互垂直的布线方式，如图 6.20 所示。这样的布线方式不但可避免交叉短路，布线容易，而且版图整齐，减少不同层金属连线之间的串扰。这种布线方式主要应用于数字集成电路中。

扩散区(或有源区)也可作为连线使用。在金属和多晶硅都无法布通的情况下，也可使用扩散区作为连线。例如，A 点和 B 点需要电学连接，但这两点间的布线资源已经没有了(假设工艺只支持单层金属布线)，如果从外围绕线去连接的话又比较复杂，这时就可以利用扩散区来连接 A 点和 B 点，如图 6.21 所示。在这种布线方式中，电流在金属线和多晶硅下方进行传输，因此又称隧道布线。在集成电路版图设计中，应谨慎并尽量少使用隧道布线。

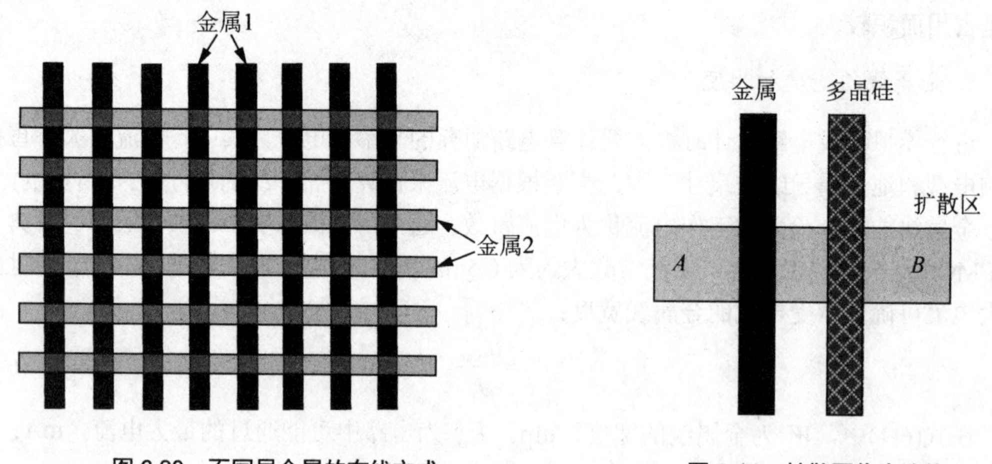

图 6.20　不同层金属的布线方式

图 6.21　扩散区作为连线

4. 静电屏蔽

在集成电路中，所有的电器件都会产生噪声。大部分的器件噪声级别都很低，只会影响到对噪声非常敏感的电路或连线。集成电路中的大部分噪声是由电路节点间信号的电容耦合引起的，这种由于电容耦合引起的噪声干扰又称信号串扰(Signal crosstalk)。如图 6.22 所示，在两条金属线间存在耦合电容，当上面那条金属线上存在信号跳变时，由于电容耦合的作用，在下面金属线上的电压也会产生波动。

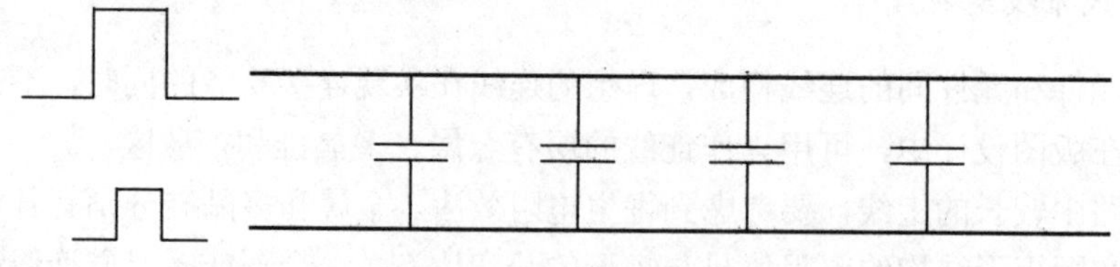

图 6.22　连线间的信号串扰

连线交叉或平行布置都会产生耦合电容，尽管这些电容很小，但当电路的工作频率增大时，通过电容耦合的能量也会变大。对于模拟信号，工作频率相对较低，信号串扰较小；而对于数字信号，由于高速时钟的存在，信号串扰较大。

知识要点提醒

对于多层金属布线系统，越往上相邻两层金属之间的距离就越大。为了减小耦合电容，敏感信号线应尽量利用最上层金属来布线。

模拟信号对噪声的敏感程度远高于数字信号，但不是所有的模拟信号都同样敏感。比较敏感的信号节点包括：高增益放大器的输入端、精确比较器的输入端、模数转换的输入端等高阻小信号节点。

版图设计者应了解哪些信号包含噪声，哪些信号比较敏感。在版图设计中应尽量使噪声信号远离敏感信号，尽量减小敏感信号线的长度，因为敏感信号线越短，产生信号串扰的可能性就越小。

对于集成电路中的敏感信号线，可以利用静电屏蔽技术来避免信号串扰。在版图设计中，静电屏蔽技术主要包括两种：如果是单层金属布线可以附加地线屏蔽敏感信号线，如图 6.23 所示；如果是多层金属布线可以利用上下两层金属地线将敏感信号线包围，如图 6.24 所示。

在图 6.23 中，Vin 为敏感信号线，V_B 和 V_A 为噪声信号，GND 为地线。为了避免信号串扰，利用两根地线 GND 将敏感信号线和噪声信号隔开，由于地线具有低阻抗，所以 V_B 或 V_A 与 Vin 之间的信号串扰被隔离，缺点是在版图中多出了两条地线，面积大。在图 6.24 中，金属 2 是敏感信号线，为了避免信号串扰，利用金属 1 和金属 3 将金属 2 包围，金属 1 和金属 3 之间利用过孔连接并连接到地。这种静电屏蔽方法属于完全屏蔽，屏蔽效果优于图 6.23 中的静电屏蔽方法，但是布线相对复杂，敏感信号线与地之间的电容增大。

图 6.23　附加地线屏蔽敏感信号线

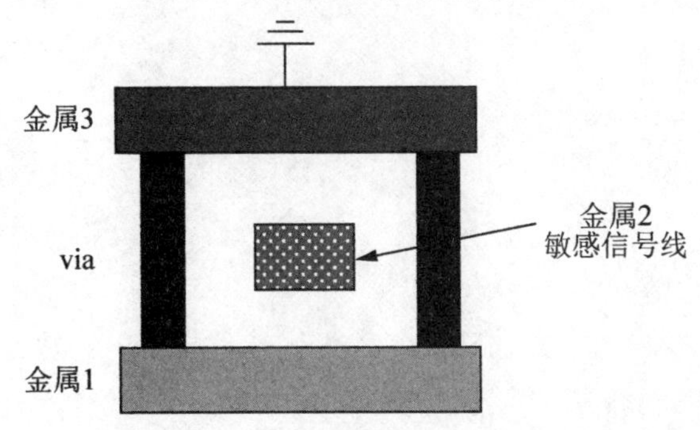

图 6.24　上下两层金属屏蔽敏感信号线

小思考：如果利用上下两层金属屏蔽敏感信号线，则对应的版图应如何绘制？

本章小结

本章主要介绍二极管与外围器件，主要内容如下：

1. 二极管的分类与版图
2. ESD 保护电路与工作原理
3. 二极管的匹配规则
4. 压焊块的结构与版图
5. 布线规则与静电屏蔽

【习题】

【第 6 章习题解答】

1. 在标准 CMOS 集成电路制造工艺下，二极管主要包括(　　)和(　　)两种。
2. 画出标准 CMOS 工艺的环状结构二极管的版图示意图。
3. 解释衬底二极管和阱二极管在集成电路中作用的区别。
4. 分析静电放电对 MOS 集成电路的损坏。
5. 画出静电放电保护电路示意图，并解释其工作原理。
6. 简述二极管的匹配规则。
7. 电源线和地线的布线方式主要包括(　　)和(　　)两种。
8. 分析并比较版图设计中的静电屏蔽技术。

第7章 双极型晶体管

【本章知识架构】

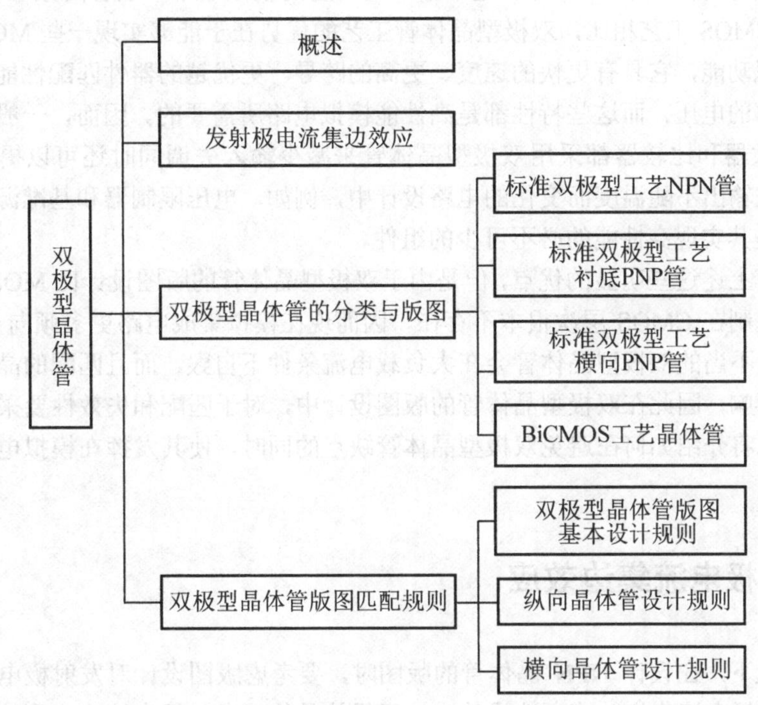

【本章教学目标与要求】

- 理解双极型晶体管的发射极电流集边效应
- 掌握双极型晶体管的分类与版图
- 了解双极型晶体管的基本设计规则
- 熟悉双极型晶体管的匹配规则

【引言】

本章首先介绍与双极型晶体管版图设计有关的基本概念、发射极晶体管集边效应；然后介绍集成电路中双极型晶体管的分类与相应版图；最后介绍双极型晶体管的版图设计依据与匹配规则。通过本章的学习，使大家熟悉并掌握集成电路中双极型晶体管的版图设计。

7.1 概述

双极型晶体管诞生于 1958 年，通常用于高精度的模拟电路中或者高频-高精度的模拟电路中。与 CMOS 工艺相比，双极型晶体管工艺的优势在于能够实现一些 MOS 管难以实现的精确模拟功能，它具有更快的速度、更高的跨导，更优越的器件匹配性能，更精确的对温度不敏感的电压，而这些特性都是高性能模拟电路所需要的。因而，一般高速或是高精度运算放大器和比较器都采用双极型晶体管来减少输入失调同时还可以提高输出驱动能力，在一些输出不随温度而变化的电路设计中，例如，电压限制器和基准源电路中，双极型晶体管是其实现高性能的必不可少的组件。

虽然具有上述这些明显的优点，但是由于双极型晶体管的版图设计比 MOS 管要复杂，它有些失效机制在 CMOS 层次根本不存在，因而现在模拟集成电路更多倾向于 CMOS 设计。版图设计不当的双极型晶体管会在大负载电流条件下自毁，而且匹配的晶体管更容易受温度梯度影响，因此在双极型晶体管的版图设计中，对于匹配和失效性要采取相应手段和措施。本章将介绍如何在避免双极型晶体管缺点的同时，使其发挥在模拟电路中独特的优点。

7.2 发射极电流集边效应

一般情况下，在设计 NPN 晶体管的版图时，要考虑版图设计对发射极电流集边效应的影响，发射极电流集边效应所造成的直接后果就是使得发射极电流集中到边缘，从而减小了发射结的有效面积。如图 7.1 所示，这种效应是由 NPN 晶体管的基极电阻引起的，包括发射区正下方基区的横向扩散电阻和发射区正下方以外基区横向电阻。因为基极电流是在基区中横向流动的，在此基极电阻上将产生电压降，这就使得发射区正下方基区中各点的电位不一样，即在发射区靠近基区边缘处的电位较高，距离基区越远电位就越低，发射结面上各点的注入电流密度也就不同，靠近基区边缘的电流密度较大，即发射极电流基本上都集中到了发射结的靠近基区的一侧。因为该效应实际上是由基极电阻所引起的，所以这种效应也称为基极电阻自偏压效应。发射极电流集边效应使大部分电流都集中在基区接触孔附近，从而减小了有效发射区面积，使电流放大倍数减小，并使晶体管更容易发生二次击穿。

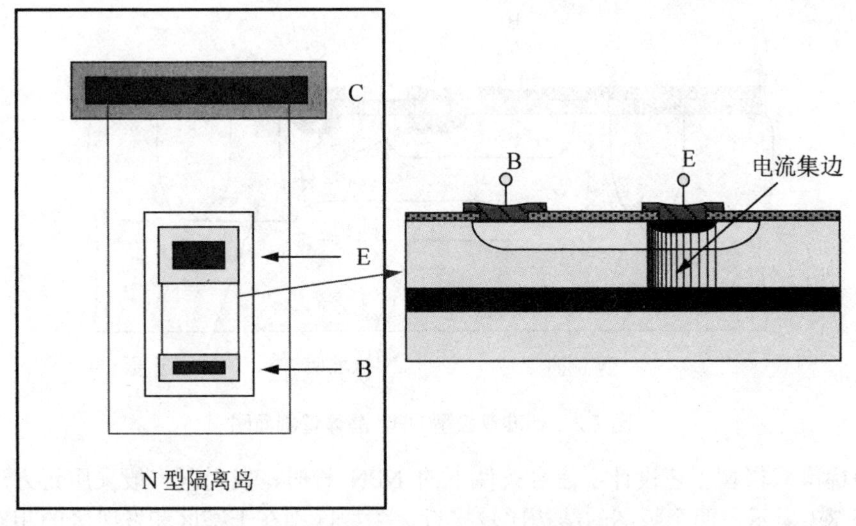

图 7.1　发射极电流集边效应原理图

由于存在电流集边效应，在设计 NPN 晶体管版图时，增加发射区面积并不等效于发射极电流同比增长，应该从增加发射极周长角度考虑，也就是增大发射区周长与面积的比值。所以在设计大电流的晶体管时，发射极一般应采用梳状版图结构，其每个齿条应又细又长，考虑到发射极上的金属存在电阻，因此齿条形的发射极也不能过长或过细。太长的金属电阻会使发射极条的纵向产生压降，致使齿条纵向的注入电流不均匀，太细的金属电阻会使发射极条的齿条横向产生压降，致使齿条横向的注入电流不均匀。

7.3　双极型晶体管的分类与版图

在集成电路中，利用标准双极型工艺可以制作的晶体管主要包括 NPN 管、横向 PNP 管以及衬底 PNP 管，高电压双极型晶体管、超 βNPN 管等。其中，标准双极型工艺最适合制作 NPN 晶体管，PNP 管则可以根据 NPN 管的多种扩散方式制作，可以制作横向 PNP 管以及衬底 PNP 管。本文在这里主要解释双极型工艺和 BiCMOS 工艺中 3 种版图的设计。

7.3.1　标准双极型工艺 NPN 管

由于大部分模拟集成电路都工作在较低的电压和电流条件下，所以在这里主要介绍电流小于 10mA、功率在 100mW 下的双极型晶体管的版图设计，即小信号双极型晶体管的版图设计。

标准双极型工艺最适合于NPN晶体管的设计，但是也可实现衬底PNP管以及横向PNP管。如图 7.2 所示，NPN 晶体管包括重掺杂的发射极(发射区重掺杂可以提高注入效率)、厚而且轻掺杂的 N 型外延层、重掺杂的 N 型掩埋层(N^+ Buried Layer)和深 N^+侧阱。其中，一般在设计功率晶体管时，要增加 N^+侧阱，当电流小于几百毫安时，可以省略 N^+侧阱。

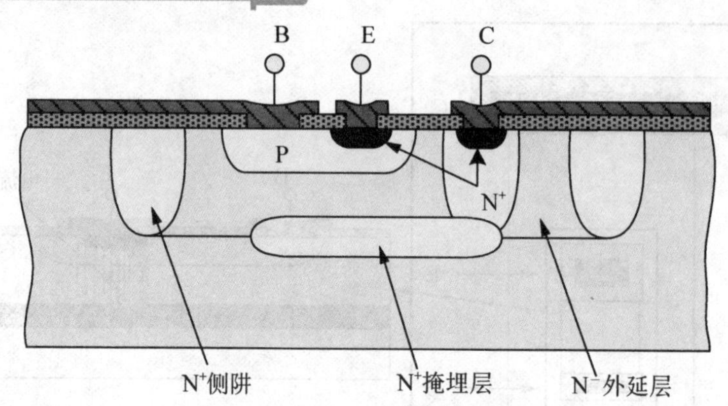

图 7.2　标准双极型 NPN 晶体管剖面图

利用标准双极型工艺设计小信号条件下的 NPN 管时，发射区一般采用正方形或者矩形。如图 7.3 所示，两个版图的结构比较接近，主要区别在于基区和发射区的相对位置不同，一种是发射区处于基区与集电区之间，形成 CEB 版图，如图 7.3(a)所示；另一种是基区处于集电区与发射区之间，形成 CBE 版图，如图 7.3(b)所示。其中 CEB 版图中发射区与集电区接触更加接近，集电极的电阻较小，因此在其他条件都相同的情况下，CBE 版图设计方案要略微优于 CBE 版图设计方案。

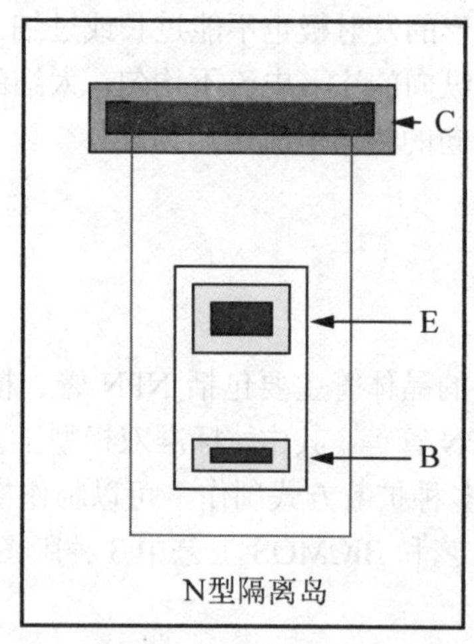

(a) 集电极－发射极－基极

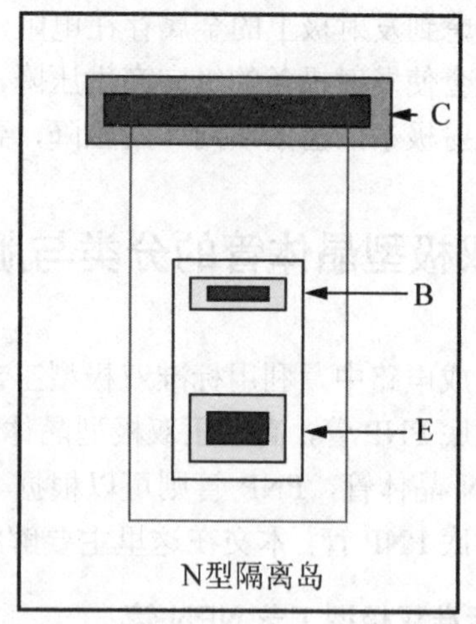

(b)集电极－基极－发射极

图 7.3　两种排布类型 NPN 晶体管版图

知识要点提醒

设计 NPN 晶体管版图要注意以下几点：

(1) 由于存在接触孔电阻，在设计发射区版图时，为尽可能降低发射极电阻，发射区的接触孔最好覆盖发射区，以形成多个电阻并联的方式，从而降低电阻。

(2) 为保证均匀横向电流的流动，发射区扩散各个边缘超出接触孔的大小相同。

(3) 为避免横向穿通，应使基区扩散充分地覆盖发射区。

(4) 多打基区接触孔，以降低晶体管的基极电阻。

常用的 NPN 晶体管版图类型有 4 种：单基极条形、双基极条形、双基极双集电极和梳形。在设计晶体管版图时，应按照具体的电路需求和电路指标，选择对应的设计图形。

1. 单基极条形

图 7.3 中的版图类型就属于单基极条形设计。单基极条形是双极型集成电路中最常用的一种图形，由于它的发射区有效长度较小，所以允许通过的最大电流就小。单基极条形的晶体管面积可以做得很小，有利于提高特征频率。但是由于是单基极条形结构，基极电阻较大，不利于提高晶体管的最高振荡频率及减小晶体管的噪声。该种版图设计主要适用于对电流要求不高而特征频率较高的电路中。

2. 双基极条形

双基极条形也是双极型集成电路中常用的一种图形，如图 7.4 所示。如果其发射区的面积与单基极条形晶体管相同，双基极条形晶体管的有效长度大一倍，因而允许通过的最大电流也加倍。双基极条形结构的面积比单基极条形结构稍大一些，其特征频率稍微降低，但是基极电阻减半，所以最高振荡频率高于单基极条形晶体管。

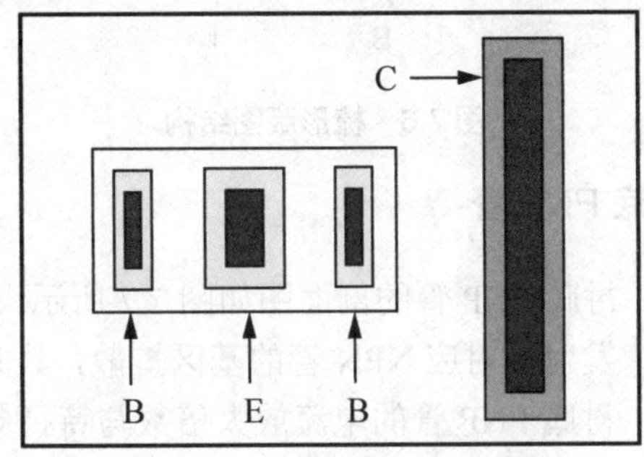

图 7.4 双基极条形版图结构

3. 双基极双集电极

双基极双集电极类型如图 7.5 所示，这种结构有时也被称为马蹄形结构。和双基极条形结构相比，在发射区长和宽相同的情况下，其允许通过的最大电流大致相同，基极电阻也基本相同。双基极双集电极版图的优点是集电极串联电阻减小，在数字集成电路中常采用该结构实现输出管的版图设计。

4. 梳形

梳形类型如图 7.6 所示。由于梳形版图结构的发射极周长增加了，同时其基极电阻也减小了，所以它最高振荡频率仍然可以做得很高，因此梳形版图能够很好地兼顾大电流和高频率特性。这种结构的缺点是在于发射区图形很窄，发射区与基区之间的距离又很小，所以在工艺上对制版和光刻要求很高，不但要求制版工艺能够加工出很细的线条，而且要求在光刻流程中具有较高的对准精度。

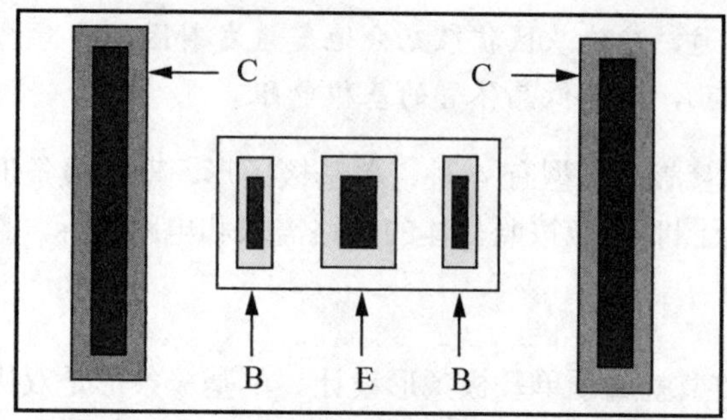

图 7.5　双基极双集电极版图结构

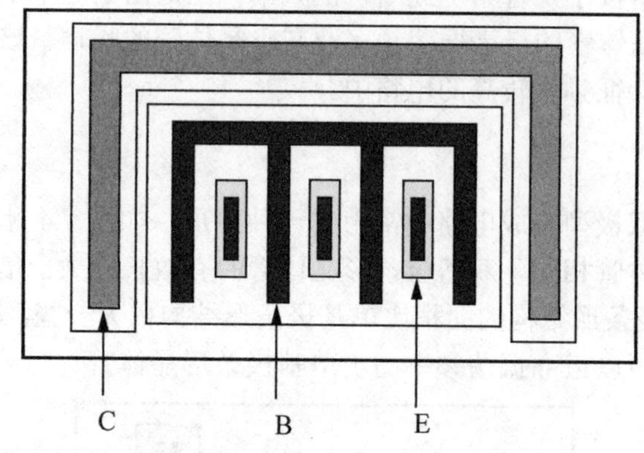

图 7.6　梳形版图结构

7.3.2　标准双极型工艺衬底 PNP 管

在标准双极型工艺下，衬底 PNP 管的剖面图如图 7.7 所示，其中，集电区由 P 型衬底构成，基区为 N 型外延层，发射区对应 NPN 管的基区扩散，其制作工艺与 NPN 管完全兼容，且不需要多余掩膜层。衬底 PNP 管的电流放大倍数与特征频率虽然没有 NPN 管大，但都高于横向 PNP 管，且其耐压高，比较适合作电路的输出级。

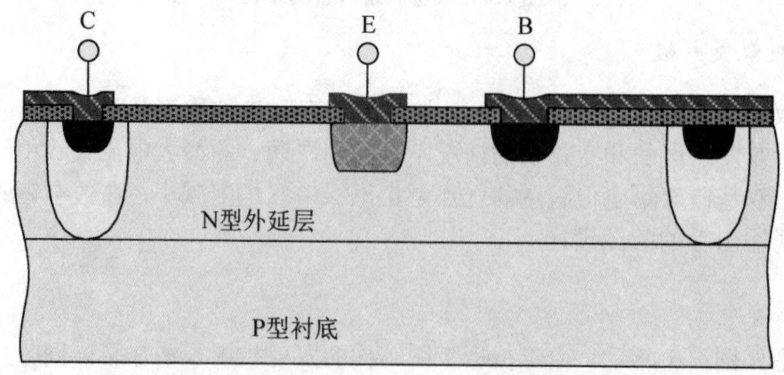

图 7.7　标准双极型工艺衬底 PNP 管剖面图

因为衬底 PNP 管采用衬底作为双极型管的集电区，所以只能制作集电极接地的 PNP 管，但是与此同时，其不存在衬底的寄生晶体管效应，因此不需要掩埋层。图 7.8 为标准

双极型工艺衬底 PNP 管的版图示意图。

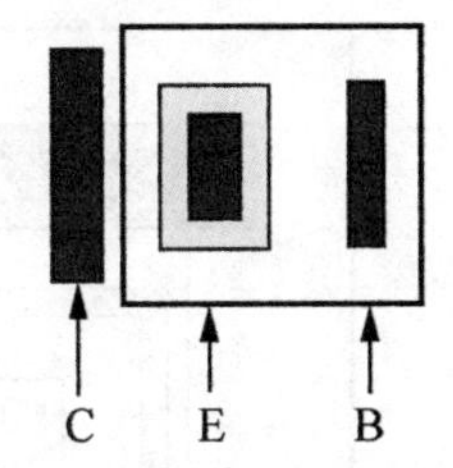

图 7.8 标准双极型工艺衬底 PNP 管版图

7.3.3 标准双极型工艺横向 PNP 管

标准双极型工艺虽然不能实现完全隔离的纵向 PNP 管，但是可以实现隔离的横向 PNP 管，典型的横向 PNP 管结构如图 7.9 所示。与衬底 PNP 管不同，其集电区不采用 P 型衬底，因此，必须要有掩埋层以减小衬底寄生 PNP 管效应。横向 PNP 管的基区由 N 型外延层构成，其发射区与集电区是与 NPN 管的基区扩散一同形成的。横向 PNP 管的开关速度和 β 值一般要比纵向晶体管低。

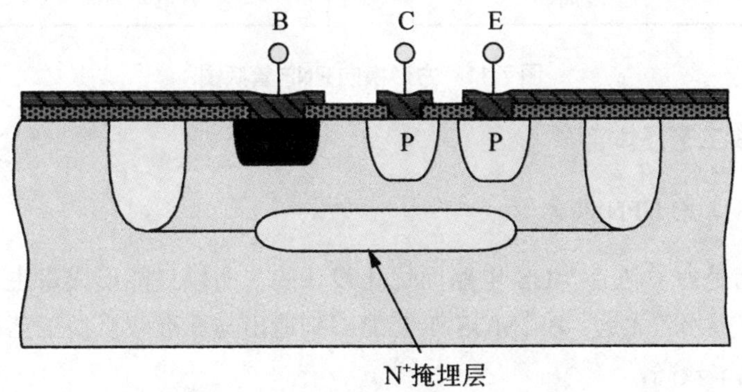

图 7.9 标准横向 PNP 晶体管剖面图

横向 PNP 管的版图设计主要有圆形和方形两种。圆形版图中所设计的圆形都是采用多边形近似产生的。多边形的边数越多，就越趋于圆形，自然性能也就越好，当然也要制版能够通过才行。圆形横向 PNP 管的版图如图 7.10 所示。

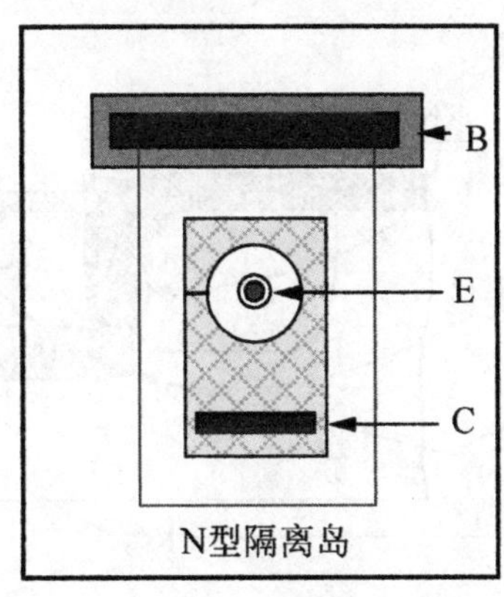

图 7.10 圆形横向 PNP 管版图

较为通用的是方形发射区的版图设计，与圆形发射区设计相比较，虽然基区宽度会稍微增加，但是其版图更容易设计。与圆形发射区相比，方形发射区的面积—周长比更低，因此，基区宽度会略微高于圆形发射区形式的版图，导致其特征频率不容易做高。方形横向 PNP 管的版图如图 7.11 所示。

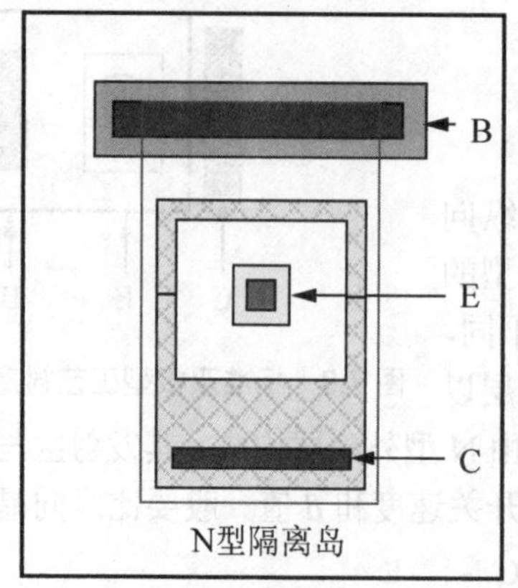

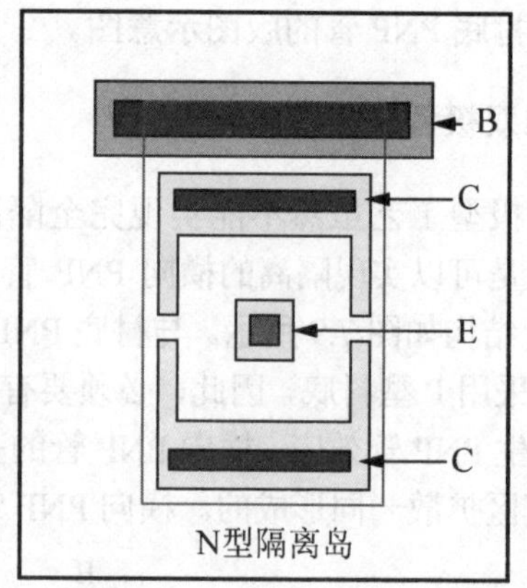

图 7.11 方形横向 PNP 管版图

7.3.4 BiCMOS 工艺晶体管

1. BiCMOS 工艺 NPN 晶体管

CMOS 工艺是为了制造 MOS 电路而优化设计的，所以只能形成寄生双极型晶体管，其性能往往与期望相差太远。BiCMOS 工艺能够制造出与标准双极型工艺相匹敌的双极型晶体管，但是成本较高。

BiCMOS 工艺 NPN 晶体管的版图和剖面图如图 7.12 所示，N 阱构成晶体管的集电区、基区和发射区分别由 PSD 注入和 NSD 注入扩散而成。为减小集电极电阻，在版图中增加 N^+掩埋层。一般 BiCMOS 工艺下的 NPN 管发射区为浅 NSD 注入，因此晶体管的 β 值不高。与标准工艺下的双极型晶体管相比，它可以支持很小的发射区面积。

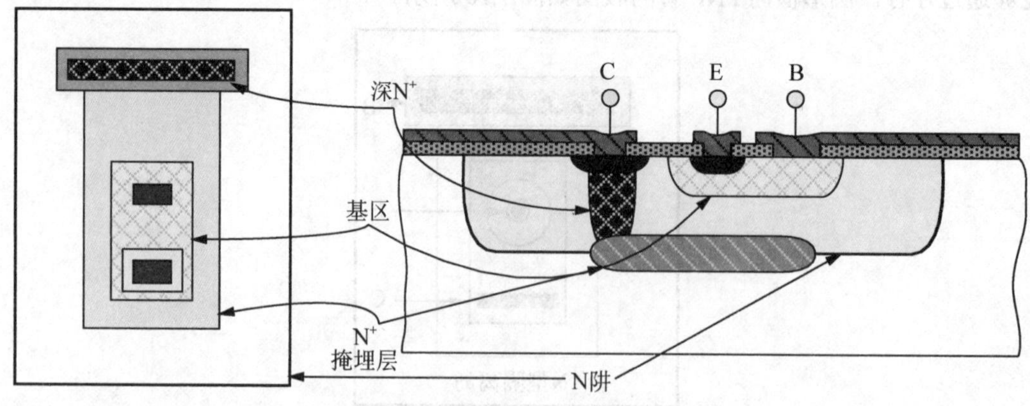

图 7.12 BiCMOS 工艺 NPN 晶体管版图与剖面图

2. BiCMOS 工艺衬底 PNP 晶体管

BiCMOS 工艺衬底 PNP 晶体管的版图和剖面图如图 7.13 所示，N 阱构成晶体管的集电区，发射区由 N 阱中的 PSD 注入扩散而成，集电区由衬底构成。

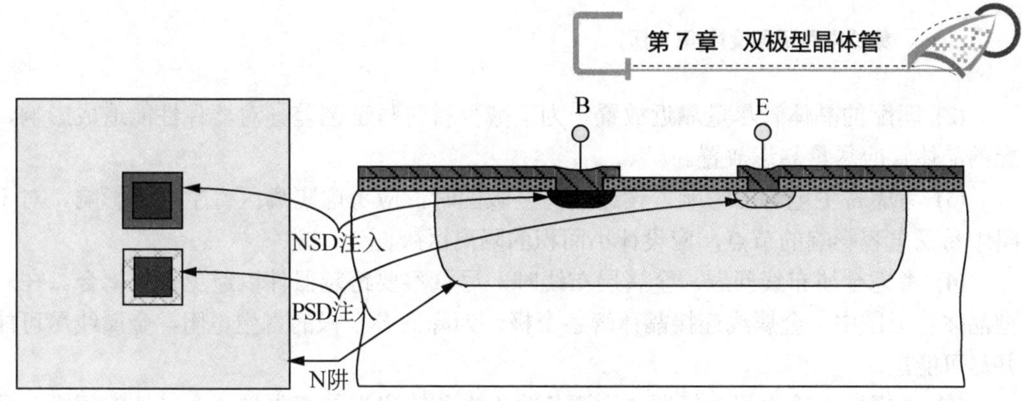

图 7.13　BiCMOS 工艺衬底 PNP 晶体管版图与剖面图

3. BiCMOS 工艺横向 PNP 晶体管

BiCMOS 工艺横向 PNP 晶体管的版图和剖面图如图 7.14 所示，N 阱构成晶体管的基区，发射区与集电区由 N 阱中的 PSD 注入扩散而成。

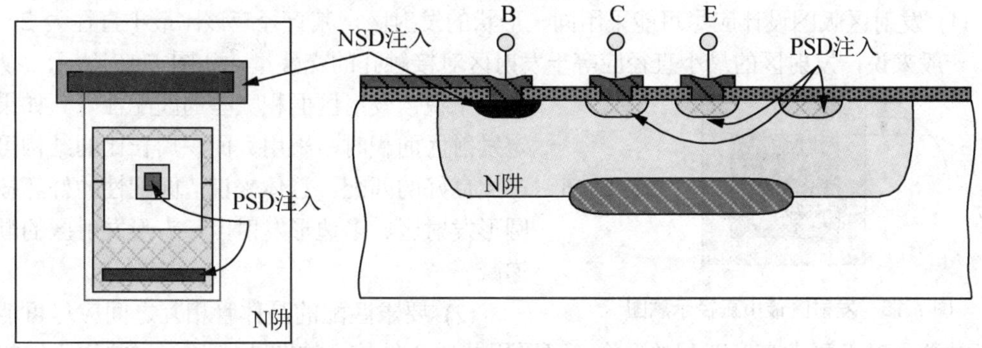

图 7.14　BiCMOS 工艺横向 PNP 晶体管版图和剖面图

7.4　双极型晶体管版图匹配规则

在模拟集成电路的设计中，大部分电路的设计都要求双极型晶体管相互匹配，运算放大器的差分对管、电流镜、电流镜负载、带隙基准源等电路的所能达到的性能都和具体的版图匹配度有关。这种匹配有的是相同尺寸的晶体管之间的匹配，有的是不同尺寸晶体管之间的匹配。本章首先介绍双极型晶体管的基本设计规则，然后分别给出纵向和横向晶体管的版图匹配规则。

7.4.1　双极型晶体管版图基本设计规则

双极型晶体管版图基本设计规则如下：

(1) 尽量减小晶体管版图面积。在设计双极型晶体管版图时，为了减小寄生效应并增加匹配度，应尽量减小器件版图的面积。可以从隔离区的数目、隔离区的面积、压焊块的面积与间距等方面入手来减小版图面积。

(2) 匹配的晶体管尽量靠近放置。为了减少材料与工艺差异对器件性能造成影响，匹配的晶体管应尽量靠近放置。

(3) 考虑寄生电容的影响。设计隔离区版图时，应考虑隔离区寄生电容影响。对于电路中易受电容影响的节点，应设计小面积的隔离区版图。

(4) 考虑金属布线问题。金属层布线时，尽量不要跨越器件以避免寄生耦合。在双极型晶体管版图中，金属线连接晶体管各个极，为降低各个极的寄生电阻，金属线尽可能宽并尽可能短。

(5) 考虑输入输出间距问题。为避免输入端和输出端的寄生耦合，二者的间距应尽量远一些。同时为了避免二者之间的连线交叉，输入端到输出端 PAD 的线应尽可能短。关键的输入与输出需要采取相应的版图屏蔽措施。

7.4.2 纵向晶体管设计规则

纵向晶体管设计规则如下：

(1) 发射区版图设计应尽可能采用同一形状的发射区，其直径应该比最小直径大 2～10 倍。一般来说，发射区的最小直径应等于发射区对接触孔的交叠量，如图 7.15 所示。从原则上来说，发射区面积大些的匹配性好。如果给定发射区面积时，采用大面积周长比的结构可以产生良好的匹配。总体来说，匹配性的好坏按照圆形发射区、多边形发射区、方形发射区的顺序递减。

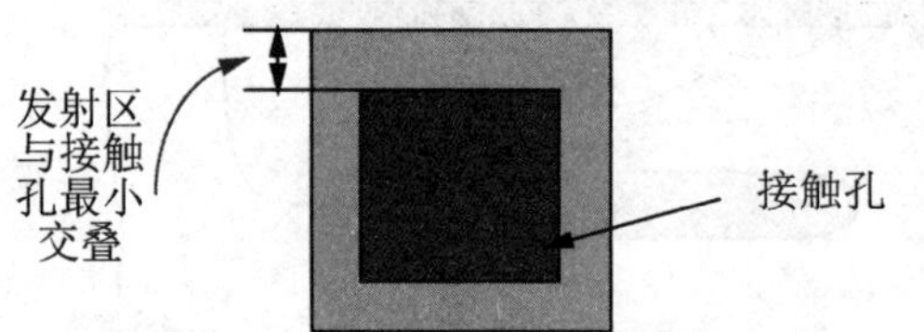

图 7.15 发射区最小直径示意图

(2) 要求匹配的晶体管相互之间应尽可能地靠近放置，对于要求高度匹配的场合，可采用共质心结构，如图 7.16 所示。共质心结构有助于减小热变化的影响，同时匹配晶体管相互之间的距离按照最小间距设计。

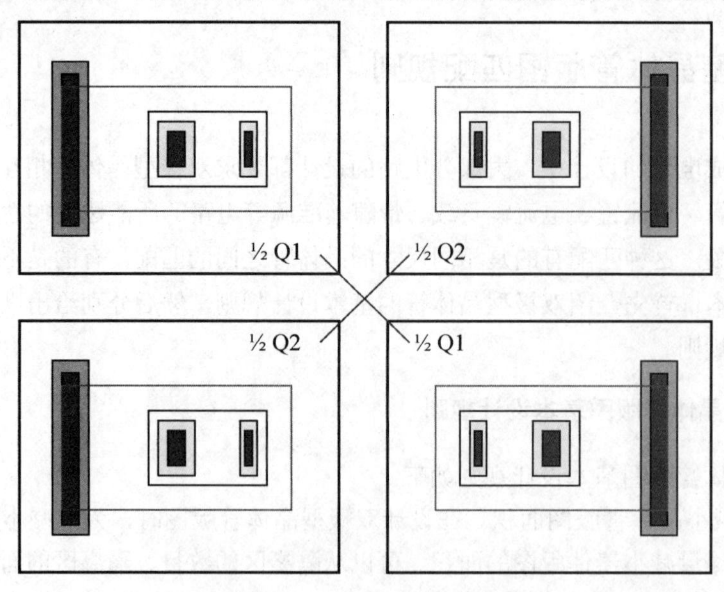

图 7.16 晶体管共质心结构示意图

(3) 基区共用。由于基区和集电区的形状对于晶体管的影响远小于发射区，因此晶体管在版图设计时，可以多个发射区共用一个基区。但是要注意在这种设计时，为避免其耗尽区相交，应使发射区相互之间的距离稍微远一点(如图 7.17 所示)。

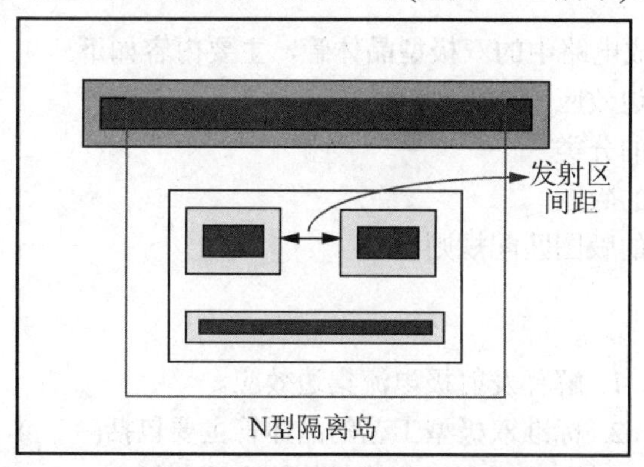

图 7.17　发射区最小间距示意图

(4) 发射区的接触孔应与发射区的形状相匹配，而且应该尽可能地填充发射区，同时尽量让接触孔的每一边与发射区边缘的距离相等。

(5) 匹配晶体管尽量选在热梯度一致的区域，并远离功率器件和高应力区域。

7.4.3　横向晶体管设计规则

相比于纵向晶体管，横向晶体管的版图设计由于容易受表面效应的影响，因此匹配的效果不如前者，版图设计时更需要小心设计，匹配的规则如下：

(1) 与纵向晶体管不同的是，横向晶体管的发射区与集电区的形状都会影响其性能，因此，设计匹配的横向晶体管，必须首先保证具有相同的发射区与集电区形状。

(2) 由于存在表面效应，要求横向晶体管的基区需要采用场板使静电荷不会对流过中性基区的电流产生影响。场板版图的设计如图 7.18 所示。

(3) 要求匹配的横向晶体管相互之间应尽可能靠近，以减小热变化的影响，同时匹配晶体管相互之间的距离按照最小间距设计。

(4) 发射区的接触孔应与发射区的形状相匹配，而且应该尽可能地填充发射区，同时尽量让接触孔的每一边距离发射区边缘的距离相等。

(5) 匹配晶体管尽量选在热梯度一致的区域，远离功率器件和高应力区域。

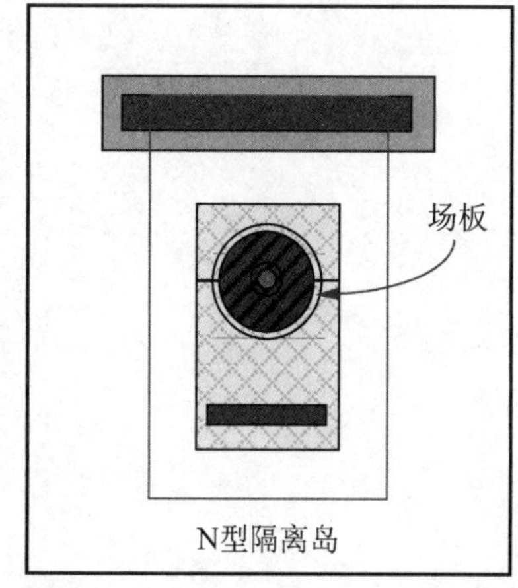

图 7.18　场板版图设计示意图

小思考：对于双极型晶体管的匹配规则，哪些是和其他器件的匹配规则相同的?

本章小结

本章主要介绍集成电路中的双极型晶体管，主要内容如下:

1. 发射极电流集边效应
2. 双极型晶体管的分类
3. 双极型晶体管的版图
4. 双极型晶体管的版图匹配规则

【习题】

【第 7 章习题解答】

1. 解释发射极电流集边效应。
2. 标准双极型工艺的晶体管主要包括(　　)、(　　)和(　　)。
3. BiCMOS 工艺的晶体管主要包括(　　)、(　　)和(　　)。
4. 简述双极型晶体管版图基本设计规则。
5. 简述集成电路中常用的双极型晶体管的匹配规则。

第8章 MOS场效应晶体管

【本章知识架构】

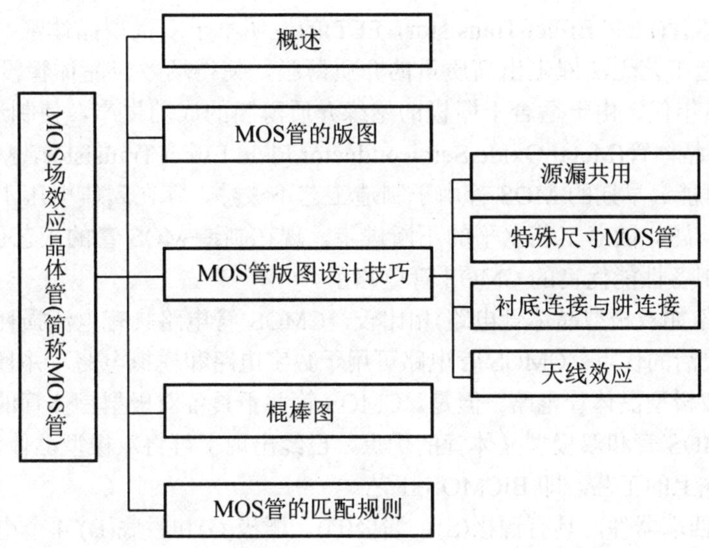

【本章教学目标与要求】

- 掌握 MOS 管的版图构成
- 熟悉 MOS 管版图设计技巧
- 了解棍棒图
- 熟悉 MOS 管的匹配规则

【引言】

本章主要介绍 MOS 场效应晶体管(简称 MOS 管)，MOS 管是 CMOS 模拟集成电路中最重要、最常用的元件。本章内容主要包括 MOS 管的版图构成、MOS 管版图设计技巧、棍棒图和 MOS 管的匹配规则。通过学习本章内容，使大家能够熟悉并掌握集成电路中 MOS 管的版图设计。

8.1 概述

场效应晶体管(Field Effect Transistor，FET)的发明早于双极型晶体管，但是由于当时的集成电路制造工艺无法催生出高质量的介质薄膜，使得场效应晶体管没有成功生产出来。20 世纪 60 年代，由于适合于栅极的绝缘介质薄膜的成功生产，使制造金属-氧化物-半导体场效应晶体管(Metal Oxide Semiconductor Field Effect Transistor，MOSFET，简称 MOS 管)成为可能。早期的 MOS 管由于制造工艺不成熟，存在阈值电压不稳定、薄氧化层易被击穿等问题。随着工艺水平的不断进步，现在制造 MOS 管的工艺已经相当成熟，人们已经可以制备性能优良的 CMOS 管电路了。

和其他电路(如双极型晶体管电路)相比较，CMOS 管电路具有电流损耗更低、面积更小、设计更加灵活的优点。CMOS 管电路可用于数字电路和模拟电路，并且在一些特定应用上开始替代双极型晶体管电路。但是，CMOS 管并不具备双极型晶体管的全部性质，为了充分利用 CMOS 管和双极型晶体管的优点，已经出现了可将双极型晶体管和 CMOS 管制作在同一衬底上的工艺，即 BiCMOS 工艺。

MOS 管是四端器件，具有源极(S)、漏极(D)、栅极(G)和衬底(B) 4 个电极，按导电类型分为 NMOS 管和 PMOS 管两种，其各自的器件符号如图 8.1 所示。

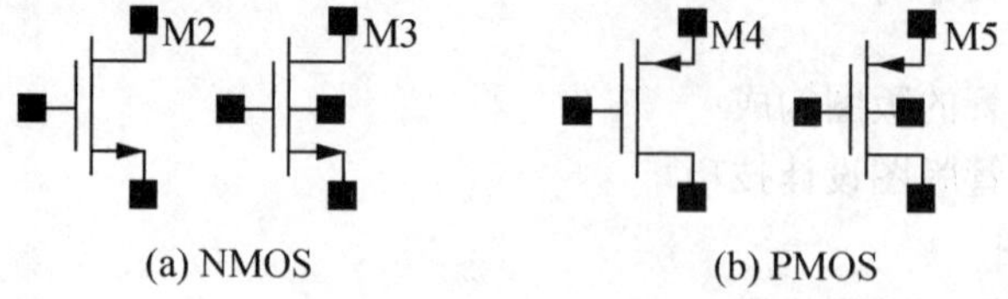

图 8.1 MOS 管的符号

在图 8.1 中，NMOS 管和 PMOS 管的器件符号都分为两种，一种是未标出衬底电极的；另一种是标出衬底电极的。通过图 8.1 可以看出，NMOS 管和 PMOS 管的器件符号是类似的，所有的 MOS 管符号都标出了源极、漏极和栅极这 3 个电极，有的符号中标出了衬底电极，而有的未标出衬底电极。另外，有时还在 PMOS 管的栅极上多出一个小圆圈，用来与 NMOS 管相区分，图 8.1 中未标出。在图 8.1 中，MOS 管的符号还在源极上标出了箭头，无论是 NMOS 管还是 PMOS 管，该箭头都表示 MOS 管中电流的流动方向。

通过第 2 章集成电路制造工艺可知，用来制作 MOS 管的半导体材料称为衬底，衬底的导电类型和源漏区是相反的。NMOS 管的源漏区为 N 型，PMOS 管的源漏区为 P 型。

从结构上来说，MOS 管的源区和漏区是对称的，可以互换。从电学角度上来说，MOS 管的源区和漏区是依靠电位来区分的。对于 NMOS 管，电位高的为漏区，电位低的为源区；对于 PMOS 管，电位高的为源区，电位低的为漏区。

MOS 管的源区和漏区是两个分开却又相距很近的重掺杂区，将源漏区分开的区域称为导电沟道，简称沟道。通过第 1 章半导体器件理论基础的学习可知，导电沟道是 MOS 管的主要工作区域，导电沟道包含了 MOS 管版图设计中最重要的两个器件参数：沟道长度 L 和沟道宽度 W。在沟道区的表面生长着一层很薄的二氧化硅，称为栅极氧化层，在栅极氧化层上再淀积制备重掺杂多晶硅作为 MOS 管的栅极。NMOS 管的结构示意图如图 8.2 所示。

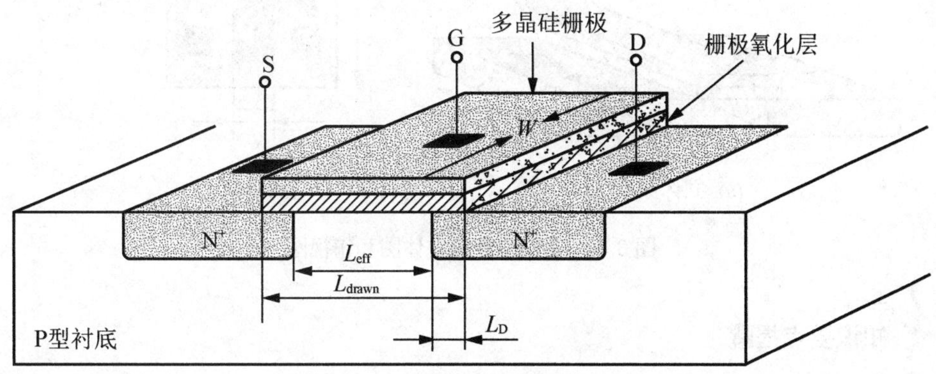

图 8.2　NMOS 管的结构示意图

从图 8.2 中可以看出，NMOS 管是制作在 P 型衬底上的，两个重掺杂的 N^+区构成源区和漏区，在源区和漏区之间是重掺杂的多晶硅栅极，栅极氧化层位于栅极之下、衬底之上。图中 L_D 表示由于掺杂工艺造成的源区和漏区的横向扩散，L_{drawn} 表示版图设计中的沟道长度，$L_{eff}=L_{drawn}-2L_D$，表示有效沟道长度或实际沟道长度。由于本书主要介绍集成电路的版图设计，所以书中提到的沟道长度指的都是 L_{drawn}，并用 L 表示。

知识要点提醒

由于横向扩散的存在，导致版图设计的沟道长度 L_{drawn} 不等于有效沟道长度 L_{eff}。尽管如此，在版图设计中，一般不刻意考虑横向扩散的影响，即认为 $L_{drawn}\approx L_{eff}$。

8.2　MOS 管的版图

图 8.2 表示了 NMOS 管的结构，该结构的立体图和俯视图如图 8.3 所示。

在图 8.3(a)中，多晶硅栅极并不是平的，而是有一个小斜坡(或台阶)。在 MOS 集成电路制造工艺中，将源区、漏区和沟道统称为有源区，有源区之外的区域称为场区。也就是说，在 MOS 集成电路中，只存在有源区和场区这两个区域。在第 2 章集成电路制造工艺中已经介绍，场区被很厚的氧化层所覆盖，虽然有源区的表面也有可能存在氧化层，如栅极氧化层，但是该氧化层的厚度远小于场区氧化层的厚度。正是由于这个原因，所以多晶硅栅极会在有源区和场区的交界处出现一个小台阶。同时，为了保证多晶硅栅极对沟道的有效控制，而且在多晶硅栅极上还要开接触孔以便进行电极连接，所以多晶硅栅极必须从有源区中延伸至场区，因此多晶硅栅极在有源区和场区交界处出现的小台阶是不可避免的。

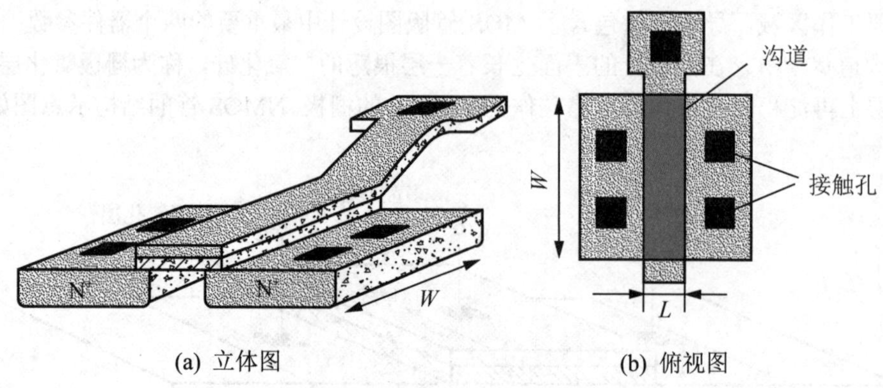

图 8.3　NMOS 管的立体图和俯视图

知识要点提醒

多晶硅栅极必须从有源区延伸出一段距离，而且该距离不能小于设计规则中的最小延伸。

通过第 2 章集成电路制造工艺的内容可知，CMOS 集成电路的工艺流程相当复杂，包括：阱注入、场注入、阈值电压调整、栅极定义、源漏区形成、接触孔和通孔形成、金属互连等多个工序。整个工艺流程要进行 10～20 次光刻和刻蚀工艺，每一次光刻和刻蚀都只能对集成电路的某一部分区域或结构进行加工。每次光刻都要使用掩膜版，每个掩膜版上的几何图形都对应一个版图层，这样整个工艺流程就包括十几个版图层。

集成电路的版图设计是根据电气电路性能的要求和制造工艺的水平，依据一定的设计规则，将电路图设计成为光刻掩膜版上的几何图形，这些图形包括制造集成电路所需要的阱、有源区、多晶硅、P^+注入、N^+注入、接触孔、通孔、金属互连等多个版图层。对于 MOS 管的版图来说，它是版图以上各个版图层叠加而成的复合图。各个版图层的大小和形状都是不相同的，在同一个版图层中对于图形的形状和图形之间的距离都有严格的要求，不同版图层之间的相对位置也有严格的要求。这些要求在版图设计规则文件里都有详细规定，通常芯片制造厂商会给用户提供设计规则手册，版图设计者必须严格按照设计规则手册来进行版图的绘制。

图 8.3(b)为 MOS 管的俯视图，该图和 MOS 管的版图非常接近，只不过 MOS 管的版图是由很多个不同的版图层构成的，下面对构成 MOS 管的各个版图层进行分析。

(1) 阱层(Well)：阱层定义在衬底上制备阱的区域。NMOS 管制备在 P 型衬底上，PMOS 管制备在 N 型衬底上。一块原始的半导体材料，掺入的杂质类型只能有一种，即该衬底不是 N 型就是 P 型。如果不对衬底进行加工处理的话，该衬底只能制备一种 MOS 管。CMOS

集成电路是把 NMOS 管和 PMOS 管制备在同一个硅片衬底上，为了能够制造 CMOS 集成电路，需要对衬底进行处理，利用掺杂工艺在衬底上形成一个区域，该区域的掺杂类型和衬底的掺杂类型相反，这个区域就称为阱。

现在制作 CMOS 集成电路已经有 N 阱工艺、P 阱工艺和双阱工艺。对于 N 阱工艺，阱的掺杂类型为 N 型，衬底的掺杂类型为 P 型，所以 NMOS 管直接制作在衬底上，而 PMOS 管制作在 N 阱中。对于 P 阱工艺，阱的掺杂类型为 P 型，衬底的掺杂类型为 N 型，所以 PMOS 管直接制作在衬底上，而 NMOS 管制作在 N 阱中。对于双阱工艺，PMOS 管和 NMOS 管分别制作在 N 阱和 P 阱内，双阱工艺主要应用于亚微米和深亚微米工艺中。由于在大多数电路中电源电位都高于地电位，即地为电路中电位最低的节点，所以 N 阱工艺使用的 P 型衬底可以与地相连接。但如果是 P 阱工艺，则 P 阱工艺使用的 N 型衬底就必须与电路的最高电位相连接。对于多电源供电系统，很难保证某一电源电压始终高于其他电源电压，尤其是在上电和关断的过程中，因此 P 阱工艺不适合多电源系统。由于 N 阱 CMOS 工艺比较常用，所以本书主要介绍 N 阱 CMOS 工艺下的各电路器件版图。

(2) 有源区层(Active)：有源区层的作用是在衬底上定义制作有源区的区域，该区域包括源区、漏区和沟道。在衬底上淀积厚氧化层，利用光刻和刻蚀工艺在衬底上开窗口并把厚氧化层除去就可形成有源区，有源区之外的区域是场区。显然，MOS 管必须而且只能制备在有源区内。

(3) 多晶硅层(Poly)：多晶硅层的作用是定义制作多晶硅材料的区域。最早的 MOS 集成电路制造工艺只能制备一层多晶硅，而现在已经有能够制备两层多晶硅的工艺了。对于双层多晶硅工艺，第一层多晶硅主要用来制作栅极、导线和多晶硅-多晶硅电容的下极板，第二层多晶硅主要用来制作多晶硅电阻和多晶硅-多晶硅电容的上极板。双层多晶硅工艺具有第一层多晶硅和第二层多晶硅这两个版图层。

(4) P^+注入层和 N^+注入层(P^+ Implant 和 N^+ Implant)：P^+注入层定义注入 P^+杂质离子的区域，而 N^+注入层定义注入 N^+杂质离子的区域。由于 NMOS 管和 PMOS 管的结构相同，只是源漏区的掺杂类型相反。同时，有源区层只是定义了源区、漏区和沟道的区域，却没有说明源区和漏区的掺杂类型。P^+注入层和 N^+注入层说明了注入杂质的类型，也就是说明了有源区的导电类型，实现了 NMOS 管和 PMOS 管的区分。

(5) 接触孔层(Contact)：接触孔层定义制作接触孔的区域。MOS 管的源极、漏极、栅极和衬底都要与电源或其他元件相连接，这样才能对 MOS 管供电使其工作并和其他元件一起组成具有使用价值的电路。有源区和场区的表面都有二氧化硅薄膜的存在，多晶硅栅极上也有二氧化硅薄膜，而二氧化硅是不导电的，为了能对 MOS 管的 4 个电极进行电连接，需要将衬底和多晶硅上某些区域上的二氧化硅去除，然后打开窗口，在窗口内填塞金属，并用金属线进行连接。这些窗口就是接触孔，其作用是实现半导体材料和金属的欧姆接触，从而对 MOS 管的各个电极进行电连接。

(6) 通孔层(Via)：通孔层定义制造通孔的区域。通孔和接触孔是不同的，接触孔是连接半导体和金属之间的窗口，而通孔是连接不同层金属之间的窗口。有的集成电路需要连接的节点和器件很多，一层金属难以满足布线要求，必须使用多层金属来进行布线连接，这就是多层金属互连。在多层金属互连系统中，通孔就是用来连接不同层金属的。

以 N 阱 CMOS 集成电路工艺为例，PMOS 管的版图如图 8.4 所示。

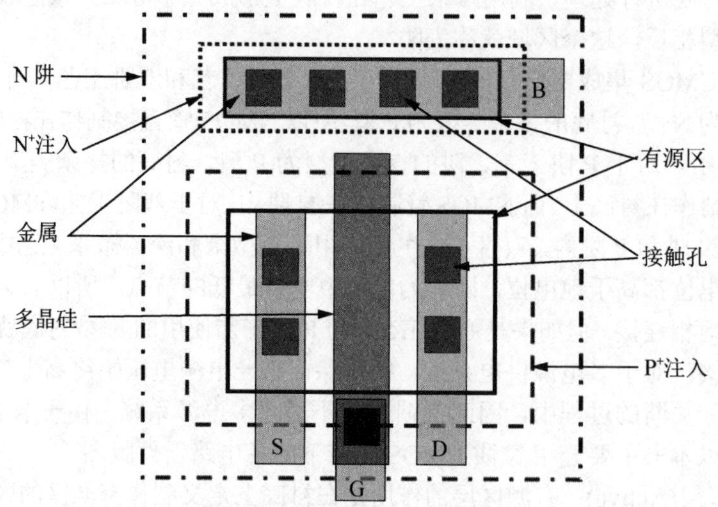

图 8.4　PMOS 管的版图示意图

图 8.4 中 PMOS 管的版图由多个版图层构成，包括 N 阱层、有源区层、N^+注入层、P^+注入层、多晶硅层、金属层和接触孔层，各个版图层如图 8.5 所示。

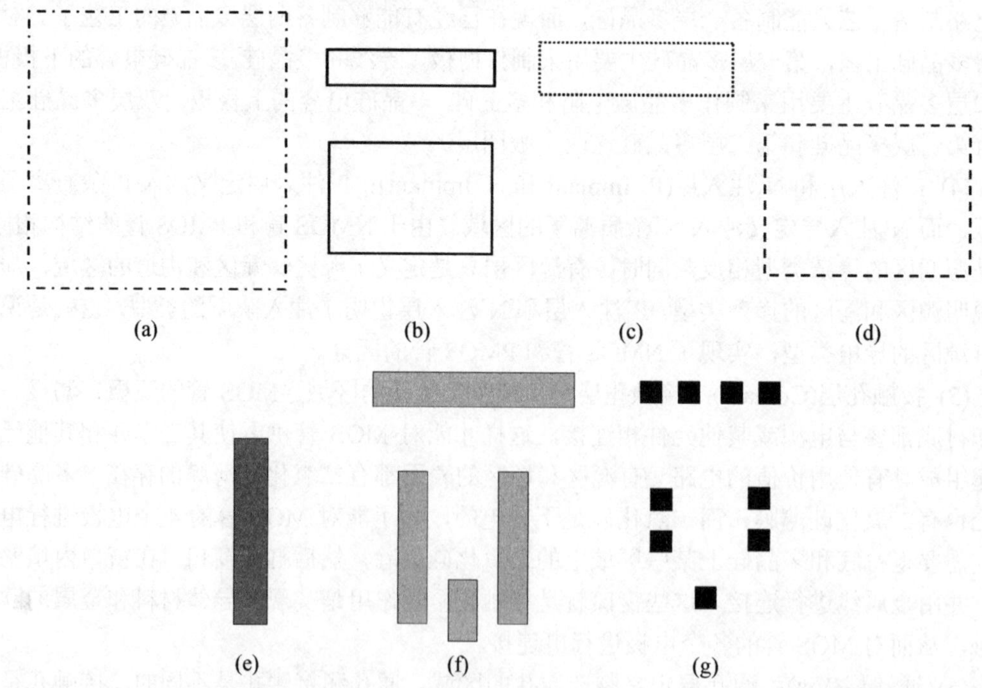

(a) N 阱层　(b) 有源区层　(c) N^+注入层　(d) P^+注入层　(e) 多晶硅层　(f) 金属层　(g) 接触孔层

图 8.5　PMOS 管的各个版图层

将图 8.5 中的各个版图层进行叠加就可得到如图 8.4 所示的 MOS 管版图，叠加过程不分先后。在图 8.4 和图 8.5 中，各个版图层不分上下顺序，也就是说在版图设计过程中先画哪一层都可以，这是因为版图设计中的每个版图层都对应一块光刻掩膜版，而掩膜版的使用顺序与绘画的先后顺序无关，只与集成电路制造工艺流程的顺序有关。

虽然在版图设计中先画哪一层都可以，但是为了方便起见，建议先画有源区层和多晶硅层，因为有源区层和多晶硅层决定了该 MOS 管的沟道宽度 W 和沟道长度 L，如图 8.6 所示。通过图 8.6 可以看出，沿着源区—漏区方向的多晶硅的长度即为沟道长度 L；在与沟道长度垂直的方向上，多晶硅与有源区重合部分的长度即为沟道宽度 W，即栅极和有源区重叠区域的图形确定了 MOS 管的尺寸，重叠区域外图形与 MOS 管的尺寸无关。图 8.6 称 MOS 管的简化版图，为了识图方便并清楚地说明问题，本章大部分图都是在使用 MOS 管的简化版图。

知识要点提醒

绘制 MOS 管时，应先画有源区层和多晶硅层，因为二者决定了 MOS 管的沟道长度和沟道宽度。在画有源区和多晶硅时，可利用编辑属性(快捷键 Q)来准确确定图形的尺寸。

画完有源区和多晶硅后，在有源区的图形外画 P^+注入层。需要注意，为了保证对整个有源区的有效注入，P^+注入层必须把有源区包围起来，同样 N^+注入层也必须包围有源区。然后在相应的位置画接触孔，再画金属层，最后画 N 阱，利用 N 阱将整个版图图形包围起来。在版图设计过程中，不要忘记衬底电极 B。对于 PMOS 管来说，N 阱就是其衬底，所以需要在 N 阱的某个区域放置有源区、N^+注入层、接触孔和金属，以便引出衬底电极，如图 8.4 的最上面图形所示。

通过观察图 8.5(b)和图 8.6 可以发现，MOS 管的有源区(包括源区、漏区和沟道)的图形为一个矩形。人们知道，MOS 管的源区和漏区是被导电沟道分开的两个重掺杂区，如图 1.15 所示。但在版图设计时却不能把源区和漏区分开画，而是必须将源区、漏区和沟道统一用一个矩形来表示，如图 8.7 所示。

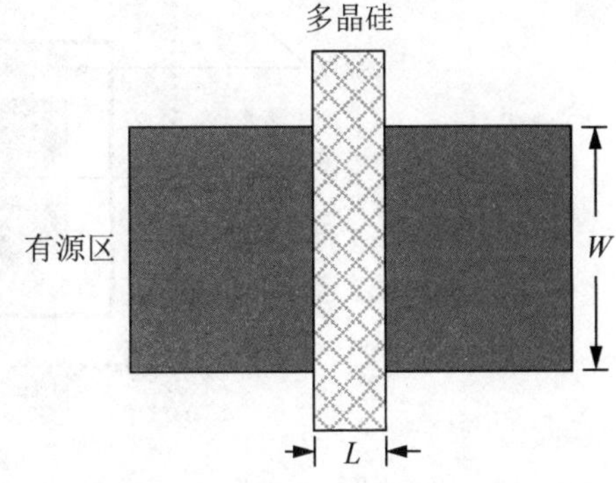

图 8.6 MOS 管的有源区层和多晶硅层

图 8.7 中，为了识图方便，向上移动了多晶硅栅极的图形。图中左侧为错误的作图方法，右侧为正确的作图方法。因为现代的 CMOS 集成电路工艺都是采用多晶硅材料作为栅极，通过第 2 章关于 CMOS 集成电路工艺流程的学习可知，集成电路制造工艺流程的顺序是先利用光刻和刻蚀工艺在半导体衬底上开有源区的窗口，然后在有源区内淀积多晶硅材料作为栅极，再利用掺杂工艺对有源区进行重掺杂。由于多晶硅能够对掺杂工艺起到掩蔽的作用，所以，即使用一个矩形来表示源区和漏区，但是在集成电路制造过程中，由于多晶硅栅极的存在，源区和漏区也是自动分开的，而且这种工艺流程顺序可以保证源区和漏区与多晶硅栅极自动对准。和铝栅工艺相比，减小了栅覆盖，减小了栅极寄生电容，提高了工作速度。如果将源区和漏区的图形分开画，如图 8.7

左侧所示，那么在源区和漏区之间的导电沟道上的场氧化层则被保留。场氧化层比栅极氧化层厚得多，利用场氧化层代替栅极氧化层会改变 MOS 管的阈值电压，从而影响 MOS 管的电流电压特性。

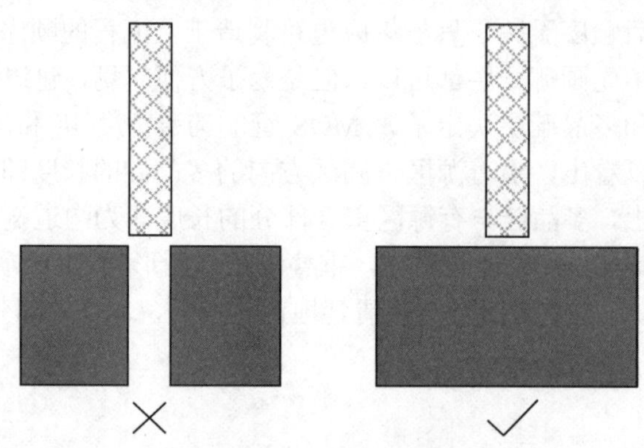

图 8.7　MOS 体管的有源区层

知识要点提醒

MOS 管的源区、漏区和沟道统一用一个矩形图形来表示，该矩形图形的图层一般为有源区(Active)层。

在 N 阱 CMOS 集成电路工艺下，NMOS 管的版图如图 8.8 所示。图 8.8 中所示的 NMOS 管的版图同样也是由多个版图层构成的，每个版图层的意义和图 8.5 是一样的。

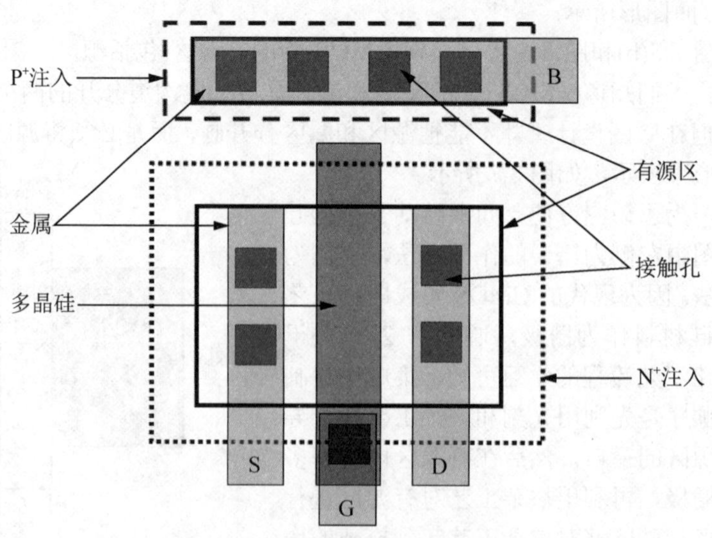

图 8.8　NMOS 管的版图示意图

通过比较图 8.8 和图 8.4 可以看出，PMOS 管和 NMOS 管的版图比较接近，区别在于二者相应区域的注入类型刚好相反，而且由于以 N 阱工艺为例，NMOS 管直接制作在 P

型衬底上，所以在 NMOS 管的版图中不存在阱层这一版图层。

知识要点提醒

无论是 NMOS 管还是 PMOS 管，除了栅极、源极和漏极之外，千万不要忘了衬底极(B)。而且，对于 P 衬底 N 阱工艺，所有 NMOS 管的衬底极都必须连接至系统最低电位。

图 8.9 为某集成电路工艺下的 PMOS 管和 NMOS 管的实际版图，其中图 8.9(a)为 PMOS 管，图 8.9(b)为 NMOS 管。在图 8.9 中，阱接触和衬底接触都采用了环形结构，衬底接触和阱接触将在稍后的内容中进行介绍。

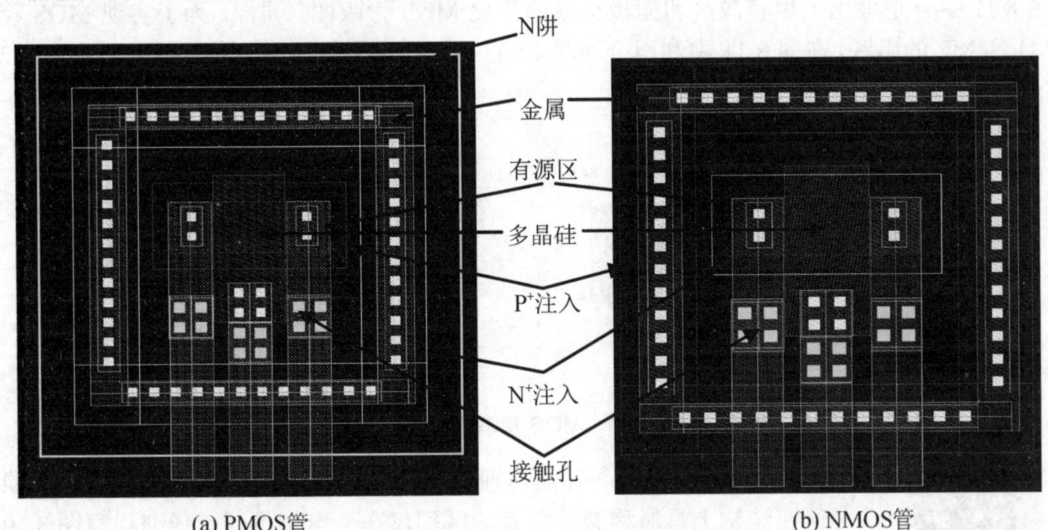

图 8.9　MOS 管的实际版图

【MOS 管的实际版图彩图】

8.3　MOS 管版图设计技巧

MOS 管是 CMOS 集成电路中最重要的组成部分，MOS 管版图设计的好坏将直接影响 CMOS 集成电路的性能。人们已经总结出一些关于 MOS 管版图的设计技巧，利用这些技巧可以减小 MOS 管版图的面积、提高 MOS 管的性能和可靠性。

8.3.1　源漏共用

CMOS 集成电路通常是由很多 MOS 管组成的，但是即使再复杂的电路，MOS 管的连接方式也不外乎串联、并联和串并联这 3 种。

1. MOS 管的串联

我们先看一下两个 MOS 管的串联，如图 8.10 所示，两个 MOS 管 M1 和 M2 标出了栅极、源极和漏极，没有标出衬底极和管子的类型，但这并不影响分析 MOS 管的串联连接。M1 和 M2 串联连接，电流应依次通过这两个 MOS 管，所以可以利用金属(图中粗线)将

MOS 管 M1 的 D1 极和 MOS 管 M2 的 S2 极进行连接，连接后的公共节点为 A12。

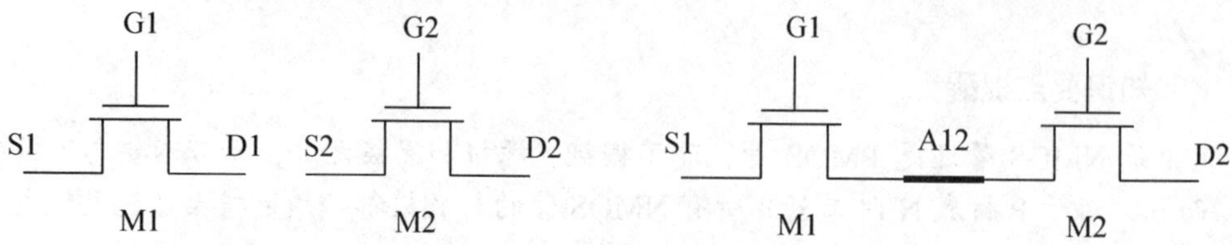

图 8.10　MOS 管串联的电路图

与图 8.10 中 MOS 管串联的电路图相对应的版图如图 8.11 所示。为了简便起见，在图 8.11 中只是画出了由有源区和栅极构成的简化 MOS 管版图。同样，为了实现 MOS 管 M1 和 M2 的串联，在图 8.11 中利用金属将 MOS 管 M1 的右侧有源区(漏区)和晶体管 M2 的左侧有源区(源区)进行连接。

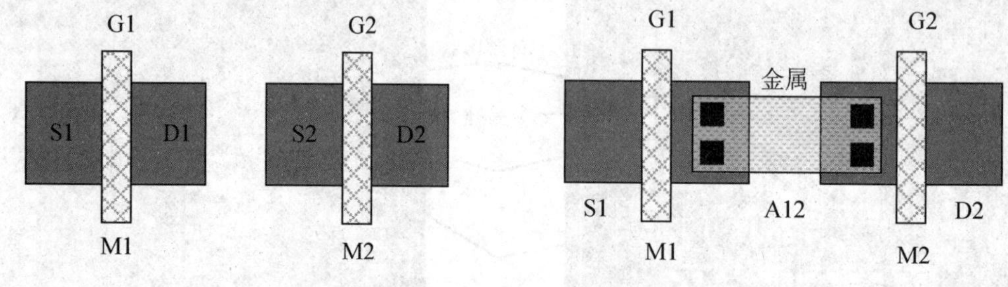

图 8.11　MOS 管串联的版图

【MOS 晶体管串联版图及源漏共用】

通过第 1 章半导体器件理论基础的学习可知，MOS 管的源区和漏区在结构上是对称的，二者的区别仅在于电位不同。仔细观察图 8.10 和图 8.11，MOS 管 M1 和 M2 是串联连接，MOS 管 M1 的 D1 极和 MOS 管 M2 的 S2 极二者电位是相等的，所以，图 8.11 中用来连接 D1 极和 S2 极的金属是多余的，可以将其去除并将 MOS 管 M1 的漏区和 MOS 管 M2 的源区合并在一起，这就是源漏共用技术。如图 8.12 所示，其中 A12 既是 MOS 管 M1 的漏区也是 MOS 管 M2 的源区。

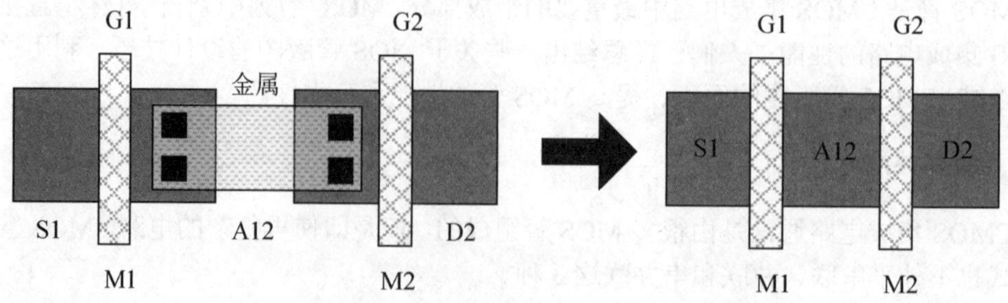

图 8.12　MOS 管的源漏共用

通过图 8.12 可以看出，利用源漏共用技术消除了晶体管之间的空间，而且通过合并公共区域减小串联 MOS 管的版图面积。

图 8.12 为两个 MOS 管串联的版图，同理，利用源漏共用技术得到 3 个 MOS 管串联的电路图和版图如图 8.13 所示，其中 A12 既是 MOS 管 M1 的漏区也是 MOS 管 M2 的源区，A23 既是 MOS 管 M2 的漏区也是 MOS 管 M3 的源区。

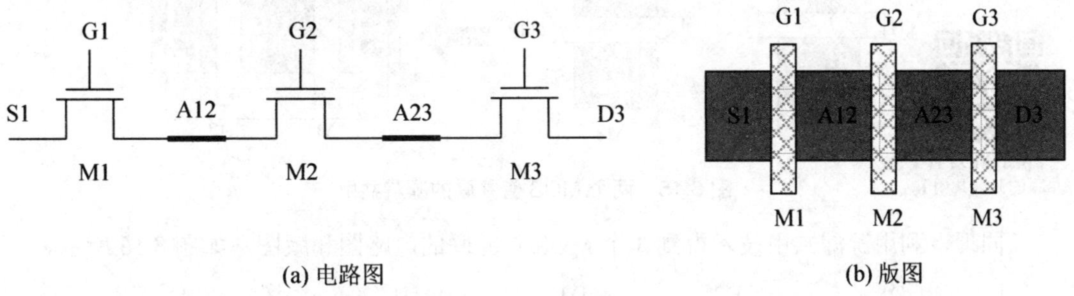

(a) 电路图　　(b) 版图

图 8.13　3 个 MOS 管串联的电路图和版图

同理，N 个 MOS 管的串联也同样可以利用源漏共用技术，这里不详细叙述。

2. MOS 管的并联

MOS 管的并联指的是 MOS 管的源极和源极相连，漏极和漏极相连，各自的栅极是独立的，电流同时流过 MOS 管。两个 MOS 管并联的电路图和版图如图 8.14 所示。

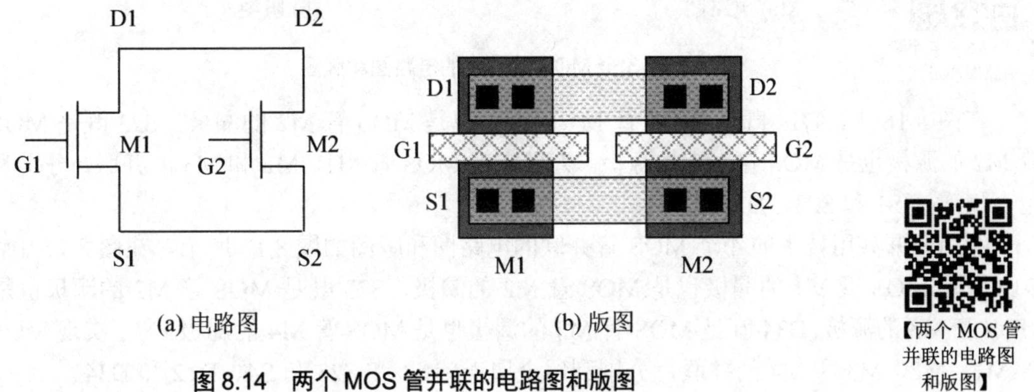

(a) 电路图　　(b) 版图

图 8.14　两个 MOS 管并联的电路图和版图

【两个 MOS 管并联的电路图和版图】

通过观察图 8.14 可以看出，对于两个 MOS 管的并联，它们的源极电位相同，漏极电位也相同，也可以利用与源漏共用技术来简化版图。首先将图 8.14 中的 MOS 管 M1 顺时针旋转 90°，然后将 MOS 管 M2 逆时针旋转 90°，利用源漏共用技术将 M1 和 M2 的漏区合并，最后利用金属将两个 MOS 管的源极相连，如图 8.15 所示，图中 D12 既是 MOS 管 M1 的漏区也是 M2 的漏区。

比较图 8.15 和图 8.12 可以看出，两个 MOS 管串联和并联版图比较接近，区别在于图 8.12 中 MOS 管 M1 的源极 S1 和 MOS 管 M2 的漏极 D2 之间没有金属连接，而在图 8.15 中 MOS 管 M1 的源极 S1 和 MOS 管 M2 的源极 S2 有金属连接。实际上，在图 8.12 中，M1 的源极 S1 和 M2 的漏极 D2 二者电位不相等；而在图 8.15 中，M1 的源极 S1 和 M2 的源极 S2 二者的电位相等。

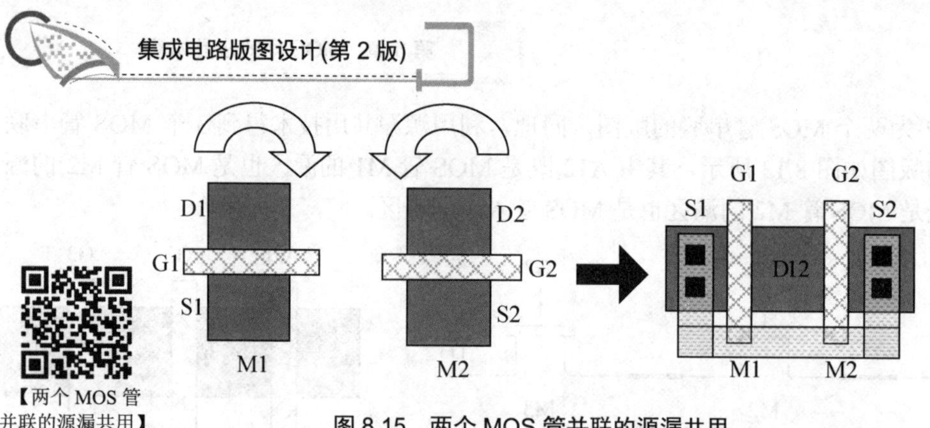

【两个 MOS 管并联的源漏共用】

图 8.15　两个 MOS 管并联的源漏共用

同理，利用源漏共用技术得到 3 个 MOS 管并联的电路图和版图，如图 8.16 所示。

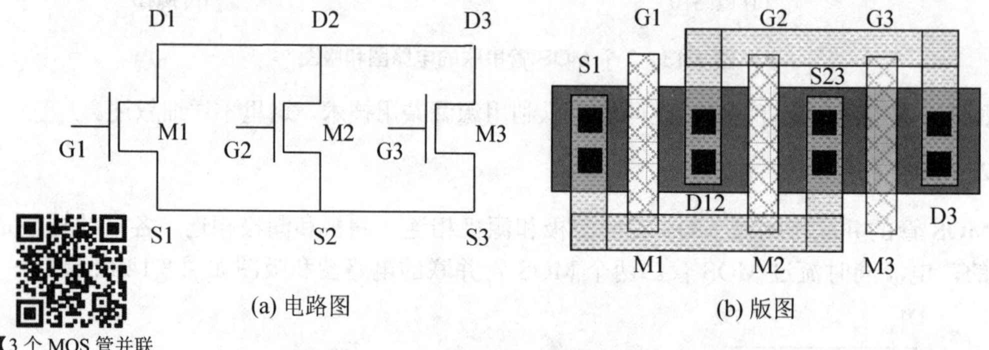

(a) 电路图　　(b) 版图

【3 个 MOS 管并联的电路图和版图】

图 8.16　3 个 MOS 管并联的电路图和版图

在图 8.16 中，D12 既是 MOS 管 M1 的漏极也是 MOS 管 M2 的漏极，S23 既是 MOS 管 M2 的源极也是 MOS 管 M3 的源极。为了实现 MOS 管 M1、M2 和 M3 的并联，分别利用金属连接 S1 和 S23、D12 和 D3。

利用源漏共用技术的 4 个 MOS 管并联的电路图和版图如图 8.17 所示。在图 8.17 中，D12 既是 MOS 管 M1 的漏极也是 MOS 管 M2 的漏极，S23 既是 MOS 管 M2 的源极也是 MOS 管 M3 的源极，D34 既是 MOS 管 M3 的漏极也是 MOS 管 M4 的漏极。为了实现 MOS 管 M1、M2、M3 和 M4 的并联，分别利用金属连接 S1 和 S23 和 S4、D12 和 D34。

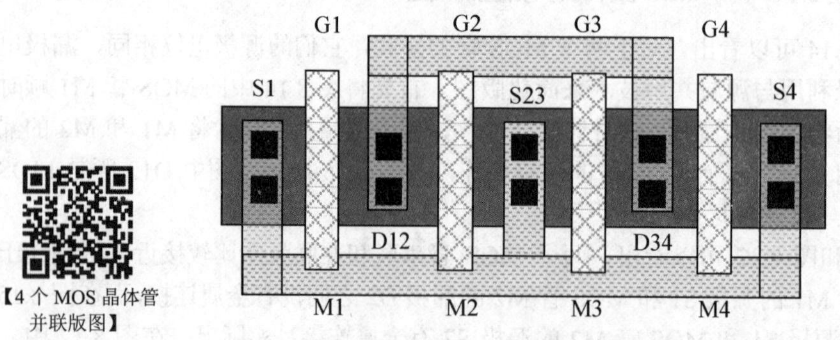

【4 个 MOS 晶体管并联版图】

图 8.17　4 个 MOS 管并联版图

图 8.16 和图 8.17 中用来连接有源区的金属的形状很像左手和右手手指的交叉排列，因此这种并联的版图图形通常称为叉指连接。

3. MOS 管的串并联

MOS 管的串并联就是 MOS 管串联和并联的复合，简称复联。复联的连接方式可以先串联后并联，也可以先并联后串联。

图 8.18 为数字集成电路中或与非门的电路图和版图，实现逻辑运算或与非 $OUT = \overline{(A+B)C}$。

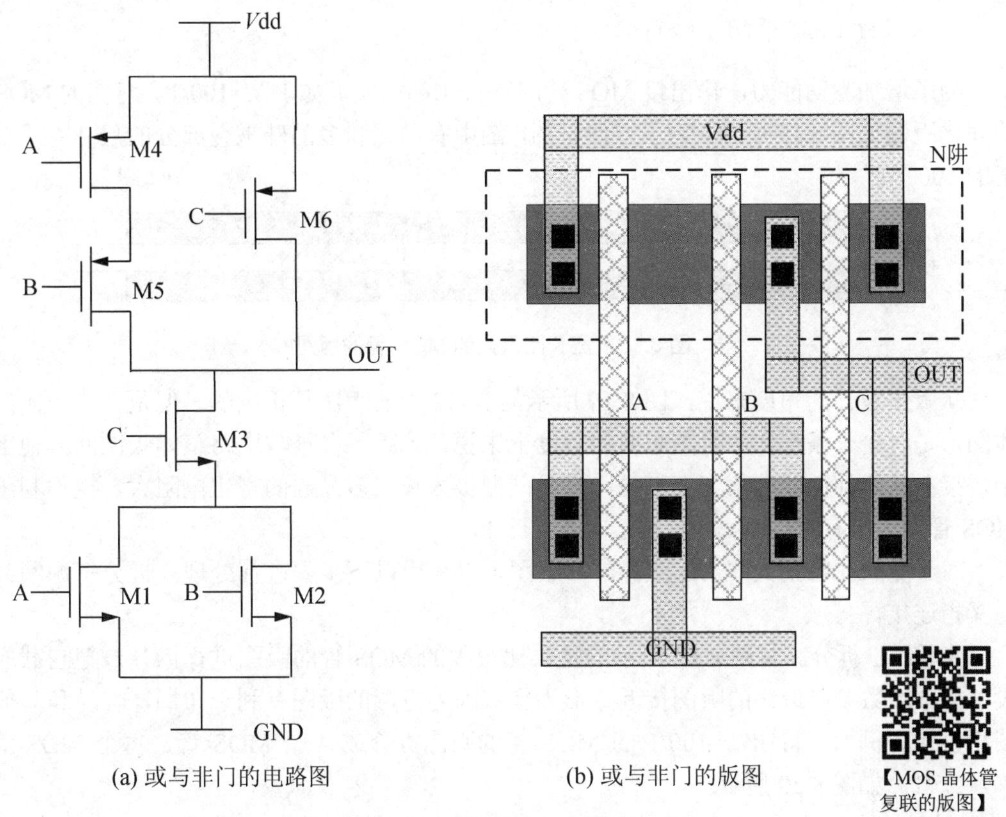

(a) 或与非门的电路图　　(b) 或与非门的版图

【MOS 晶体管复联的版图】

图 8.18　MOS 管复联的版图

在图 8.18 中，上半部分为放置在 N 阱中的 PMOS 管，下半部分为 NMOS 管。由于 MOS 管 M1 和 M4 的栅极信号相同(输入信号 A)，MOS 管 M2 和 M5 的栅极信号相同(输入信号 B)，MOS 管 M3 和 M6 的栅极信号相同(输入信号 C)，所以在图 8.17 中，具有相同栅极信号的 NMOS 管和 PMOS 管用同一个栅极，即 3 个多晶硅栅极贯穿 NMOS 管和 PMOS 管的有源区。同样，在图 8.18 中 MOS 管复联的版图也利用了源漏共用技术。

知识要点提醒

源漏共用技术在 MOS 管的版图设计中经常使用，利用源漏共用技术消除了晶体管之间的空间，合并了晶体管的公共区域，减小了 MOS 管的版图面积。注意，只有电位相同的有源区才能源漏共用。

8.3.2 特殊尺寸 MOS 管

在 MOS 集成电路中，有时可能会用到特殊尺寸的 MOS 管。例如，为了增加驱动能力，输出级 MOS 管的尺寸通常都做得比较大，即输出级 MOS 管的宽长比很大(>>1)；例如，为了减小寄生电容提高工作速度，应尽量减小 MOS 管的尺寸，即 MOS 管的宽长比很小(<1)。人们将宽长比很大和宽长比很小的 MOS 管称为特殊尺寸 MOS 管。

1. 大尺寸 MOS 管(W/L>>1)

为了增加驱动能力，输出级 MOS 管的宽长比都很大，如 W/L=100/1，对应的 MOS 管的简化版图如图 8.19 所示。为了方便识图，图中有源区和多晶硅重叠部分的尺寸并不是严格的 100∶1。

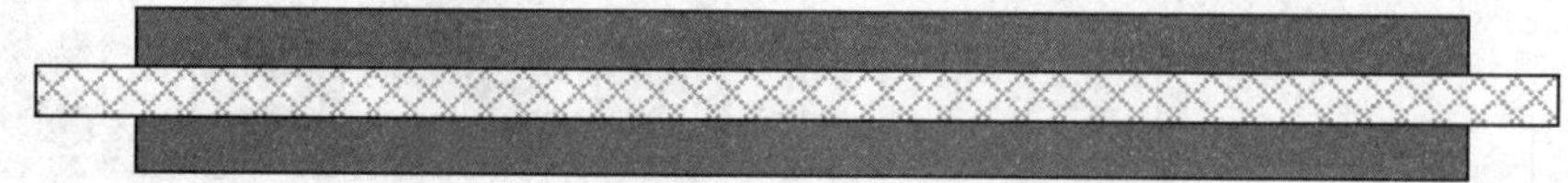

图 8.19 宽长比很大的 MOS 管的版图

从版图设计的角度来说，图 8.19 所示的 MOS 管的版图是正确的。但是，该版图的整体图形是一个长条形，从版图布局的角度上来说，该版图很难与电路整体版图的其他部分相拼接；从器件性能的角度上来说，多晶硅栅极太长，多晶硅的寄生电阻大，也不利于对 MOS 管沟道的有效控制。

对于宽长比特别大的 MOS 管，其版图可以采用以下步骤进行处理：拆分→源漏共用→叉指连接。

步骤 1：拆分。将图 8.19 所示的宽长比很大的 MOS 管的版图进行拆分，把它截成几段，拆分的数量以最终的版图接近方形为宜，因为方形的版图有利于布局，容易和其他版图相拼接。例如，将 W/L=100/1 的 MOS 管的版图拆分成 4 个 MOS 管，每个 MOS 管的 W/L=25/1，如图 8.20 所示。

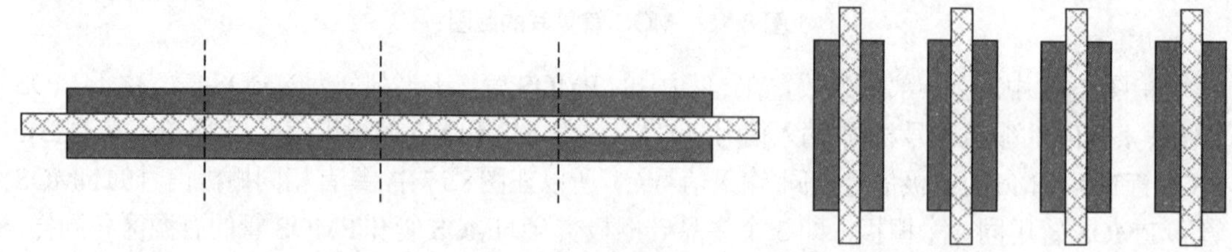

图 8.20 宽长比很大的 MOS 管的拆分

步骤 2：源漏共用。对于图 8.20 中的 4 个 MOS 管，利用源漏共用技术将它们并联，如图 8.21 所示，图中并没有标出各个 MOS 管的电极。

步骤 3：叉指连接。采用叉指连接的方式对图 8.21 的版图进行金属连接，连接结果如图 8.22 所示。

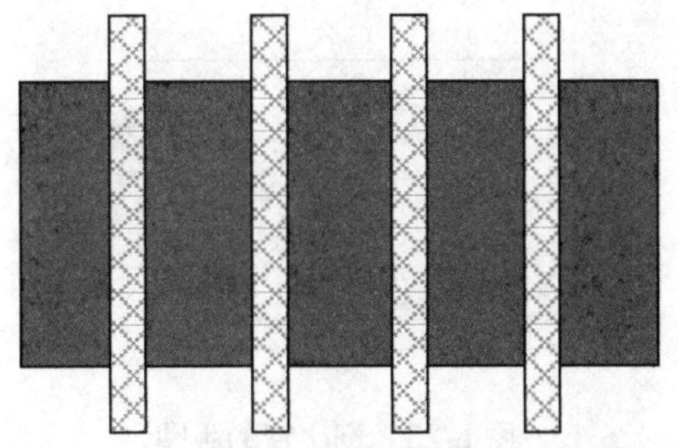

图 8.21　宽长比很大的 MOS 管的源漏共用

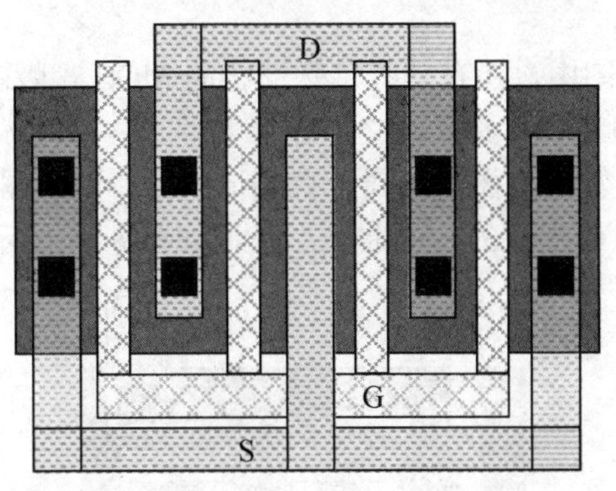

【宽长比很大的 MOS 管的叉指连接】

图 8.22　宽长比很大的 MOS 管的叉指连接

在图 8.22 中标出了 MOS 管的源极 S、漏极 D 和栅极 G，同样源极和漏极也是可以互换的。图 8.22 中栅极的连接采用多晶硅。需要注意，由于这 4 个 MOS 管并联成为一个晶体管，所以图 8.21 中的 4 个多晶硅栅极必须连接在一起，这一点与图 8.17 是不一样的。图 8.22 中栅极的寄生电阻为图 8.20 中栅极寄生电阻的 1/4。

图 8.22 所示的版图接近于正方形，表明拆分的数目还是比较合理的。如果版图最终的尺寸与正方形相差较大，则应重新进行拆分，并重复步骤 1 至步骤 3。

在 MOS 集成电路版图中，多晶硅也可作为连线使用，但要尽量少用，因为和金属相比多晶硅的电阻比较大。在布线困难的地方可以用多晶硅作为跳线，一旦可以布线容易应立即跳回金属布线。

2. 小尺寸 MOS 管($W/L<1$)

MOS 集成电路中的大部分 MOS 管的宽长比都是大于 1 的，但也偶尔也会出现宽长比小于 1 的 MOS 管，这样的 MOS 管通常被称为倒比管。

倒比管的宽长比很小，其导通电阻就很大，在电路中可以作为上拉电阻和下拉电阻使用，在作为上拉电阻和下拉电阻使用过程中，MOS 管是一直导通的。如果用倒比管作上拉电阻，应使用栅极接地的 PMOS 管；如果用倒比管作下拉电阻，应使用栅极接电源的 NMOS 管。

倒比管的版图如图 8.23 所示，图中有源区和栅极重叠部分的长度大于宽度，所以宽长比小于 1。

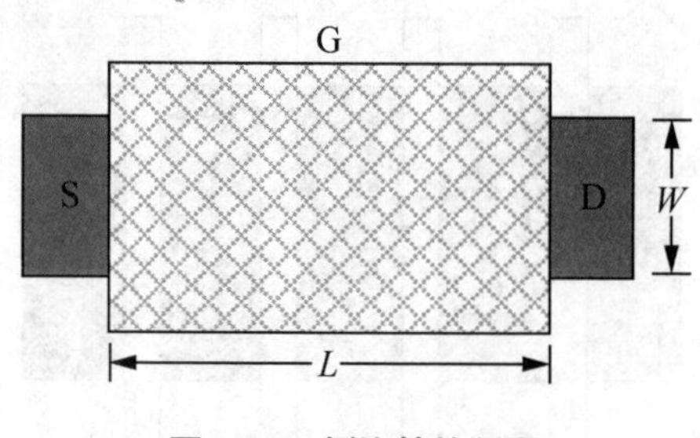

图 8.23　倒比管的版图

3. 特殊形状 MOS 管

在 MOS 集成电路版图中，还有一些特殊形状的 MOS 管版图，这些特殊形状的 MOS 管版图虽然很少使用，但还是有必要对它们进行了解。

以上所介绍的 MOS 管的版图都是属于直线形版图，即版图中的栅极都是直线形状，但也有多晶硅栅极不是直线形状的，如曲线形状，如图 8.24 所示。

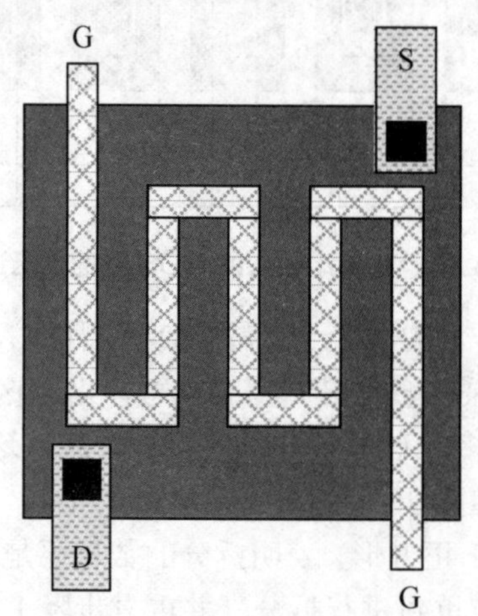

【曲线形状 MOS 管的版图】

图 8.24　曲线形状 MOS 管的版图

在图 8.24 中，多晶硅栅极是曲线形状的，栅极两端必须延伸出有源区，否则在硅栅工艺下将不能形成 MOS 管。

小思考：在图 8.24 中，为什么多晶硅栅极两端必须延伸出有源区，否则将不能形成 MOS 管？

通过分析图 8.24 中 MOS 晶体管的源区、漏区和电流流动方向，可以得到该 MOS 管的沟道长度和沟道宽度，如图 8.25 所示。在图 8.25 中，被多晶硅栅极分开的标有 S 的区域为 MOS 管的源区，而被多晶硅栅极分开的标有 D 的区域为 MOS 管的漏区，源区和漏区都只放置了一个接触孔用来金属连接。在图中，假设电流是从源区流向漏区，箭头代表电流的方向。通过图 8.25 可以看出，电流从源区流向漏区所经过的距离就是沟道长度，图中用 L 标出；在与沟道长度垂直的方向上，多晶硅与有源区交叠部分的尺寸就是沟道宽度 W，即图中虚线的总长度。

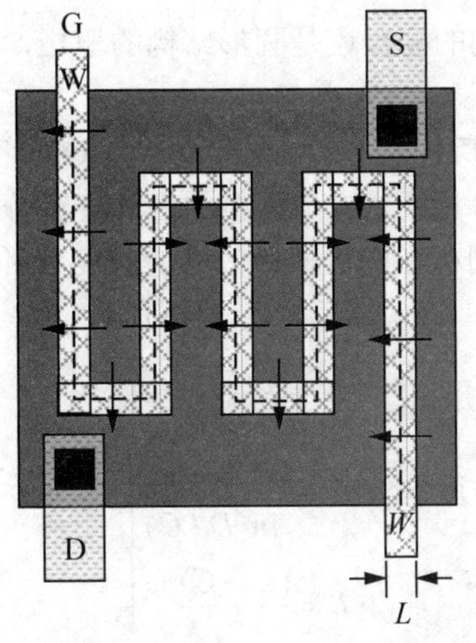

【曲线形状 MOS 管的沟道长度和沟道宽度】

图 8.25　曲线形状 MOS 管的沟道长度和沟道宽度

除了曲线形状之外，还存在环形结构的 MOS 管，其版图如图 8.26 所示。在图 8.26 中，被多晶硅栅极包围的有源区为 MOS 管的漏极，在多晶硅栅极外围的有源区为 MOS 管的源极。

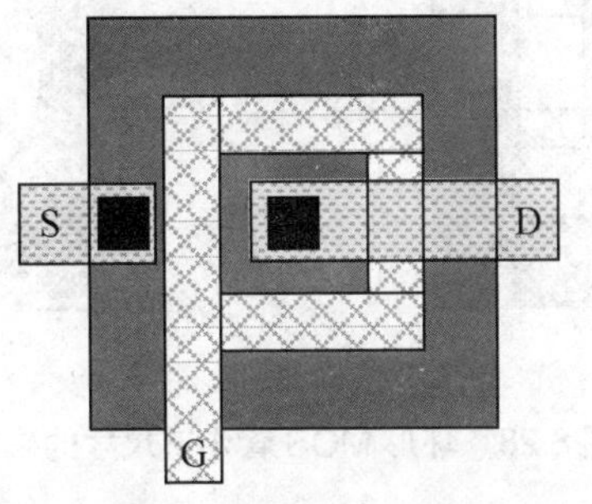

【环形 MOS 管的版图(方形和圆形栅极)】

图 8.26　环形 MOS 管的版图(方形栅极)

在图 8.26 中，多晶硅栅极的形状是方形的，对于环形 MOS 管，多晶硅栅极的形状还可以是圆形的，如图 8.27 所示。

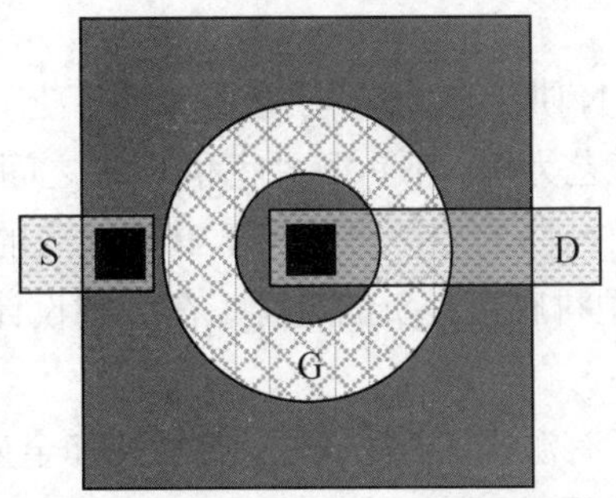

图 8.27　环形 MOS 管的版图(圆形栅极)

图 8.27 的版图要优于图 8.26 的版图，这是因为方形栅极具有尖锐的拐角，会因为电场增强而过早诱发雪崩击穿。

很明显，无论是方形结构的栅极还是圆形结构的栅极，环形 MOS 晶体管都减小了漏区电容但增大了源区电容。

和其他形状的 MOS 管的版图相比较，对于环形 MOS 管的版图，沟道长度和沟道宽度的确定要复杂一些。如图 8.28 所示，方形栅极的内外直径分别为 A 和 B，圆形栅极的内外直径分别为 C 和 D，则方形栅极和圆形栅极的沟道长度 L 和沟道宽度 W 分别为

$$\left.\begin{aligned} W &\approx 2(A+B) \\ L &\approx \frac{(B-A)}{2} \end{aligned}\right\} \tag{8-1}$$

$$\left.\begin{aligned} W &= \frac{\pi(D-C)}{\ln(D/C)} \\ L &= \frac{(D-C)}{2} \end{aligned}\right\} \tag{8-2}$$

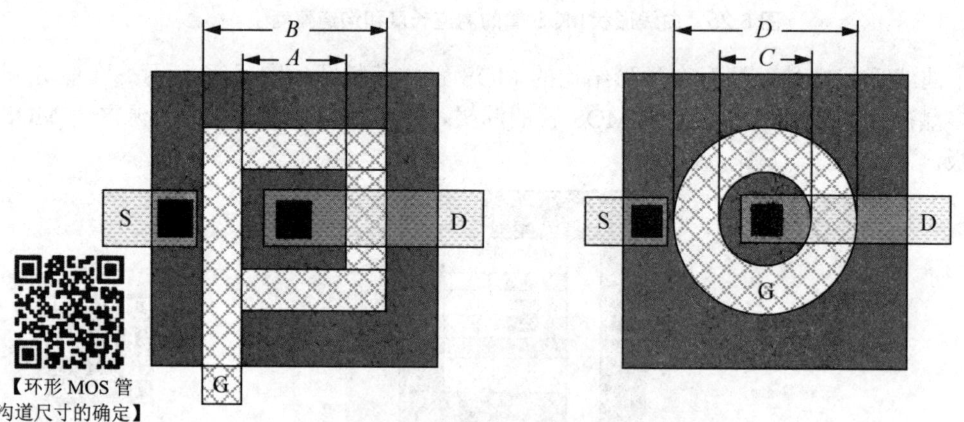

图 8.28　环形 MOS 管沟道尺寸的确定

小思考： 式(8-1)和式(8-2)是如何推导出的？

8.3.3　衬底连接与阱连接

制作 CMOS 集成电路有 N 阱工艺、P 阱工艺和双阱工艺，无论哪种工艺，在阱和衬底之间都存在 PN 结。以 N 阱工艺为例，在 P 型衬底和 N 阱之间存在 PN 结，如图 8.29 所示。为了保证 PN 结的有效隔离，N 阱的电位必须高于 P 型衬底的电位，最简单最可靠的方法是将 N 阱接最正的电源，P 型衬底接最负的电源。在版图设计中，将设置衬底或阱连接的方式称为衬底连接或阱连接。

图 8.4 最上面的图形包括有源区、N^+注入层、接触孔和金属，该图形的作用就是 PMOS 晶体管的阱连接；图 8.8 最上面的图形包括有源区、P^+注入层、接触孔和金属，该图形的作用就是 NMOS 管的衬底接触。

阱是利用掺杂工艺在半导体材料上形成的重掺杂区域，尽管是重掺杂区域，阱还是有

电阻的，第 4 章中的阱电阻就是最好的例子。由于阱具有电阻，所以阱不同位置的电位就不同，如果阱连接布置不适当的话，就可能会导致阱和衬底之间的 PN 结出现不希望的正偏，隔离作用失效。阱连接设置得越好，发生 PN 结正偏的可能性就越小。图 8.4 中的阱连接是正确的，但并不好。

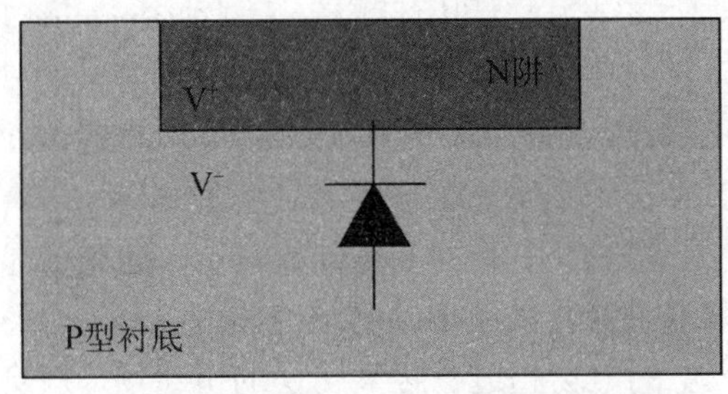

图 8.29　阱和衬底之间的 PN 结

设置阱连接的经验法则是在满足设计规则的前提下，在阱的空闲区域尽可能多地设置阱连接。比较常用的设置阱连接的方式是用阱连接环绕 MOS 管，如图 8.30 所示。在图 8.30 中，四周的阱连接都是由有源区、N^+注入层、接触孔和金属构成的。

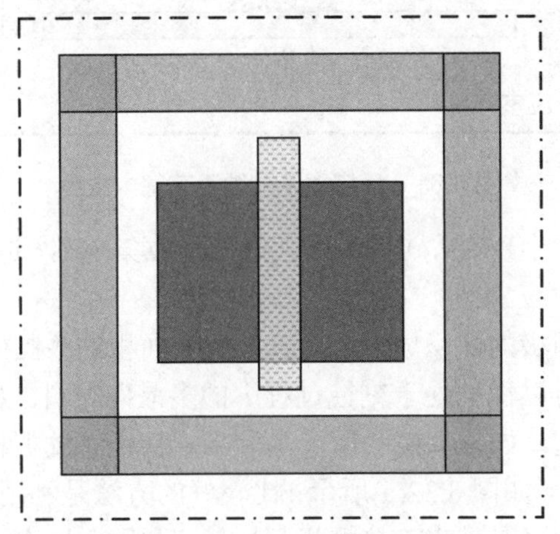

【阱连接环绕 MOS 管】

图 8.30　阱连接环绕 MOS 管

衬底连接比阱连接更加重要，因为衬底是轻掺杂或中等掺杂浓度的，其电阻比阱要大。如果衬底连接不适当的话，则 MOS 晶体管可能会出现闩锁效应，成为导致芯片损坏的因素。设置衬底连接的经验法则也是在满足设计规则的前提下，在衬底的空闲区域尽可能多地设置衬底连接。

知识要点提醒

在阱和衬底的空闲区域内应尽可能多地设置阱连接和衬底连接。

8.3.4 天线效应

现代 CMOS 管的栅极采用多晶硅材料制成，多晶硅是一种非常脆弱的材料，在硅片加工过程中容易损坏，因此如何连接 MOS 管的栅极也是一个重要问题。

在 CMOS 集成电路制造工艺中，利用反应离子刻蚀(Reactive Ion Etch，RIE)工艺对多晶硅材料进行刻蚀，从而得到多晶硅栅极。反应离子刻蚀工艺的基本原理如图 8.31 所示，为了使反应离子刻蚀顺利进行，加在 RIE 反应室上的电压高达 2000V 以上，而反应室基座上的电位为零伏，待加工的硅片就放置在基座上，因此硅片处于零电位。在反应刻蚀进行过程中，2000V 以上的电压施加在中间的多晶硅材料上，随着多晶硅材料不断被刻蚀，在留下的多晶硅材料上会积累电荷。如果多晶硅的体积(主要是面积)比较大，就会积累大量的电荷，如果这些电荷产生的电场超过栅极氧化层的击穿场，就会导致栅极氧化层损坏，MOS 晶体管在制造过程中失效。

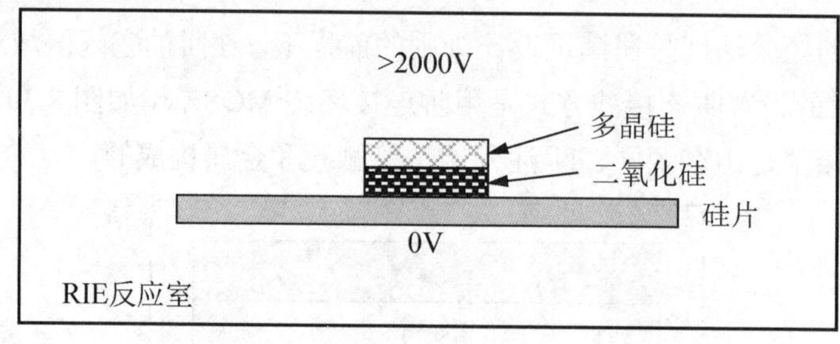

图 8.31 反应离子刻蚀工艺基本原理

在反应离子刻蚀过程中，多晶硅材料像天线一样收集电荷，造成栅极氧化层击穿 MOS 管失效的现象称为天线效应。

天线效应和多晶硅栅极的面积成正比，因此将大面积的多晶硅分割成多个小面积的多晶硅并用金属进行连接可以保护处于刻蚀过程中的多晶硅材料。如图 8.32 所示，4 个 MOS 管的栅极需要连接在一起，如果直接利用多晶硅来连接所有的栅极，则多晶硅的面积就有些大，容易发生天线效应，如图 8.32(a)所示；比较好的方法是利用金属来连接所有的栅极，如图 8.32(b)所示。和利用多晶硅来连接栅极相比较，利用金属来连接栅极是一种更安全有效、更可靠的方法。

知识要点提醒

在一些集成电路制造工艺的设计规则手册里会说明单个多晶硅栅极的最大尺寸，遵守这条设计规则可以最大限度地避免天线效应。

由于多晶硅栅极和第一层金属相连接，如果第一层金属也是利用反应离子刻蚀工艺来制造，那么多晶硅上也会积累电荷，这时可以通过设置栅箝位二极管来避免天线效应。当 PN 结上的反偏电压足够大，达到反向击穿电压时，PN 结开始传导电流，即反偏 PN 结可以提供保护。PN 结的反向击穿电压远高于电路正常工作时的电压，但和二氧化硅的击穿电压相比还是很低的。因此可以在衬底上制作一个小的二极管，并与多晶硅栅极相连接，如图 8.33 所示，该二极管将限制所产生的电压幅度，提供对栅极的保护，它称为栅箍位二极管(Net Area Check，NAC)。

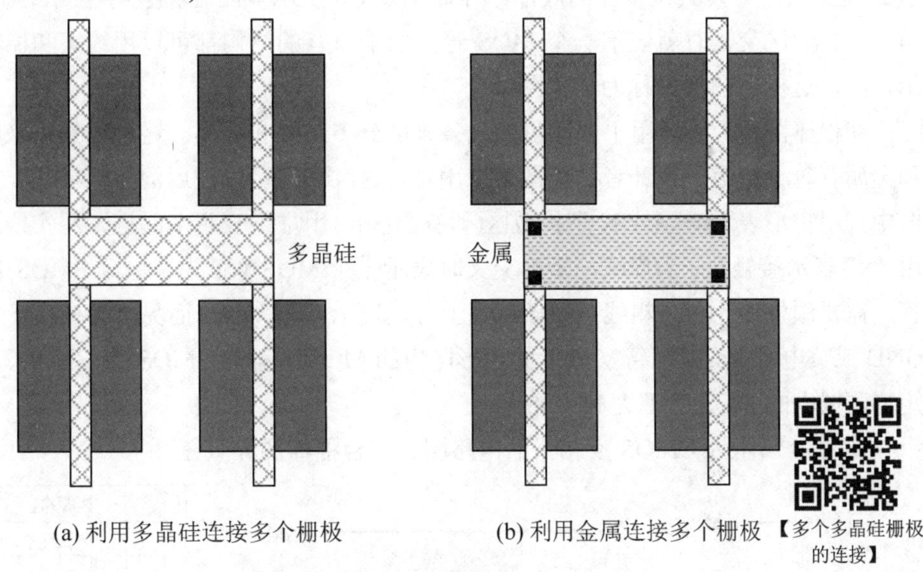

(a) 利用多晶硅连接多个栅极　　(b) 利用金属连接多个栅极

【多个多晶硅栅极的连接】

图 8.32　多个多晶硅栅极的连接

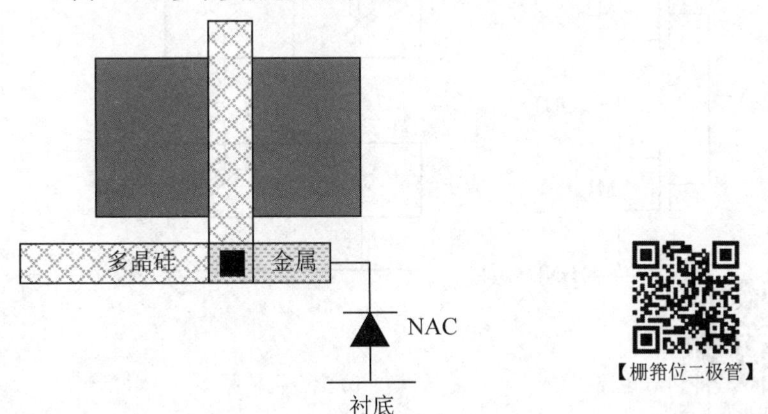

【栅箍位二极管】

图 8.33　栅箍位二极管

并不是所有的栅极都需要栅箍位二极管来提供保护。如果一个栅极用第一层金属直接连接到另一个 MOS 管的源漏区，则另一个 MOS 管源漏区和衬底之间的 PN 结将自动成为栅箍位二极管。

8.4　棍棒图

源漏共用技术可以减小 MOS 电路版图的面积，但是如何才能从电路图中得到最有效的源漏共用版图呢？可以利用棍棒图来做到这一点。棍棒图是介于电路和版图之间的一种

中间形式，棍棒图主要用来帮助人们设计版图的布局与布线。

用一条水平的棒状图形表示 P 型扩散区并使其位于图形的顶部，用另一条棒状图形表示 N 型扩散区并使其位于图的底部，用简单的线条表示多晶硅和金属连线，当一条多晶硅与一个扩散区交叉时就表示一个 MOS 管，由于所有的结构都可以用线条和棒状图形来表示，所以这样的图形就称为棍棒图。

在棍棒图中，通常用不同颜色的线条来区分多晶硅和金属。这种用颜色来区分多晶硅和金属有时会给版图设计者的绘图带来困难，这时人们可以使用混合棍棒图。在混合棍棒图中，用矩形表示 P 型或 N 型扩散区(即有源区)，用虚线表示多晶硅，用实线表示金属，用“×”表示接触孔。当虚线与矩形交叉时表示一个 MOS 管。为了区分 PMOS 管和 NMOS 管，需要额外设计两条粗线：一条在最上方，表示电源 Vdd；而另一条在最下方，表示地 GND 或负电源 Vss。距离 Vdd 近的矩形区内的 MOS 管都为 PMOS 管，而距离 GND 近的矩形区域内的 MOS 管都为 NMOS 管。

图 8.34 所示为 CMOS 反相器的电路图、混合棍棒图和版图。

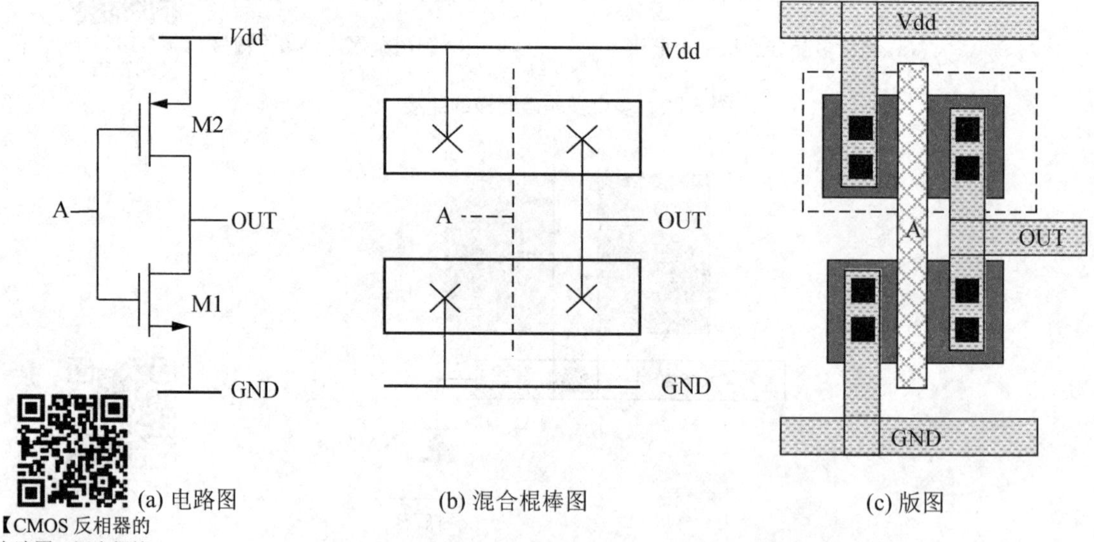

(a) 电路图　　(b) 混合棍棒图　　(c) 版图

【CMOS 反相器的电路图、混合棍棒图和版图】

图 8.34　CMOS 反相器的电路图、混合棍棒图和版图

例题：画出 2 输入 CMOS 与非门的电路图和混合棍棒图。

解：图 8.35 为 2 输入 CMOS 与非门的电路图和混合棍棒图，图中每个矩形在两条虚线之间的区域就是源漏共用区域。

混合棍棒图能够给设计者更多器件的感觉，更加接近真实版图，因此使用较多。棍棒图或混合棍棒图主要用来解决版图布局问题，如果晶体管的数量比较多，使用混合棍棒图进行版图布局设计可以节省大量时间。需要注意的是，在混合棍棒图中不需要考虑 MOS 管的宽长比，也不需要考虑最小间距等设计规则，但在进行版图绘制时必须把所有的设计规则都考虑进去。

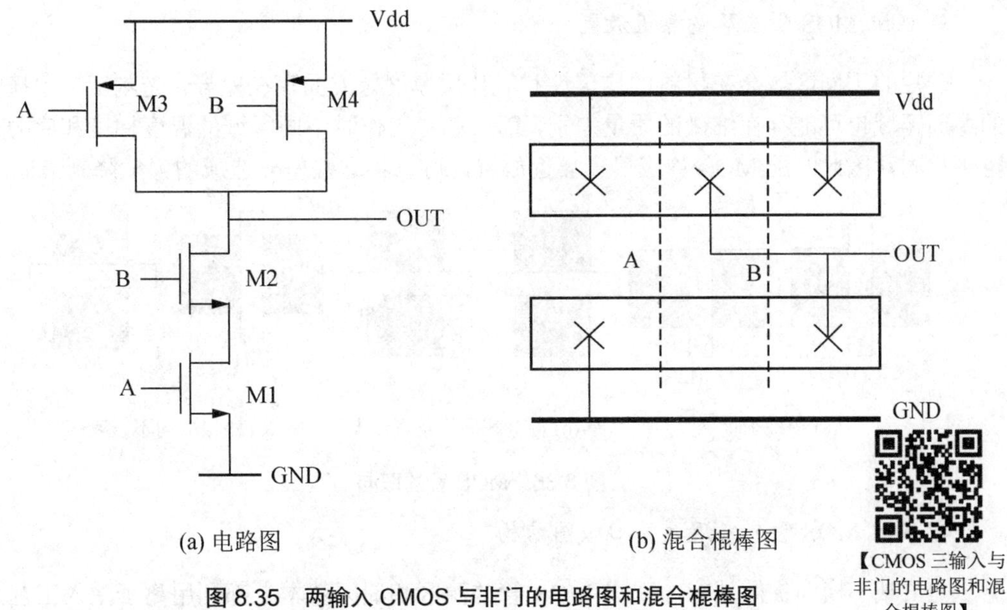

(a) 电路图　　(b) 混合棍棒图

图 8.35　两输入 CMOS 与非门的电路图和混合棍棒图

【CMOS 三输入与非门的电路图和混合棍棒图】

8.5　MOS 管的匹配规则

各种模拟电路都可能会用到匹配 MOS 管，例如，差分对需要匹配栅源电压，电流镜需要匹配漏极电流。

MOS 管的尺寸、形状和方向以及周围环境都会影响它们之间的相互匹配。MOS 管的匹配规则可以帮助版图设计者实现匹配 MOS 管，以下是比较重要的也是经常使用的 MOS 管的匹配规则。

1. 匹配 MOS 管应采用相同的形状

MOS 管可以有多种形状，包括直线形、曲线形和环形。无论采用哪种形状，匹配 MOS 管的形状必须相同。如果 MOS 管的形状不同，边缘效应以及加工误差等将使 MOS 管无法实现精确匹配。

2. 匹配 MOS 管的取向应一致

由于在集成电路制造工艺中许多工艺步骤沿不同方向的特性是不一样的，所以匹配 MOS 管的取向应一致。MOS 管的取向一致包括两种情况，一是 MOS 管的栅极平行；二是 MOS 管的栅极在同一条直线上，如图 8.36(a)、(b)所示。图 8.36(c)所示为 MOS 管的取向不一致。

另外，由于单晶硅材料的各向异性，取向一致的 MOS 管会比取向不同的 MOS 管匹配更加精确。

3. 匹配 MOS 管应尽量靠近放置

硅片的不同区域会在材料的均匀性和氧化层厚度等方面存在差异，光刻工艺中掩膜版的不同区域也可能存在细微的质量差别，而且芯片工作时不同区域的温度梯度和应力梯度也不相同，因此匹配 MOS 管应尽量靠近放置，可以将这些差异造成的失配降到最低。

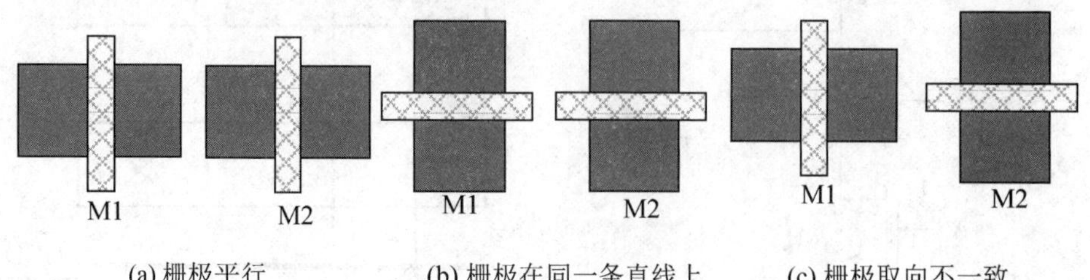

(a) 栅极平行　　(b) 栅极在同一条直线上　　(c) 栅极取向不一致

图 8.36　MOS 管的取向

4. 匹配 MOS 管应采用共质心版图结构

为了减小横向扩散效应，现在 MOS 管的源区和漏区基本上都利用离子注入工艺来制备。而在离子注入工艺中，为了避免沟道效应，通常采用倾斜注入的工作方式，即注入方向偏离轴向一个小角度(7°～10°)，这样就会存在一种称为“栅阴影”的现象。因为多晶硅能够对离子注入起到掩蔽作用，所以多晶硅会阻挡一部分离子，从而产生栅阴影，如图 8.37 所示。栅阴影造成多晶硅栅极两侧有源区的注入情况不同，在后续退火工艺完成后会造成源区和漏区边缘产生轻微的不对称。这种源区和漏区的不对称对工作在线性区的 MOS 管基本没有什么影响，但有时会对工作在饱和区的 MOS 管的跨导产生轻微影响，而在模拟集成电路中，大部分 MOS 管都工作在饱和区，所以必须考虑由于倾斜注入所造成的失配。

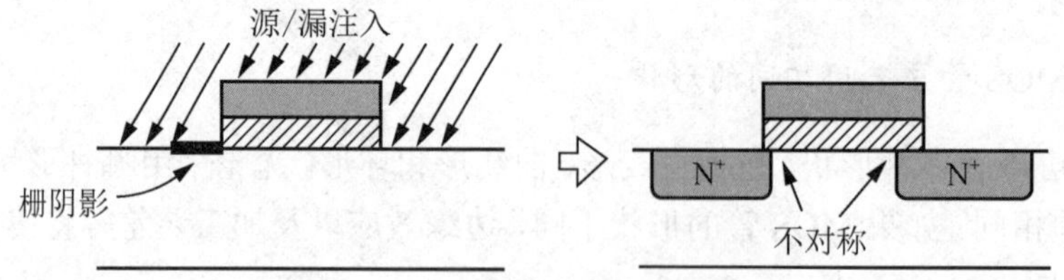

图 8.37　离子注入工艺中的栅阴影

掺杂半导体材料不同区域的杂质浓度可能会存在细微差别，这种现象称为杂质浓度梯度效应。如图 8.38 所示，即使取向一致的两个 MOS 管，由于存在杂质浓度梯度效应，这两个 MOS 管源漏区的掺杂浓度也不相同，从而产生失配。

通过减小匹配晶体管质心之间的距离，可以减小由于倾斜注入和杂质浓度梯度所引起的失配。匹配晶体管质心之间的距离越小，它们之间的失配就越小。

MOS 管通常利用叉指结构进行连接，可以利用叉指结构来构造紧凑的阵列。最简单的阵列是把晶体管叉指平行放置，通过适当地交错连接这些叉指，保证匹配 MOS 管的质心与阵列对称轴的中心对准，这样可以尽量减小 MOS 管质心之间的距离，有些版图能把

MOS 管质心之间的距离减小到 0。假设两个 MOS 管 M1 和 M2 需要匹配，为了保证质心正确对准，可以将 M1 和 M2 分别拆分成两段，版图采用 $(\frac{1}{2}\mathrm{M1})(\frac{1}{2}\mathrm{M2})(\frac{1}{2}\mathrm{M2})(\frac{1}{2}\mathrm{M1})$ 的叉指形式，如图 8.39 所示。

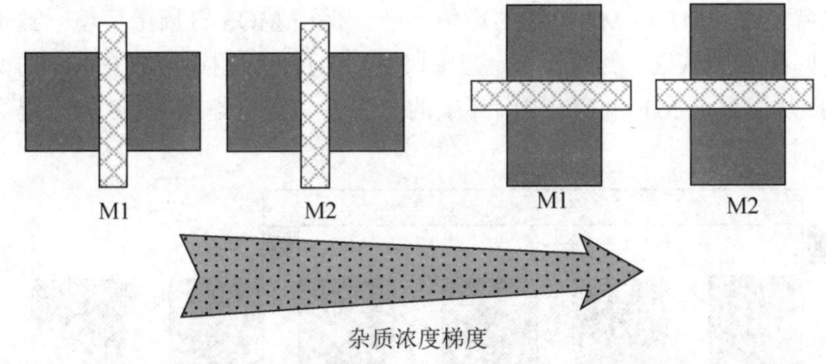

图 8.38　杂质浓度梯度造成的失配

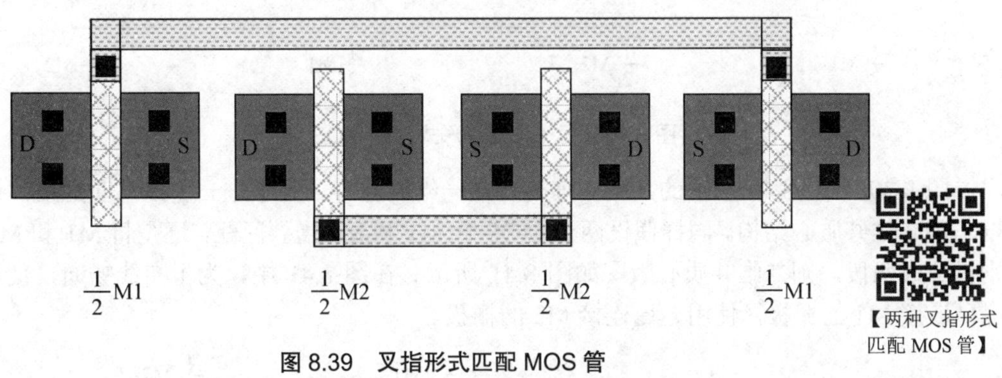

【两种叉指形式匹配 MOS 管】

图 8.39　叉指形式匹配 MOS 管

为了清楚地说明问题，在图 8.39 中，标出了 MOS 晶体管的源极和漏极。图 8.39 中 MOS 管 M1 和 M2 的质心都在阵列的中心，实现了共质心结构。无论是 M1 还是 M2，即使存在栅阴影现象，每个 MOS 管的源区和漏区的掺杂情况也是非常接近的。同样，假设在图 8.39 中存在从左至右的杂质浓度梯度效应，这种共质心版图可以保证两个 MOS 管的源区(或漏区)的掺杂浓度非常接近。

图 8.39 所示的版图结构为 $(\frac{1}{2}\mathrm{M1})(\frac{1}{2}\mathrm{M2})(\frac{1}{2}\mathrm{M2})(\frac{1}{2}\mathrm{M1})$ 的叉指形式，还可以有另外一种叉指形式，例如，$(\frac{1}{2}\mathrm{M1})(\frac{1}{2}\mathrm{M2})(\frac{1}{2}\mathrm{M1})(\frac{1}{2}\mathrm{M2})$，如图 8.40 所示。在图 8.40 中，为了识图方便，没有标出源漏极的连接，只是标出了栅极的连接。

这种叉指形式虽然可以避免栅阴影效应的影响，但是无法避免杂质浓度梯度的影响。不过和图 8.39 相比较，图 8.40 所示的叉指连接形式也有优点。在图 8.39 中，MOS 管 M2 漏区的外侧存在有源区(M1 的源区)，MOS 管 M1 源区的外侧也存在有源区(M2 的漏

区)，但是 M1 漏区的外侧却只有场氧，也就是说，M1 和 M2 的周围环境是不一样的；而在图 8.40 中，MOS 管 M1 源区的外侧存在有源区(分别为 M2 的漏区和源区)，M1 漏区只有一侧存在有源区(M2 的漏区)另一侧为场氧，同样，MOS 管 M2 源区的外侧也存在有源区(分别为 M1 的漏区和源区)，M2 漏区也只有一侧存在有源区(M1 的源区)而另一侧为场氧，也就是说，M1 和 M2 周围的环境一致，保证 MOS 管周围环境一致也能在一定程度上提高匹配度。从这个角度上来说，图 8.39 所示的版图还应该在 M1 的两侧设置虚拟 MOS 管，从而保证 M1 和 M2 周围环境的一致性。设置虚拟 MOS 管来提高匹配性将在第 5 条规则里说明。

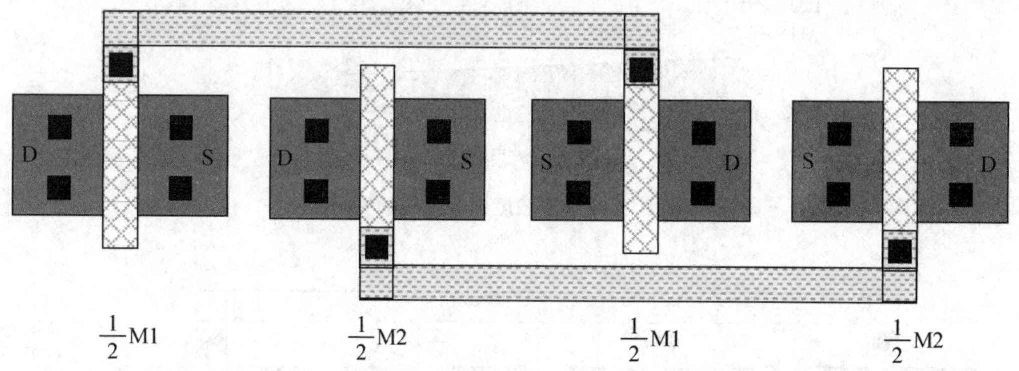

图 8.40 另一种叉指形式匹配 MOS 管

图 8.39 和图 8.40 所示的共质心阵列只是一维共质心，为了进一步提高匹配度，还可以采用二维共质心结构。同样假设两个 MOS 管 M1 和 M2 需要匹配，还是将 M1 和 M2 分别拆分成两段，则二维共质心版图如图 8.41 所示。在图 8.41 中，为了布线畅通，使用多晶硅连接 M1 的栅极，使用金属连接 M2 的栅极。

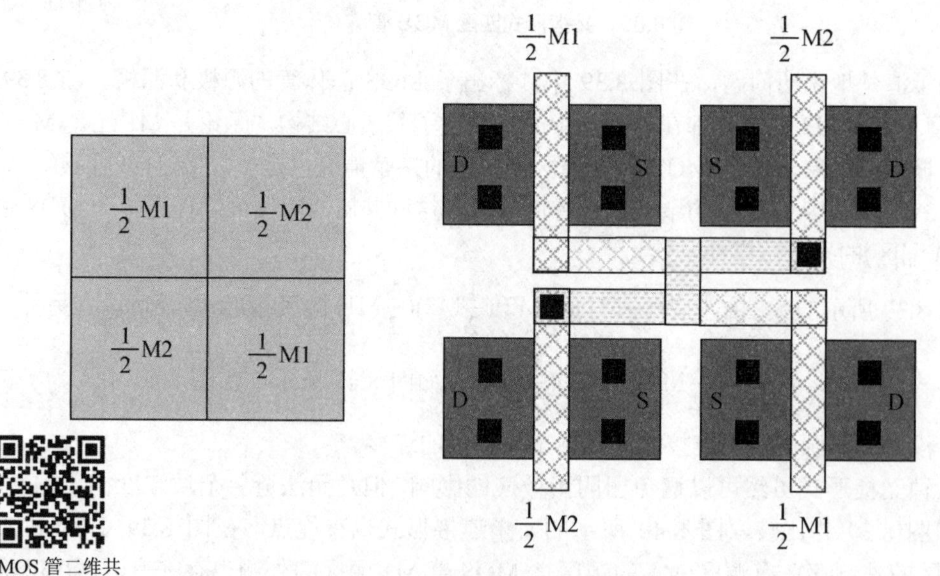

【MOS 管二维共质心版图】

图 8.41 MOS 管二维共质心版图

除了图 8.41 所示的二维共质心结构外，还有更复杂的二维共质心结构，如图 8.42 所示。在图 8.42 中，每个 MOS 管都被分成 8 段。图 8.42 所示的二维共质心适用于大尺寸 MOS 管的交叉耦合，但是布线非常困难。除非交叉耦合晶体管的尺寸特别大，否则还是应尽量使用图 8.41 所示的共质心结构。

二维共质心结构同样可以避免栅阴影和杂质浓度梯度造成的失配。由于二维共质心结构更加紧密，所以二维共质心结构的匹配特性要优于一维共质心结构，而且二维共质心结构的版图形状更接近正方形，有利于版图布局。

$\frac{1}{8}$M1	$\frac{1}{8}$M2	$\frac{1}{8}$M2	$\frac{1}{8}$M1
$\frac{1}{8}$M2	$\frac{1}{8}$M1	$\frac{1}{8}$M1	$\frac{1}{8}$M2
$\frac{1}{8}$M1	$\frac{1}{8}$M2	$\frac{1}{8}$M2	$\frac{1}{8}$M1
$\frac{1}{8}$M2	$\frac{1}{8}$M1	$\frac{1}{8}$M1	$\frac{1}{8}$M2

图 8.42　复杂的二维共质心结构

知识要点提醒

和一维共质心版图相比，二维共质心版图能提供更高的对称性。对于电路中匹配度要求高的 MOS 管，如差分输入对管，经常采用二维共质心版图结构。

5. 设置虚拟晶体管来提高匹配性

MOS 管的匹配性与 MOS 管周围的环境有关。为了提高匹配性，应该在匹配 MOS 晶体管的外侧设置虚拟 MOS 管。

图 8.39 所示的叉指形式匹配 MOS 管可以避免栅阴影和杂质浓度梯度造成的失配，但是 MOS 管 M1 和 M2 的周围环境却不一致，可以通过设置虚拟 MOS 管来使两个 MOS 管的周围环境更加接近，如图 8.43 所示。为了避免虚拟 MOS 管对 M1 和 M2 的影响，虚拟 MOS 管的源极和漏极应该短路。

和多晶硅电阻一样，多晶硅栅极也存在刻蚀速率的变化。虚拟 MOS 管的存在不但能保证 M1 和 M2 的周围环境的一致性，而且还能保证 M1 和 M2 栅极刻蚀速率的一致性。

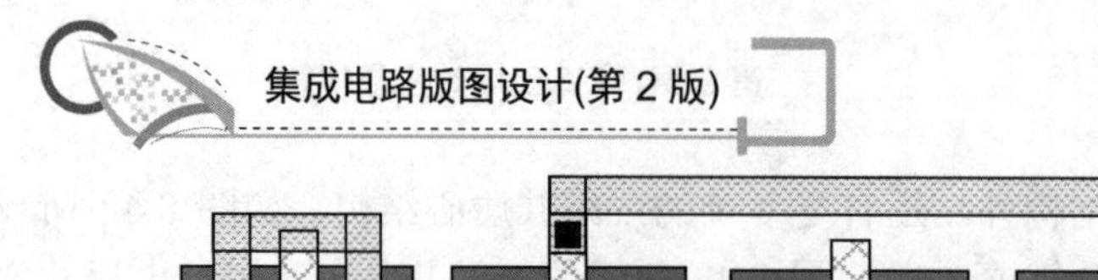

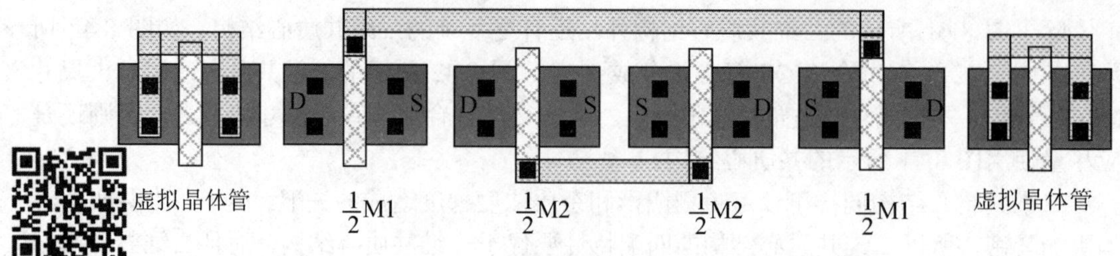

图 8.43 设置虚拟 MOS 管提高匹配性

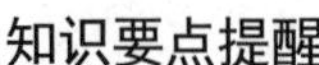

知识要点提醒

利用虚拟器件保证器件周围环境的一致性，提高匹配性，这是版图设计中常用的一种方法。但是需要注意，为了避免虚拟器件对器件的影响，应将虚拟器件短路或连接至电路中某个低阻节点，如接地。

6. 不要将栅极与金属之间的接触孔放置在有源区内

如果将栅极与金属之间的接触孔放置在有源区内，那么接触孔内的局部硅化有时可能会引起 MOS 管阈值电压的显著变化，因此不要将栅极与金属之间的接触孔放置在有源区内。在版图设计中，应把多晶硅栅延伸至有源区外，并在有源区外设置栅极与金属之间的接触孔，此时接触孔放置在场区厚氧化层上，不会影响 MOS 管的阈值电压。

有些集成电路制造厂商提供的设计规则检查(Design Rule Check，DRC)里已经包含了此类规则，当进行版图 DRC 验证时，软件会自动检查并报告此类错误。

7. 匹配 MOS 管应尽量使用 NMOS 管而不是 PMOS 管

NMOS 管的匹配度通常要高于 PMOS 管，因此如果电路结构允许，应尽量考虑使用 NMOS 管而不是 PMOS 管。

8. MOS 管应尽量放置在低应力梯度区域，并远离功率器件

应力梯度会使载流子的迁移率发生变化，从而影响 MOS 管的跨导，所以 MOS 管应尽量放置在低应力梯度区。功率器件会产生热梯度，热梯度的存在会影响 MOS 管阈值电压的匹配，所以 MOS 管应尽量远离功率器件。

本章小结

本章主要介绍集成电路中的 MOS 管，主要内容如下：

1. MOS 管的版图
2. MOS 管版图设计技巧
3. 混合棍棒图
4. MOS 管的匹配规则

【习题】

1. 画出 MOS 管的结构示意图。
2. 简述 MOS 管各个版图层的作用。
3. 画出 N 阱 CMOS 集成电路工艺下的 NMOS 管和 PMOS 管的版图示意图。
4. 画图说明如何通过 MOS 管的版图来确定其沟道长度和宽度。
5. MOS 管的版图设计技巧主要包括(　　)、(　　)、(　　)和(　　) 4 个方面。
6. 画出 3 个 MOS 管串联和并联的版图，考虑源漏共用技术。
7. 画出数字集成电路中与或非门的电路图和版图。
8. 简述宽长比特别大的 MOS 管版图的处理方法。
9. 特殊形状 MOS 管的版图主要包括(　　)和(　　)两种。
10. MOS 管的版图主要包括(　　)、(　　)和(　　) 3 种。
11. 简述衬底连接和阱连接的设置方法及重要性。
12. 简述天线效应及避免方法。
13. 画出三输入 CMOS 与非门和三输入 CMOS 或非门的电路图与混合棍棒图。
14. 简述 MOS 管的匹配规则。

【第 8 章习题解答】

第 9 章

集成电路版图设计实例

【本章知识架构】

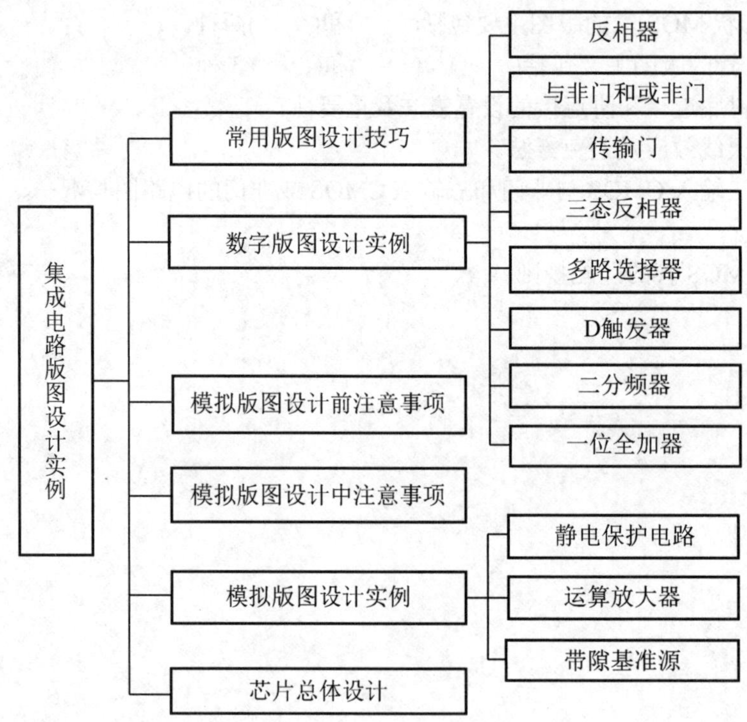

【本章教学目标与要求】

- 数字版图设计
- 模拟版图设计前注意事项
- 模拟版图设计中注意事项
- 静电保护电路版图设计
- 运算放大器版图设计
- 带隙基准源版图设计
- 芯片总体设计

【引言】

流片加工后芯片的性能甚至成败在很大程度上取决于具体版图设计时采取的方法、手段以及措施，其对于集成电路的意义不仅仅是将设计好的集成电路付诸实践，它在集成电路设计中还起着至关重要的作用，芯片的噪声、线性等参数以及成品率都与版图设计的好坏密切相关。

本章主要介绍版图设计前和版图设计时的注意事项，同时给出了一些基本的数字和模拟版图设计的实例，这些规律性的总结和设计实例可以帮助大家深入理解版图设计的知识，快速掌握版图设计的技巧。

9.1　常用版图设计技巧

版图设计技巧的主要目的是减小芯片面积，提高电路性能，节约设计费用和降低芯片成本。以下是比较常用的版图设计技巧。

1. MOS 管的合并

在 CMOS 集成电路工艺中，MOS 管的特性之一就是有些 MOS 管可以合并，这样不但可以减少芯片面积，同时还能提高对称性。其原理就是把一些公共的区域合并，如源漏合并，如图 9.1 所示。合并的前提为：区域的掺杂类型相同，电位相同。

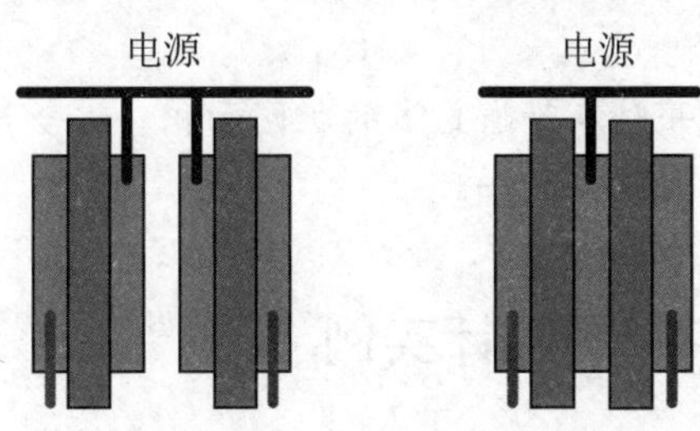

【MOS 管合并示意图彩图】

图 9.1　MOS 管合并示意图

2. MOS 管的拆分

在 CMOS 集成电路工艺中，MOS 管的特性之一就是有些 MOS 管可以拆分，这样主要是针对某些宽长比特别大的 MOS 管，将其拆分成几个宽度短一些的 MOS 管。MOS 管的拆分不仅有利于版图布局，而且有利于管子之间的对称，如后面提到的差分对管共质心设计，MOS 管拆分示意图如图 9.2 所示。

3. 阱合并

在 CMOS 集成电路工艺中，阱占据的面积是比较大的，在阱电位一致的情况下，合并相同电位的阱可以节省很大的芯片面积，如图 9.3 所示。注意，如果合并之后的阱的形状接近于长条形，那么在相邻 MOS 管之间的阱接触不能省略，否则很难保证阱内电位的一致性。

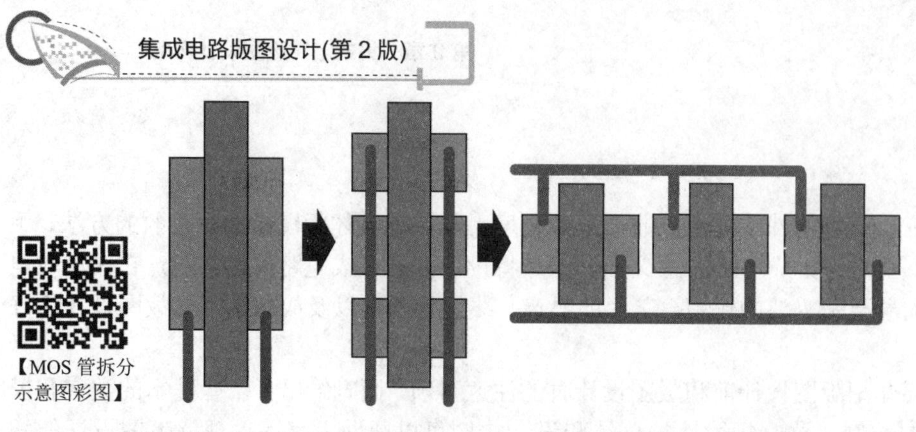

【MOS 管拆分示意图彩图】

图 9.2 MOS 管拆分示意图

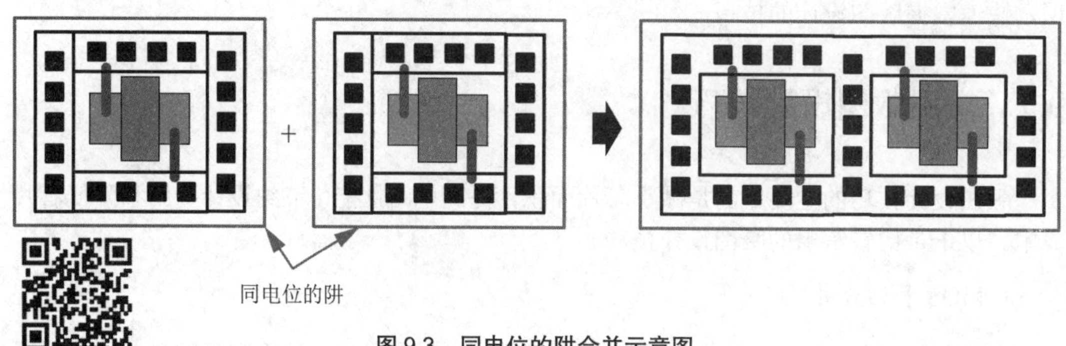

【同电位的阱合并示意图彩图】

图 9.3 同电位的阱合并示意图

知识要点提醒

和源漏区共用相比，合并阱能节省更多的版图面积。阱合并后，阱连接的设置应分布均匀合理，否则难以保证阱内电位的一致性。

【版图实例图层彩图】

9.2 数字版图设计实例

在本章的所有版图实例中所使用的各个图层见表 9-1。

表 9-1 版图实例图层

图　层	名　称	用　途
	Nwell	绘制 N 阱
	Active	绘制有源区
	Poly1	绘制多晶硅栅极
	Pimp	P^+注入，制备 PMOS 管或衬底接触

续表

图　层	名　称	用　途
	Nimp	N^+注入，制备 NMOS 管或 N 阱接触
	Metal1	金属 1，用于连线
	Contact	接触孔，连接金属 1 与有源区或多晶硅

9.2.1　反相器

反相器电路是数字电路中最简单也是最常用的电路。在数字电路中，反相器电路主要包括：电阻负载反相器、NMOS 负载反相器、伪 NMOS 负载反相器和 CMOS 反相器。在这些反相器中，CMOS 反相器的静态功耗最小，噪声容限最大，使用最多，因此这里主要介绍 CMOS 反相器的版图设计。

标准的 CMOS 反相器电路如图 9.4 所示。由一个 NMOS 管和一个 PMOS 管构成了反相器，又称非门。当输入 V_{IN} 等于低电平(“0”)时，NMOS 管关断，PMOS 管导通，因此输出 V_{OUT} 被上拉到高电平(“1”)；相反，当 V_{IN} 等于高电平(“1”)时，NMOS 管导通，PMOS 管关断，因此输出 V_{OUT} 被下拉到低电平(“0”)，实现了反相功能。

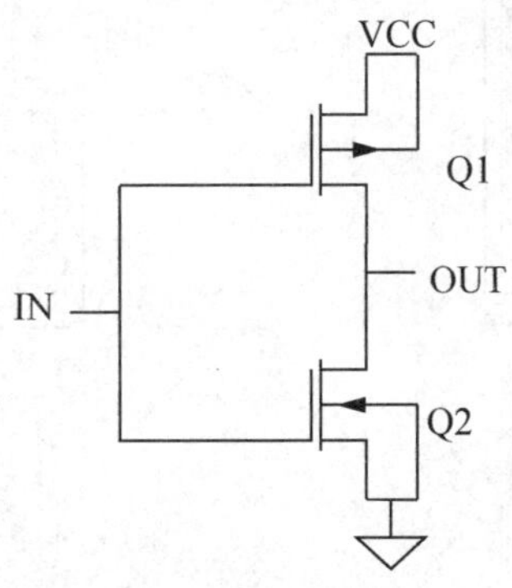

图 9.4　CMOS 反相器电路图

从晶体管的排列方向来说，CMOS 反相器版图可以分为两种方式：一种是垂直走向 MOS 管结构，另一种是水平走向 MOS 管结构，其版图实例如图 9.5 所示。其中，垂直走向 MOS 管结构的多晶硅栅为垂直布局，该种反相器结构输入线与输出线之间的距离可以较远，输入与输出之间的耦合较小；而水平走向 MOS 管结构的多晶硅栅为水平布局，该种结构版图的输入线与输出线之间的距离较近，输入与输出之间的耦合比栅垂直布局结构版图要大。

设计反相器时，为了提高驱动能力，常常需要多个相等尺寸反相器之间的并联，以提高电流输出能力。并联反相器的版图实例如图 9.6 所示，其中一种是直接将 MOS 管并联的接法，如图 9.6(a)所示；另一种是采用源漏区共用的连接方法，如图 9.6(b)所示。

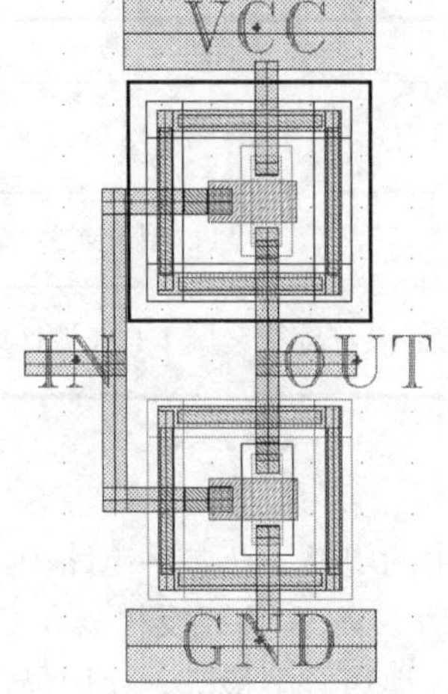

(a) 垂直走向 MOS 管结构

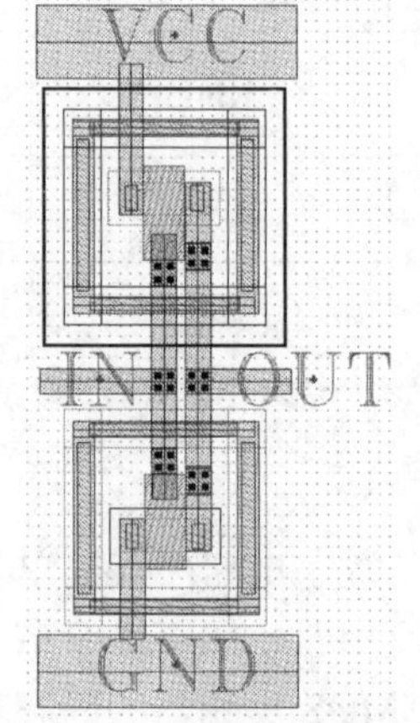

(b) 水平走向 MOS 管结构

【CMOS 反相器版图实例彩图】

图 9.5　CMOS 反相器版图实例

通过图 9.6(b)可发现，利用源漏区共用减小了版图面积。

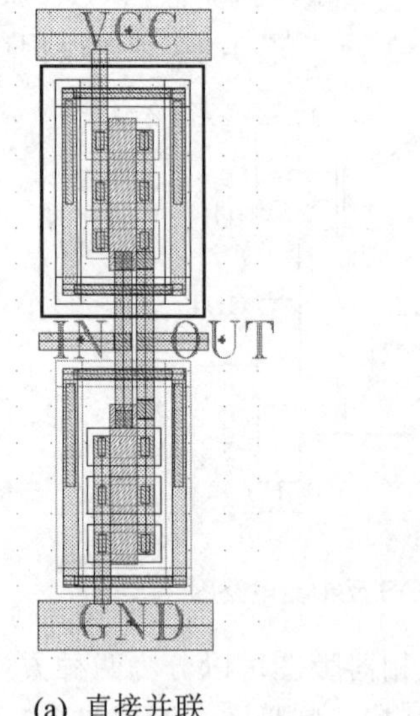

(a) 直接并联

(b) 共用漏区

【并联反相器版图彩图】

图 9.6　并联反相器版图

知识要点提醒

版图设计时应注意以下几点：

(1) NMOS 管和 PMOS 管的衬底是分开的，NMOS 管的衬底接最低电位 GND，PMOS 管的衬底接最高电位 VCC。

(2) NMOS 管的源极接地，漏极接高电位；PMOS 管的源极接 VCC，漏极接低电位。

(3) 输入信号 IN 对两管来说，都是加在栅极和源极之间，但是由于 NMOS 管的源极接地，PMOS 管的源极接 VCC，所以输入 IN 对两管来说参考电位是不同的。

9.2.2　与非门和或非门

标准的 CMOS 两输入与非门电路如图 9.7 所示。它由输出节点 OUT 和 GND 之间两个串联的 NMOS 管以及 OUT 和 VCC 之间两个并联的 PMOS 管组成。如果输入 A 和 B 之间有一个等于“0”，那么至少有一个 NMOS 管将关断，从而断开了 OUT 到 GND 之间的通路。但同时至少有一个 PMOS 管导通，从而形成 OUT 到 VCC 之间的通路。因此输出 OUT 就等于“1”。当两个输入信号都是“1”时，两个 NMOS 管都导通，同时两个 PMOS 都关断，输出就等于“0”，实现了与非功能。

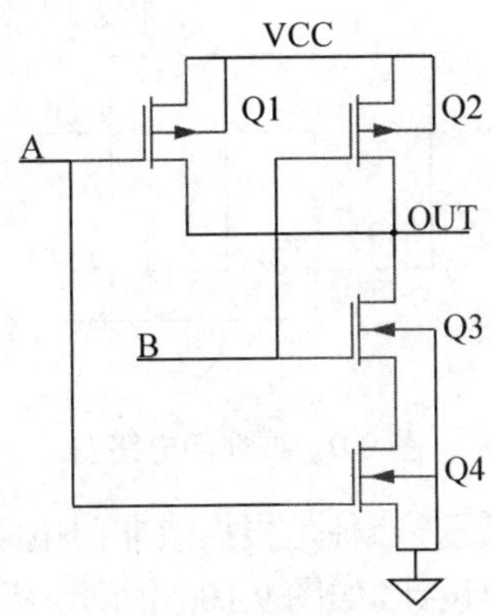

【两输入与非门的电路图与真值表】

图 9.7　与非门电路图

与非门版图实例如图 9.8 所示，一种是根据与非门电路图结构直接设计的，如图 9.8(a)所示；另一种是 MOS 管水平走向设计，如图 9.8(b)所示。从简化芯片面积的角度，图 9.8(b)优于图 9.8(a)，图 9.8(a)的版图设计方式既没有保证晶体管的相同朝向，又浪费了版图空间，而图 9.8(b)在做到面积节省的同时，由于是两行管平行结构，也能与版图中其他采用两行管平行结构的版图合并时兼容。

【CMOS 两输入与非门的版图设计文档】

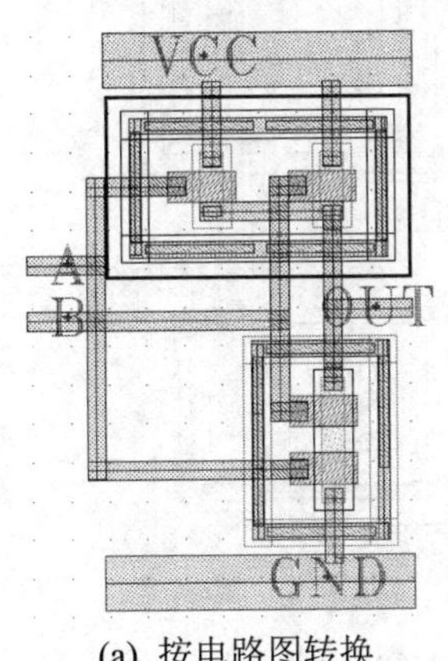

(a) 按电路图转换

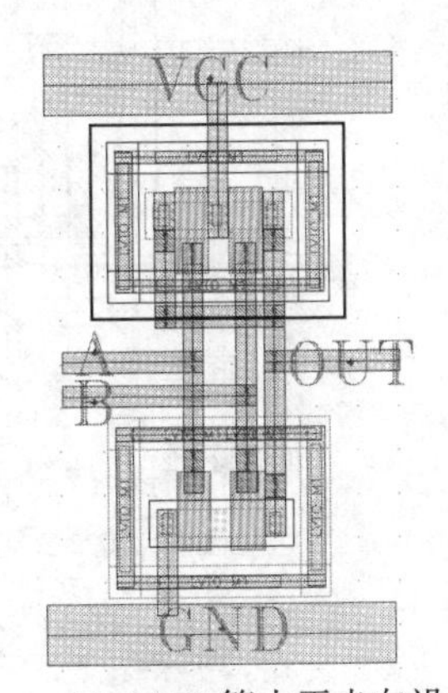

(b) MOS 管水平走向设计

【与非门版图彩图】

图 9.8　与非门版图

标准的 CMOS 两输入或非门电路如图 9.9 所示。它由输出节点 OUT 和 GND 之间两个并联的 NMOS 管以及 OUT 和 VCC 之间两个串联的 PMOS 管组成。如果输入 A 和 B 之间有一个等于“1”，那么至少有一个 NMOS 管将导通，从而形成了 OUT 到 GND 之间的通路，但同时至少有一个 PMOS 管关断，从而关闭 OUT 到 VCC 之间的通路，因此输出 OUT 就等于“0”。当两个输入信号都是“0”时，两个 NMOS 管都关断，同时两个 PMOS 管都导通，输出就等于“1”，实现了或非功能。

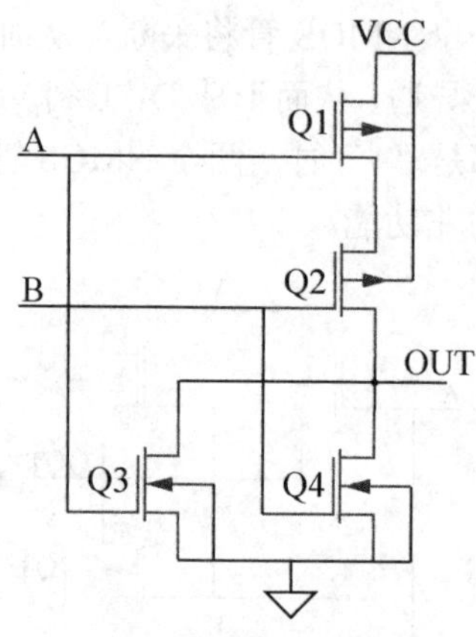

图 9.9 或非门电路图

或非门版图实例如图 9.10 所示，一种是根据或非门电路图结构直接设计的，如图 9.10(a)所示；另一种是 MOS 管水平走向设计，如图 9.10(b)所示。从简化芯片面积的角度，图 9.10(b)优于图 9.10(a)，图 9.10(a)版图设计方式既没有保证晶体管的相同朝向，而且浪费了版图空间，而图 9.10(b)版图在做到面积节省的同时，由于是两行管平行结构，也能与版图中其他采用两行管平行结构的版图合并时兼容。

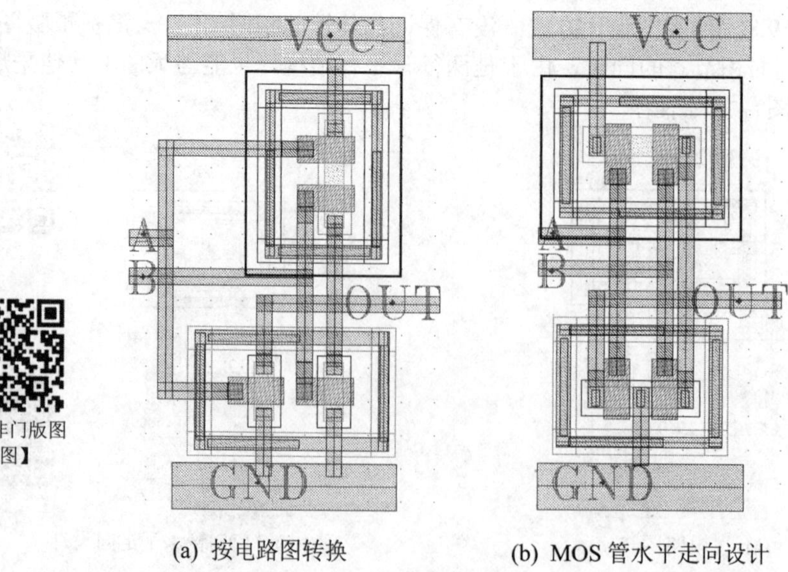

【或非门版图彩图】

(a) 按电路图转换

(b) MOS 管水平走向设计

图 9.10 或非门版图

仔细观察图 9.10(b)和图 9.9(b)可以发现，与非门和或非门的版图在结构上是刚好对称的，并联和串联 MOS 管的位置刚好相反。

9.2.3　传输门

在数字电路中，一个 MOS 管就可以作为传输门来使用，但是存在阈值电压的损失，所以通常都将 NMOS 管和 PMOS 管并联组合起来使用，称为 CMOS 传输门，其电路结构如图 9.11 所示。PMOS 管和 NMOS 管的源漏区相连，PMOS 管的栅极接控制信号 clk，NMOS 管的栅极接控制信号 $\overline{\text{clk}}$。由于施加在 NMOS 管和 PMOS 管栅极上的电压刚好相反，所以 NMOS 管和 PMOS 管将同时导通或同时截止。当 NMOS 管和 PMOS 管同时导通时，传输门就会开启，输入信号 IN 将传输到输出端 OUT。

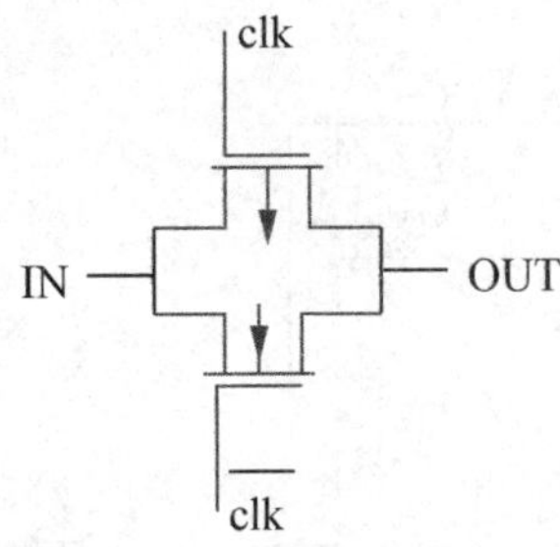

图 9.11　传输门电路图

传输门版图实例如图 9.12 所示，与反相器的版图有些类似，只是电极的连接有所区别，在此不再详述。

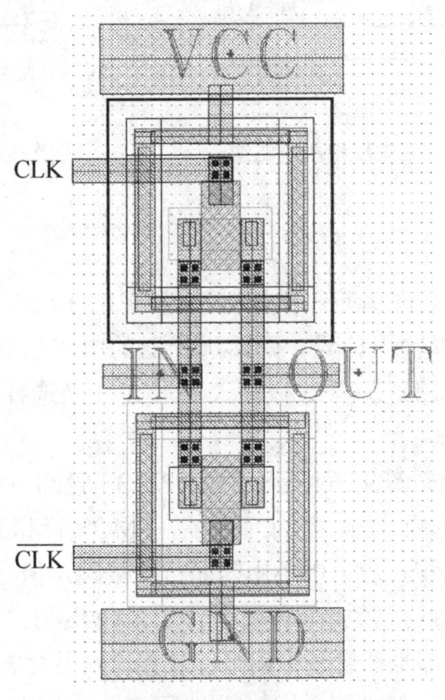

【传输门版图彩图】

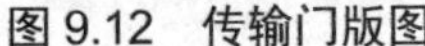

图 9.12　传输门版图

9.2.4　三态反相器

三态反相器电路除了具有高、低电平这两种状态外，还有第 3 种状态——高阻态。图 9.13 给出了三态反相器的电路结构。当使能信号 EN 等于“1”时，上下两个使能晶体管 Q2 和 Q3 都将导通，整个电路相当于一个反相器。当使能信号 EN 等于“0”时，上下两个使能晶体管都将关闭，从而输出 Y 就浮空了，呈现高阻态(值为“Z”)。

三态反相器版图实例如图 9.14 所示。该版图设计中，为节省版图面积，将三态反相器中所有的 PMOS 管都排成一行放在版图上方，所有的 NMOS 管排成一行放在版图下方，这种布局方式与棍棒图中的布局非常接近。电路中的输入信号线和输出信号线从 PMOS 管和 NMOS 管之间穿过，第一列的 PMOS 管和 NMOS 管构成反相器结构。

【三态反相器版图彩图】

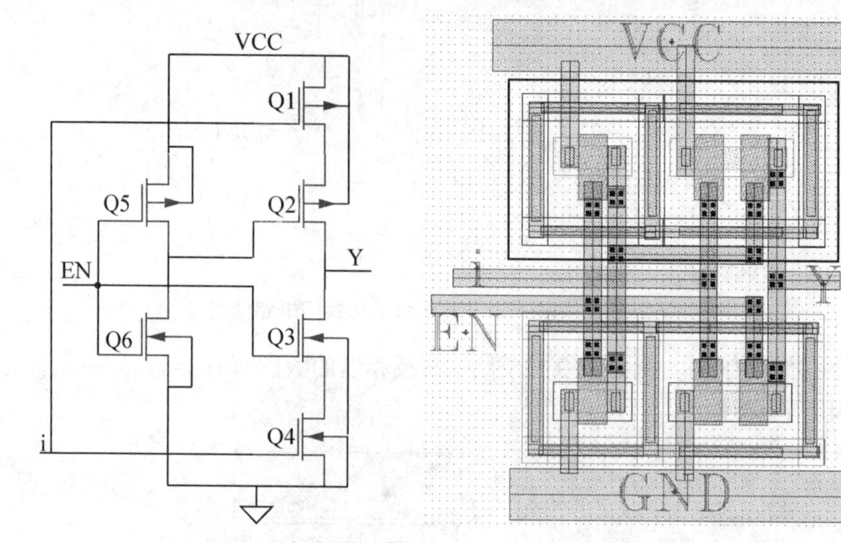

图 9.13　三态反相器电路图　　　　图 9.14　三态反相器版图

9.2.5　多路选择器

多路选择器是 CMOS 存储单元和数据处理结构中的关键部件。多路选择器根据选择信号从多个输入信号中选择输出信号。两路选择器的电路结构如图 9.15 所示，当选择信号等于“0”时，两输入多路选择器选择输入信号 i0；当选择信号等于“1”时，选择输入信号 i1。

多路选择器的版图实例如图 9.16 所示，所有 PMOS 管都设计在同一个 N 阱中并排列成一排，所有 NMOS 管都排列成一排。为保证性能，PMOS 管和 NMOS 管都采用了四面衬底接触设计。如果为了节省面积，也可以不用四面衬底接触，但是要保证 PMOS 管和 NMOS 管之间的距离足够远或是衬底接触放在 PMOS 管和 NMOS 管之间，以防止发生闩锁效应。同时还要注意，所有的信号都是在管子中间平行放置，如果考虑信号串扰的话，还可以在每个信号线两边加上地线保护，但是这会增加版图面积，需要根据实际情况折中处理。

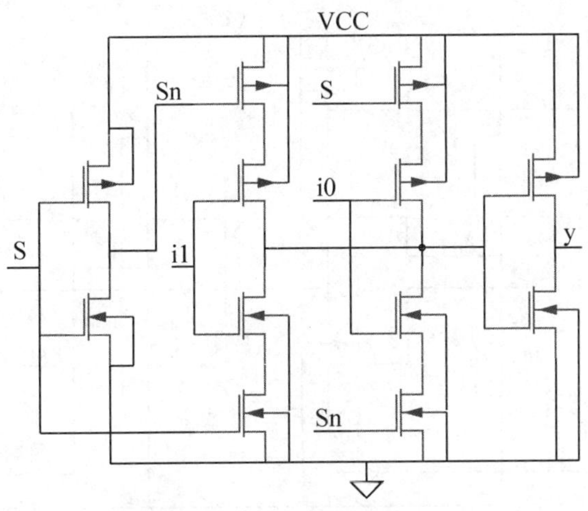

图 9.15　两路选择器电路图

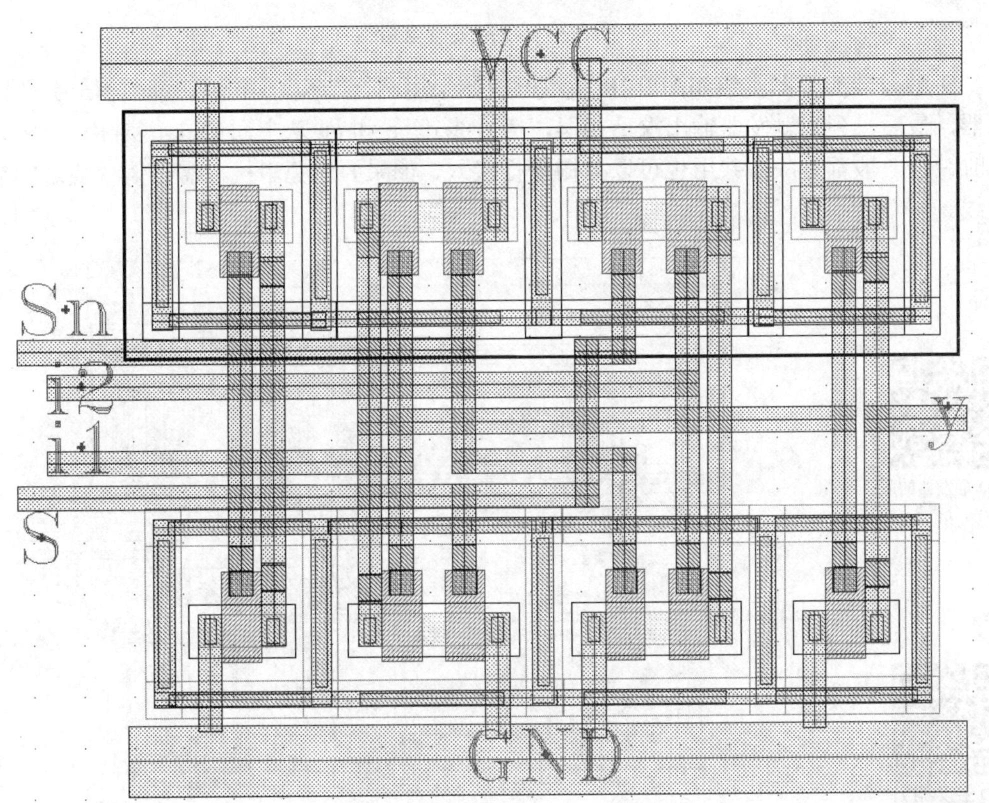

图 9.16　多路选择器版图

【多路选择器版图彩图】

9.2.6　D 触发器

D 触发器的电路图如图 9.17 所示。

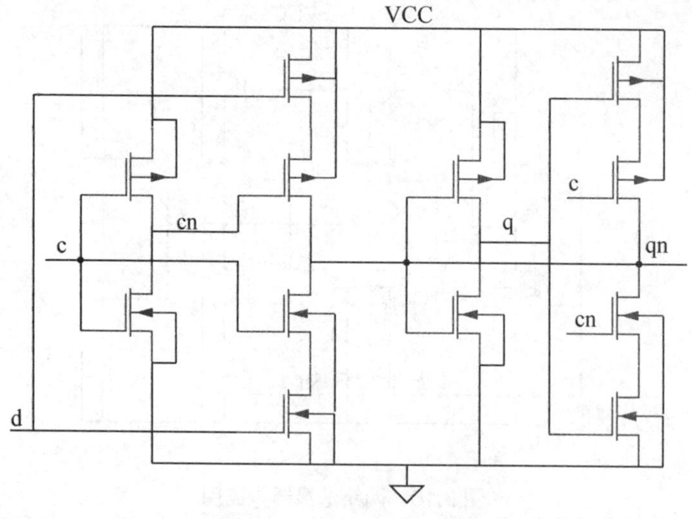

图 9.17　D 触发器电路图

D 触发器的版图实例如图 9.18 所示，版图采用两行结构，第一列为时钟信号 C 的反相器，最后一列为触发器输出端反相器，信号线 d、q 和 qn 从中间穿过。实际设计时，因为时钟线一般都是版图共用也可以与栅平行接入，如果要避免串扰，需在信号线之间插入地线。

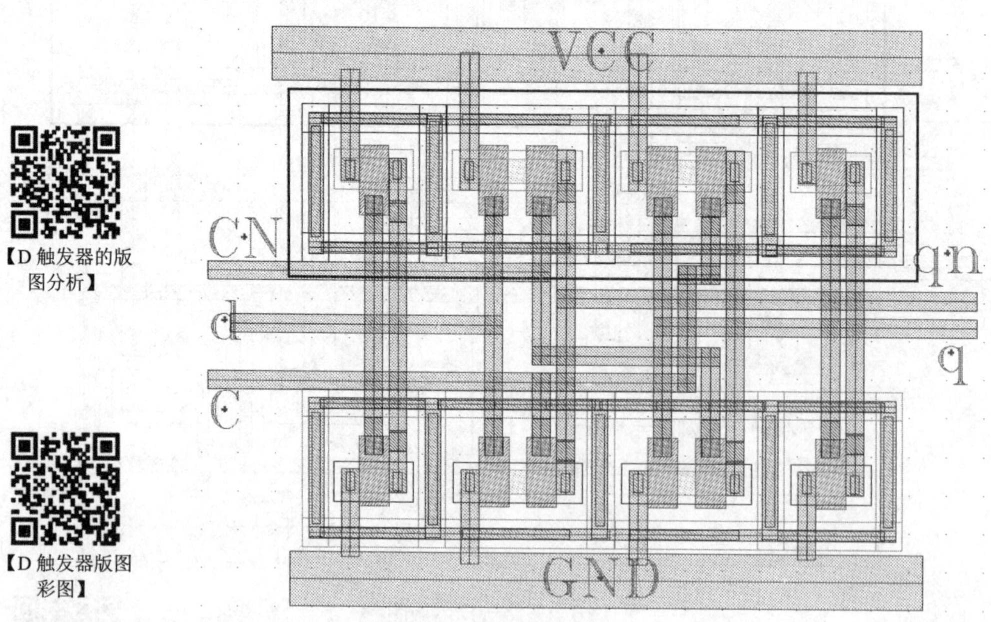

图 9.18　D 触发器版图

9.2.7　二分频器

二分频器采用主从 D 触发器电路结构，主从 D 触发器的电路结构如图 9.19 所示。其版图实例如图 9.20 所示。

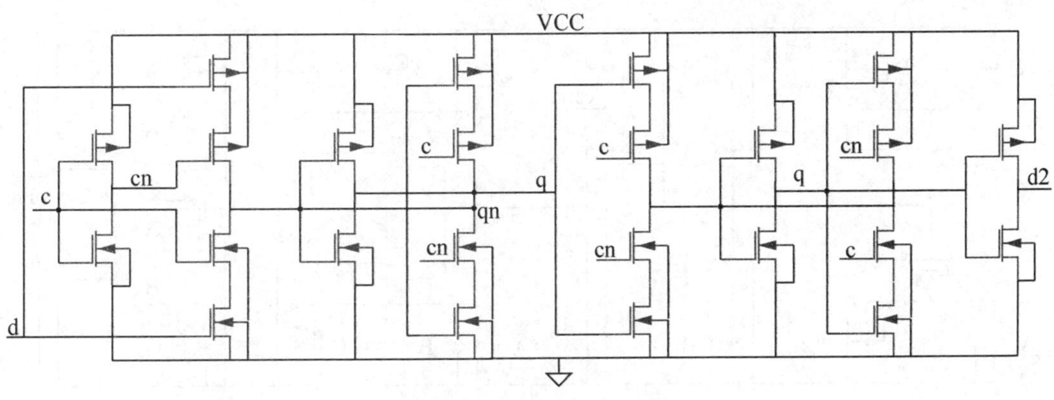

图 9.19　二分频器电路图

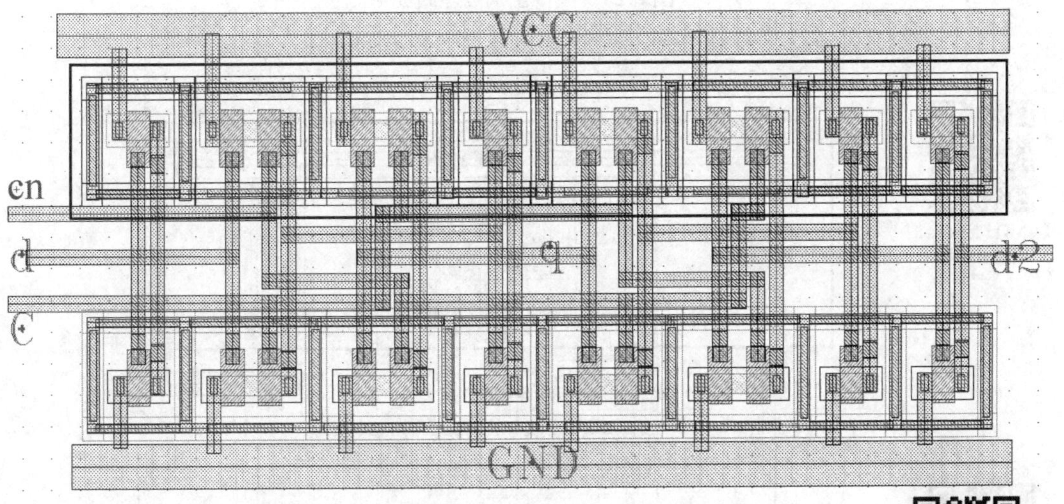

图 9.20　二分频器版图

【二分频器版图彩图】

9.2.8　一位全加器

一位全加器的电路结构如图 9.21 所示，其版图实例如图 9.22 所示。为节约版图面积，没有采用前面几个例子中的四面衬底接触设计(针对每一个 MOS 管)，只用了一侧的衬底接触。

该一位全加器的特点如下：

(1) 设计版图时，紧紧围绕几乎所有的器件共用几个输入信号，把 A、B、C 多晶分成两段两列的形式，A 多晶线在靠近 VCC 处实现转折连接，B 多晶线在靠近 GND 处实现转折连接，C 多晶线两段不能直接连接，在 GND 附近用金属 1 连接。

(2) 左面一列 A、B、C 多晶布局器件串并联，右面一列 A、B、C 多晶布局器件串联。整个电路分为 4 行，第 2 行和第 3 行组成进位电路的前级，第 1 行和第 4 行组成求和电路的前级。

(3) 为保证电路的输出驱动能力，两个反相器均采用大宽长比以提供足够的驱动电流。

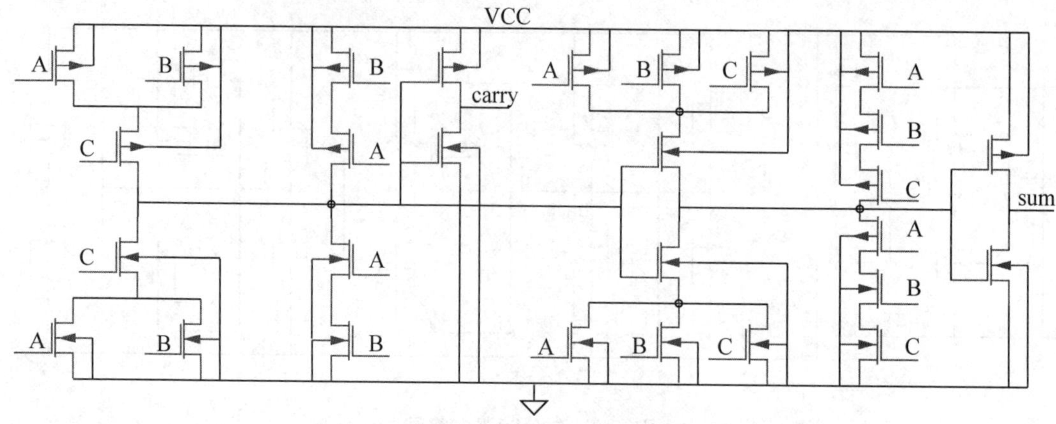

图 9.21　一位全加器电路图

【CMOS 全加器的版图分析】

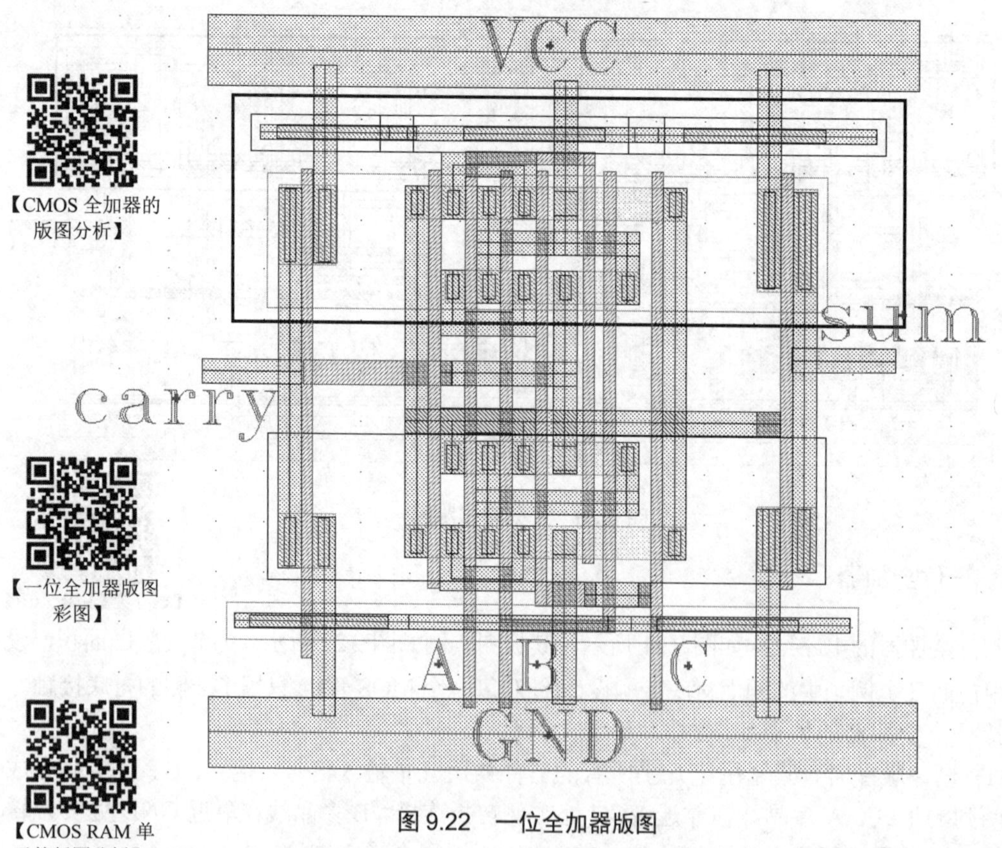

【一位全加器版图彩图】

【CMOS RAM 单元的版图分析】

图 9.22　一位全加器版图

9.3　版图设计前注意事项

不同于数字集成电路，在模拟集成电路版图设计中，对性能的要求要高于对面积的要求，合理的版图设计是电路最终性能的重要保证，版图设计的效果和方式最终对电路的性能构成直接影响。因此，在版图设计之前需要仔细地考虑如下问题：

1. 电流密度考虑

在版图设计之前，需要了解电路的结构和工作原理，然后要知道流经每个支路的电流的最大值，在此基础上初步确定版图中的导线宽度以及对应导线上最少应有的接触孔数。

一般来说，一条导线所能通过的最大电流值为

$$I = W \times I_{\mathrm{D}} \tag{9-1}$$

式中：W 为导线的线宽；I_{D} 为单位宽度导线能承受的电流密度常数。

知识要点提醒

单位宽度导线所能承受的电流密度常数以及单个接触孔所能承受的电流密度都可以在厂家提供的设计规则说明文档中查到。

具体版图设计时，在确定各支路导线的宽度和其上接触孔的数量时，要留有充分的裕量。同时要注意即使支路上导线中流过的最大电流不大(假设只需要几百微安的电流，只需要一个接触孔)，为了确保成品率，设计时也要保证至少有两个接触孔。

知识要点提醒

接触孔是利用金属填充的，有时可能填充不满甚至完全没有填充。为了避免此类情况发生，提高成品率，版图设计时要保证至少两个接触孔。

在版图设计中电源和地以及中心电位等关键导线的版图设计中，不仅要考虑导线所能承受的电流问题，而且要考虑导线和接触孔的电阻对电路的性能影响。电源和地以及中心电位的导线要尽可能宽而且尽量采用多金属层上下并联的方式减少导线电阻，以保证最终电路性能。

2. 匹配性考虑

匹配性也是版图设计前需要重点考虑的部分。在具体版图设计前，需要向电路设计人员了解电路中什么组件需要对称。如果多个组件要求对称，那么哪些组件的优先级是最高的？哪些组件次之？在此基础之上，再进行组件的版图设计。各种器件的具体匹配规则请参照以前各个章节内容。

3. 精度考虑

虽然集成电路中的电阻和电容的加工误差比较大，有时甚至能达到 20%，但是在有些电路中也需要一定程度上确保电阻和电容的精度，尤其是电阻。如果要尽量使其误差小一些，需采用较宽的尺寸设计。

4. 噪声考虑

高精度的模拟集成电路版图设计之前，在组件和整体布局时均要考虑噪声的影响，一定要向电路设计人员确认哪些是易受干扰的信号线；哪些是容易干扰其他导线的数字信号

线；哪些是数字部分，哪些是模拟部分。应分别采用相应措施避免噪声的影响。

9.4 版图设计中的注意事项

版图设计中应该注意以下事项。

(1) 设置分辨率(在 Layout Editing 视窗中选择 Options→Display 选项，查看 x snap spacing 与 y snap spacing 是否与工艺相符)。

(2) 多层接触孔尽量不要叠在一起，否则影响成品率，实在不行就并排放。

(3) 走线相接触的地方，最好是交叠处理，以保证良好接触。

(4) 引脚的命名需要规范化，骆驼式或者是用下划线隔开，不用担心长度。

(5) 为避免引线之间相互交叉，每一层连线的走向最好一致。例如，金属 1 设计为横向，金属 2 设计为纵向，当版图设计时连线交叉，金属 1 和金属 2 之间不会短接。

(6) 在芯片版图空余空间，多打衬底接触，多打接触孔，尤其是地线和电源线更要多打孔，以降低电源和地线上孔的电阻，从而降低线上的电压降。

(7) 为了避免干扰，数字电源地和模拟电源地要分开。

(8) 宽长比大的管子最好拆分，有利于减少栅电阻，提高特征频率。

(9) 最好用金属连接各个小管子的栅极，避免天线效应，提高成品率。

(10) 不要在任何模块或者器件上走信号线。

(11) 关键信号线的长度应尽量短，而且尽量使用最上层金属走线，绕开敏感区域。

(12) 连线布置可以采用并联走线，线的宽度应尽量宽。

(13) 无论 PMOS 管或 NMOS 管，其衬底接触与 MOS 管的距离应尽量小，最好是最小间距。如果 PMOS 管和 NMOS 管之间的距离很近，那么在两个 MOS 管之间必须设置衬底接触，而且在衬底接触中的接触孔要足够多。

9.5 静电保护电路版图设计实例

芯片版图设计必然涉及 ESD 版图设计。为防止芯片被静电破坏，CMOS 电路常使用 ESD 保护器件，它通过钳位到地或者是电源使芯片承受较高的静电电压，避免从外部流入大电流烧毁芯片。ESD 保护通常有两种，一种是针对电源 PAD 的静电保护；另一种是针对输入输出 PAD 的静电保护。

9.5.1 输入输出 PAD 静电保护

常用的输入输出 PAD 的静电保护电路如图 9.23 所示。这种电路的原理是通过钳位使外部的静电产生的电荷放电到电源或者是地，同时增加限流电阻限制流入芯片中的电流大小。常用的二极管式的静电保护分为两种方式：一种是用 MOS 管连接成二极管形式的静电保护；另一种是利用 CMOS 工艺中二极管的静电保护。

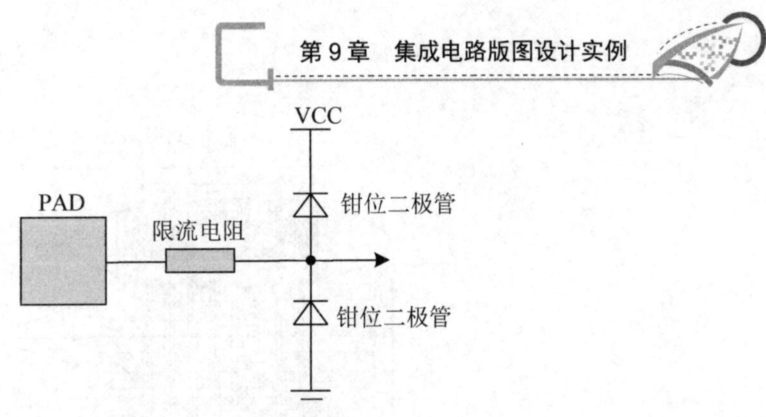

图 9.23　静电保护电路

1. MOS 管型静电保护

利用 MOS 管的连接方式，使其构成二极管形式，形成对芯片的静电保护。具体结构如图 9.24 所示。

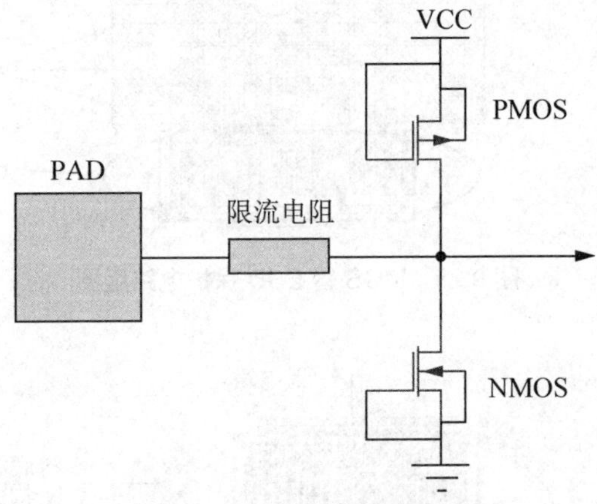

图 9.24　MOS 型静电保护电路

在 MOS 型静电保护版图设计中，主要考虑以下几点：

(1) MOS 管要分成多个管，叉指结构，以便形成多支路共同放电。

(2) 因为放电瞬间流经 MOS 管的电流特别大，构成整个放电通路中任何导线的宽度一定要有足够保证，而且 CMOS 工艺对于每个接触孔能通过的电流密度还有要求，因此还要保证放电通路导线上孔的数目应尽量多。

(3) MOS 型静电保护因为具有 PMOS 和 NMOS 两种类型的管子，所以放电时可能会引发 CMOS 电路的闩锁效应。因此，在设计时，一定要保证在 PMOS 管和 NMOS 管之间有各自的衬底接触(或阱接触)，同时让 PMOS 管和 NMOS 管之间的距离应尽量远。

(4) 静电放电时，在导线和多晶栅的接触孔上会产生瞬时高温。为此，在多晶栅上接触孔的边缘应该离包围它的金属边缘远一些。

按照上述原则，设计的 MOS 型静电保护的实例如图 9.25 所示。

2. 二极管型静电保护

直接利用 CMOS 工艺中的二极管设计静电保护，该方式的优点是寄生电容比 MOS 型保护要小。其版图实例如图 9.26 所示。

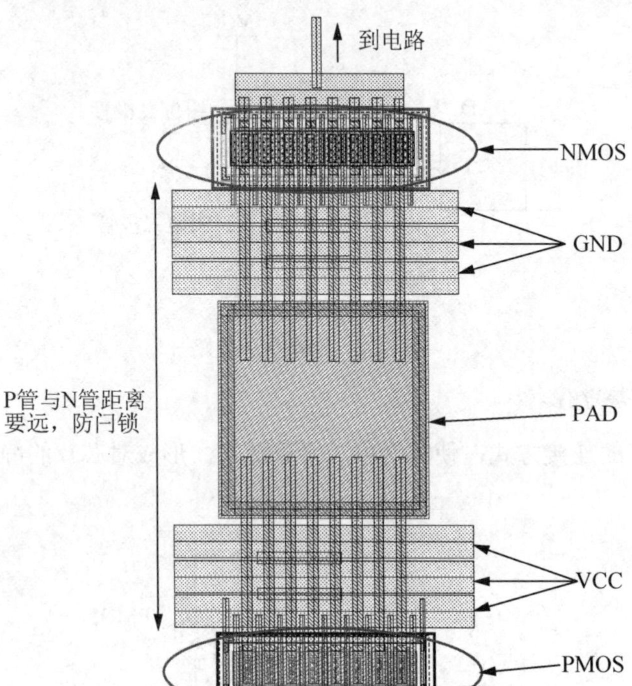

【MOS 管和二极管 ESD 保护电路版图彩图】

图 9.25　MOS 管 ESD 保护电路版图

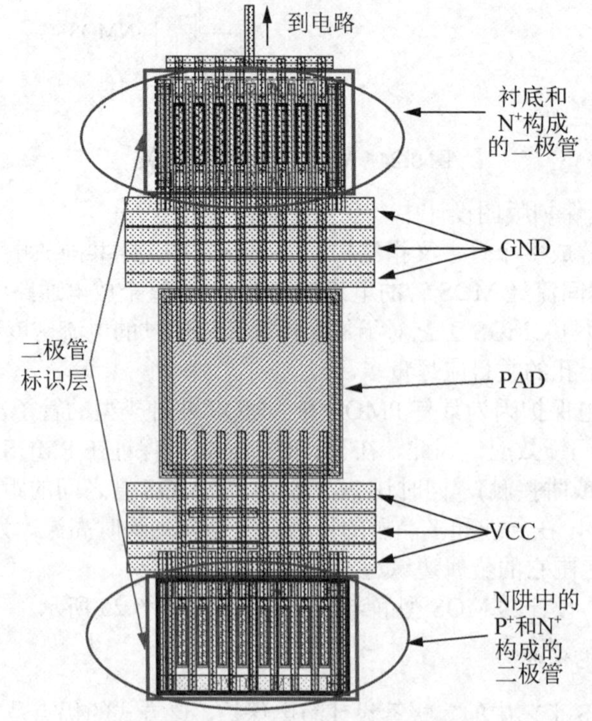

图 9.26　二极管 ESD 保护电路版图

9.5.2　限流电阻的画法

限流电阻对于静电保护效果也很重要，因为如果没有限流电阻或者其他限流措施的话，虽然钳位电路能够完成钳位功能，但是如果在芯片受到静电放电的时候上下保护管没能有效地释放电流，那么很可能会有一部分大电流经过 PAD 流入芯片内部，从而损坏芯片。因此限流电阻版图设计十分必要，在设计限流电阻版图时主要考虑以下几个方面：

(1) 电阻尽量做得宽一些，主要有两方面的考虑：一是能够有更大的电流容限；二是可以在其上放置更多的接触孔。

(2) 电阻两头的接触孔一定要离金属的边缘远一些。因为在静电放电时，瞬间会有大电流，放电通路上会产生一个瞬时的高温。与单纯的金属相比较而言，用于连接金属和电阻的接触孔的阻值较大，温度会更高，所以包围接触孔的金属的边缘要远离接触孔，防止金属烧断。

限流电阻具体版图实例如图 9.27 所示。

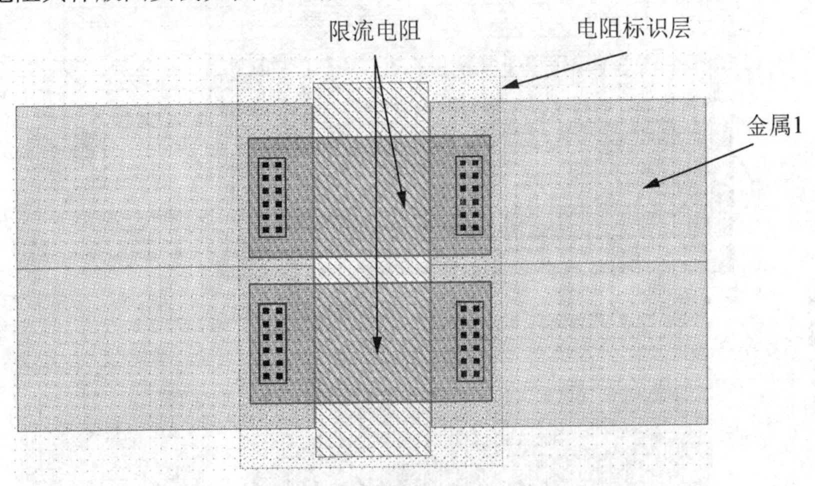

图 9.27　限流电阻版图

9.5.3　电源静电保护

通常采用的电源静电放电电路如图 9.28 所示。芯片正常工作时，A 点电位为高，B 点为低，泄放管不导通。当瞬间的静电高压冲击到来时，图中的二极管导通，VCC 为静电高压，RC 电路对高压有延迟，故 A 点电压较 VDD 上升慢，而使反相器 PMOS 管导通，B 点电压上升，使大尺寸的泄放管导通，静电电流被泄放掉。一般来说，人体静电放电的上升时间仅为 10ns 左右量级，而芯片启动时间为 ms 量级，因此，要使静电放电电路仅在放电时启动，而又不影响芯片的正常工作，静电放电电路的 RC 时间常数必须在两者之间，通常可以取 0.1μs 到 1μs 量级。因此，关于电源端静电放电电路的版图设计需要特别小心，具体版图实例如图 9.29 所示。

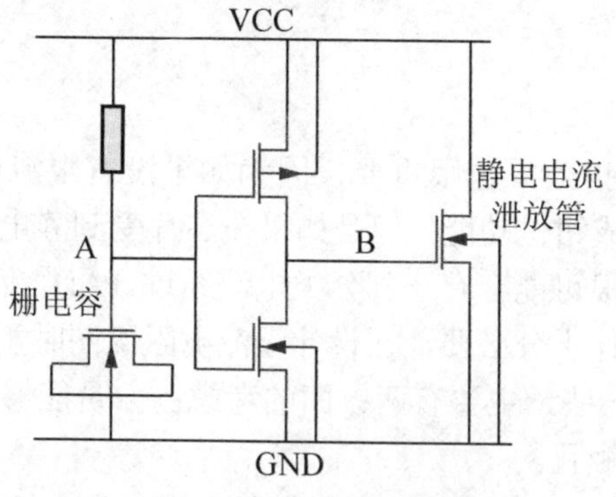

图 9.28 电源静电保护电路

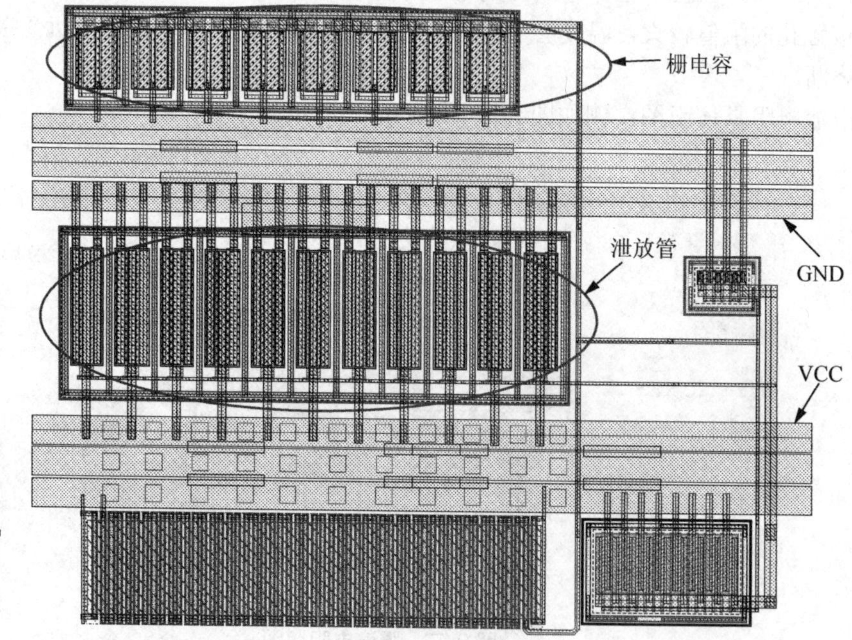

【电源 ESD 保护版图彩图】

图 9.29 电源 ESD 保护版图

在电源的静电放电电路版图设计中，主要注意整个电路中的泄放电流的支路，一定要保证泄放电流支路中导线的宽度足够，由于金属之间的孔都有电流容限，所以在此支路上的孔的数量也一定要有所保证。

9.5.4 二级保护

如果只采用一级 ESD 保护，在大 ESD 电流时，电路内部的 MOS 管还是有可能被击穿。为避免这种情况，可在输入接收端附近加一个小比例保护管，进行二级 ESD 保护，来箝位输入接收端栅电压，如图 9.30 与图 9.31 所示。

在画版图时，必须注意将二级 ESD 保护电路紧靠输入接收端，以减小输入接收端与二级 ESD 保护电路之间以及衬底及其连线的电阻。为了在较小的面积内画出大尺寸的 NMOS 管，在版图中常把它画成叉指形，具体版图实例如图 9.32 所示。

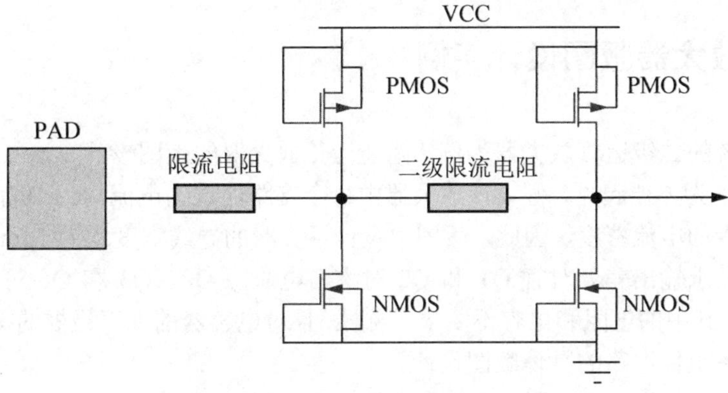

图 9.30　MOS 管型静电保护(包括二级保护)

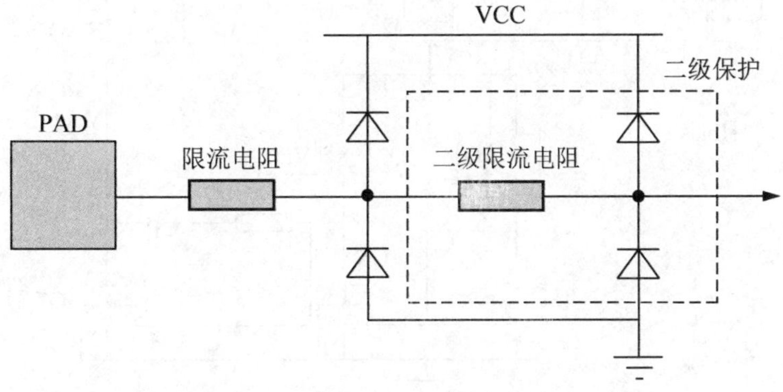

图 9.31　二极管型静电保护(包括二级保护)

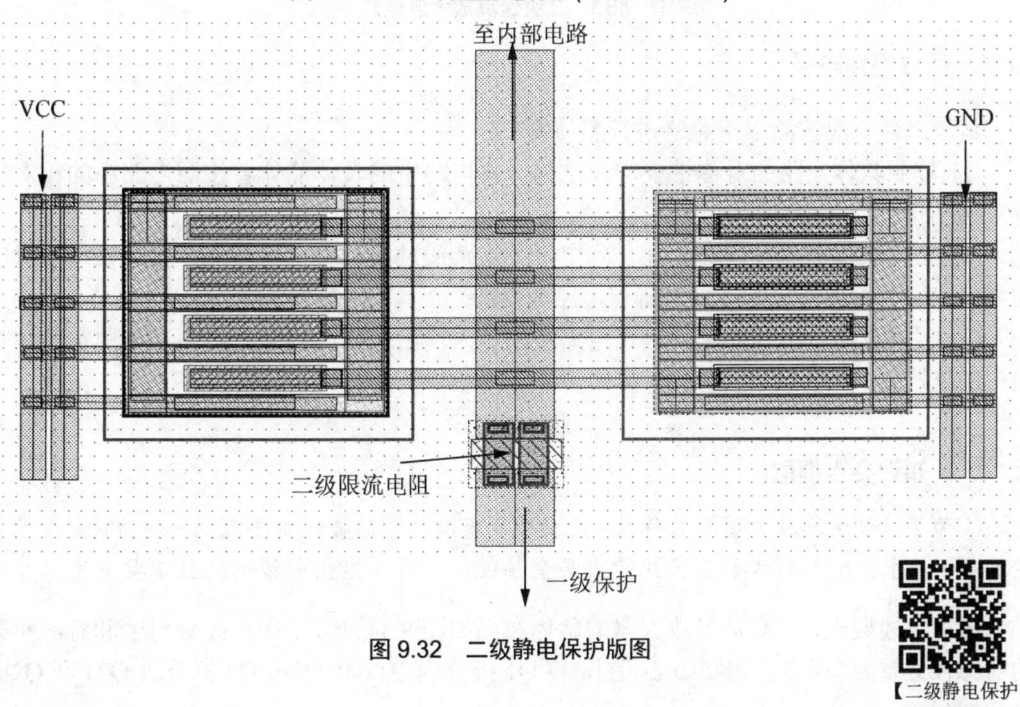

图 9.32　二级静电保护版图

【二级静电保护版图彩图】

9.6 运算放大器版图设计实例

在此以传统的二级运算放大器为例，阐述运算放大器的版图设计，该二级运算放大器如图 9.33 所示。为方便起见，假设该放大器中每个支路流过的电流均为 100μA，不超过单位宽度导线承受的电流密度，因此，版图中设计各支路的导线宽度均为 1μm。在该二级运算放大器中，要求输出差分对管 Q1 和 Q2 对称，电流源 Q8、Q3 和 Q6 对称，有源负载 Q4 和 Q5 对称，其中的电阻和电容不要求对称性，且对电容器的上下极板的接法没有要求。下面分别给出各组件电路的具体版图设计。

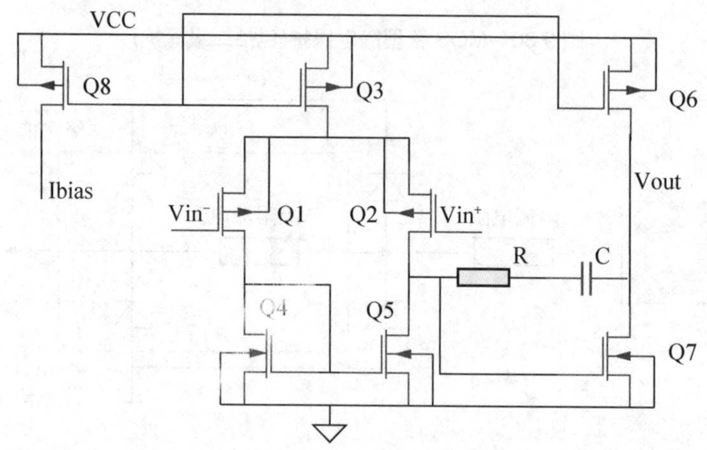

图 9.33　二级运算放大器电路

9.6.1 运放组件布局

运放组件一般按照以下顺序进行整体布局：

(1) 按照具体电路的对称性要求及结构，将电路中的具体晶体管按照电路中的相对位置对称排布。

(2) 按照具体电路设计的文件，确定每个支路通过的最大工作电流，按照该电流对应的导线宽度再增加一定的裕量，确保电路的性能。

(3) 根据具体电路的要求，确定电路中的输入输出引线，确定其与电源和地在整体布局中的位置。

知识要点提醒

①为了保证运算放大器的对称性，运放中所有晶体管的栅极都要朝同一个方向。②尽量达到以下要求：输入引线要短，用最上层金属设计，输入输出引线远离且不要交叉。

根据上述要求，可有运算放大器的整体布局如图 9.34 所示。因为差分对管和有源负载的对称性最重要，所以采用共质心设计，将 Q1 拆分为 Q1a 和 Q1b，Q2 拆分为 Q2a 和 Q2b，

Q4 拆分为 Q4a 和 Q4b，Q5 拆分为 Q5a 和 Q5b，分别交叉放置，且按照电路中的位置排置，这样也能保证电流通路的对称性。而电流源 Q3、Q6 和 Q8 采用叉指方式放置，保证 3 个管子的对称性，同时 Q7 管尽量与 Q4 和 Q2 靠近，电阻和电容则按照走线方便进行布排。

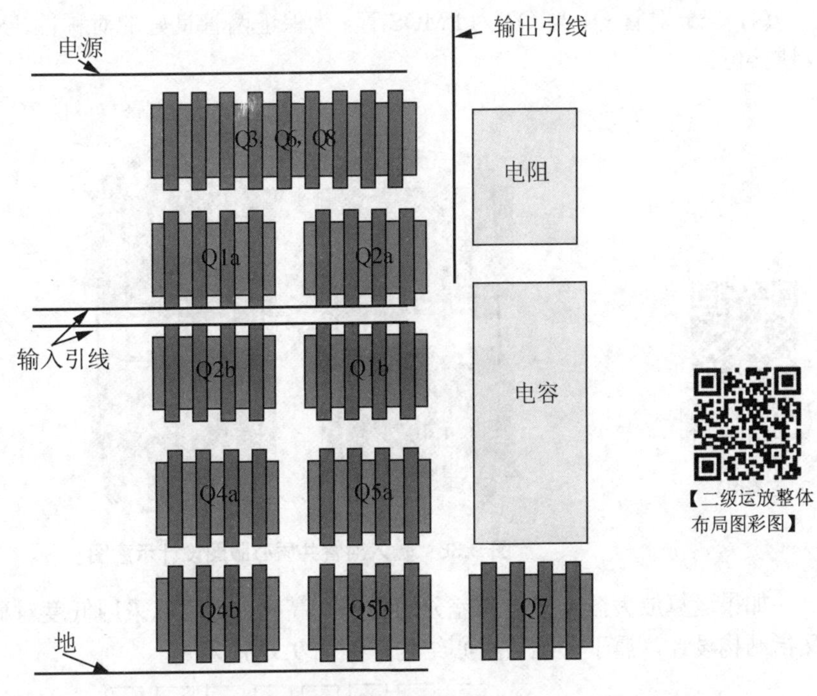

图 9.34　二级运算放大器整体布局图

9.6.2　输入差分对版图设计

1. 从对称性考虑

图 9.34 中 Q1 和 Q2 构成了该运算放大器的差分输入对管，因为它是运算放大器核心单元，其对称性对于运算放大器的性能至关重要，所以采用二维共质心方式设计，将输入对管分别拆分成 a 和 b 两部分，成对角放置，如图 9.35 所示。

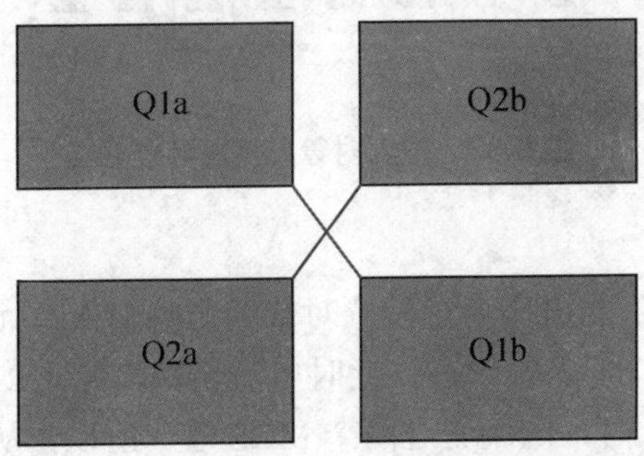

图 9.35　输入对管共质心设计示意图

(1) 为了提高对称性，在有源区的边缘增加虚拟晶体管，如图 9.36 所示，虚拟晶体管靠近总体晶体管的边缘一侧不用引线。

(2) 如果输入对管的宽长比较大，可将具体的 Q1a、Q2a、Q1b 和 Q2b 管拆分成多个管并联的方式，这样还能减小栅极上的寄生电阻。

(3) 差分对管源端的接线最好在 Q1 管与 Q2 管的中间通过，以提高差分结构的匹配度。

(4) 差分对管 Q1 与 Q2 为 PMOS 管，为保证两管良好的对称性，最好在周围布上一圈 N 阱接触。

【输入对管共质心版图设计示意图 输入对管叉指设计示意图】

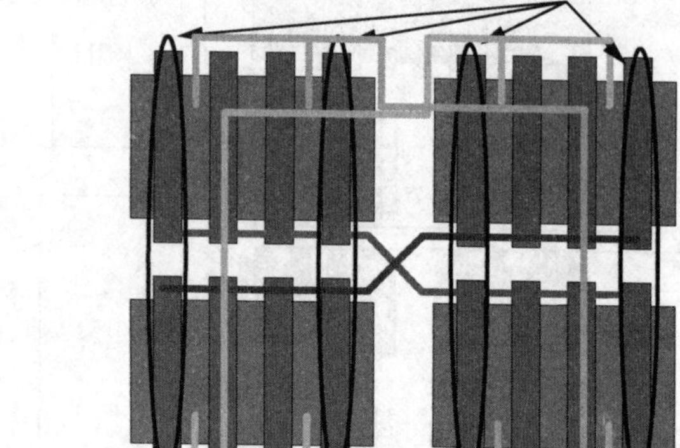

图 9.36　输入对管共质心版图设计示意图

如果运算放大器对于输入差分的要求不高时，也可以采用低度对称方案，该方案基于叉指结构设计，属于一维共质心结构，如图 9.37 所示。

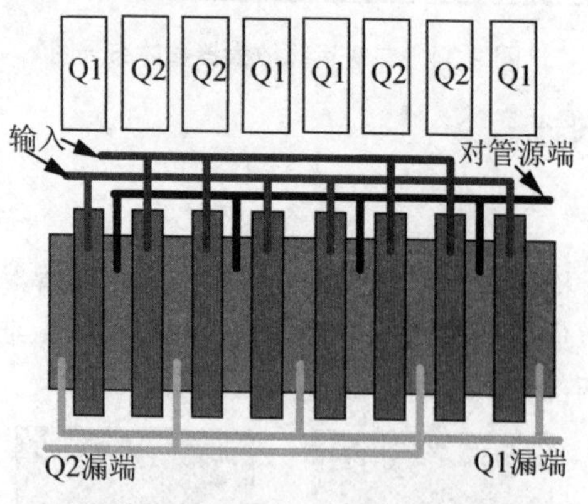

图 9.37　输入对管叉指设计示意图

2. 从电流考虑

因为电流源 Q3 管提供的电流通过差分对管的源端输入，而差分对在运算放大器的工作期间，有时 Q1 管关断，Q2 管导通，此时电流全部流经 Q2 管；反之，电流全部流经 Q1 管。只有当两管均导通时，电流通过两个 MOS 管。所以，从对称性角度出发，差分对管的源端应在共质心版图的中间引入，如图 9.38 和图 9.39 所示，其中黑线为差分对管的源端。

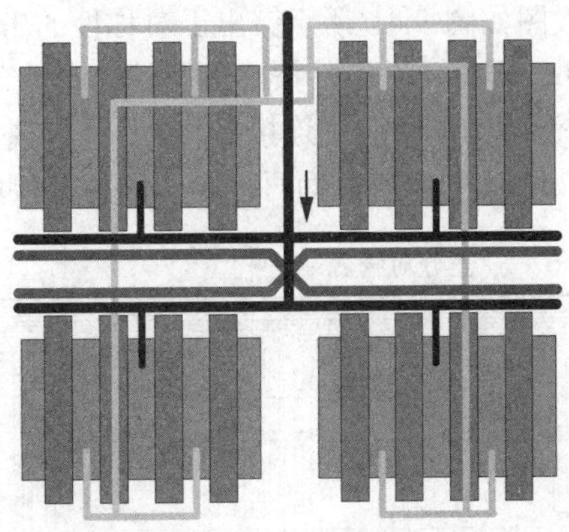

图 9.38　输入对管共质心结构电流流动

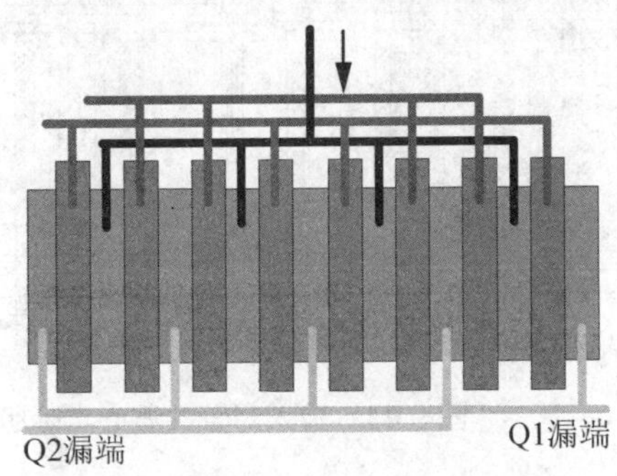

图 9.39　输入对管叉指结构电流流动

衬底接触：衬底接触的设计要尽量保证包围住整个差分对管，一是保证差分对管的对称性；二是避免闩锁效应，设计的衬底接触如图 9.40 所示，衬底接触在图中用黑线标明。

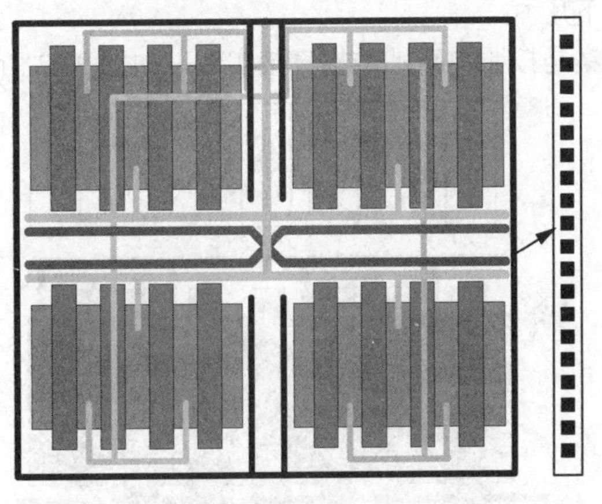

图 9.40　输入对管共质心衬底接触示意图

【输入对管共质心结构电流流动 输入对管叉指结构电流流动 输入对管共质心衬底接触示意图】

知识要点提醒

衬底接触上的接触孔必须多打，而且应尽量密集。

实际完成的差分对管版图如图 9.41 所示。出于对称性的考虑，先画 Q1a 的版图，随后复制出 Q2a、Q1b 和 Q2b，再将 4 个组件按对角摆好，通过金属 1 分别将每个管的栅极连接好，然后把每个管子的源端与漏端分别连接好，最后用 N 阱接触将整个器件包围起来。如果需要更好的噪声隔离，可以在 N 阱外面再包围一圈衬底接触。

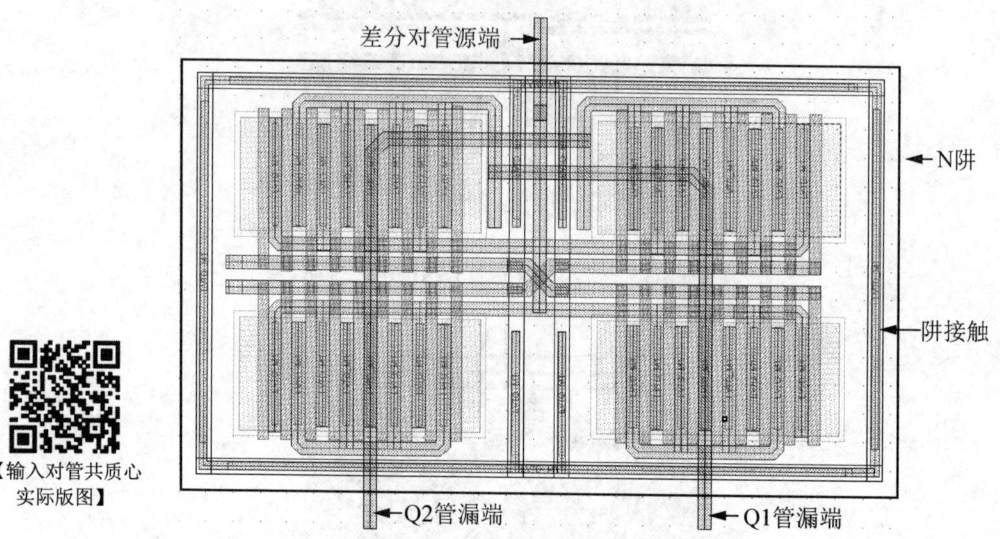

图 9.41　输入对管共质心实际版图

9.6.3　偏置电流源版图设计

二级运算放大器的电流源由 Q3、Q6 和 Q8 构成，由于一般电流源要求几个 MOS 管之间的对称，故一般采用叉指结构实现，假设电流源 Q8、Q3 和 Q6 的宽长比的比例为 1∶2∶4，则具体的布局方案有以下几种：

(1) 第一种设计方案是按照电路图结构直接实现，如图 9.42 所示。

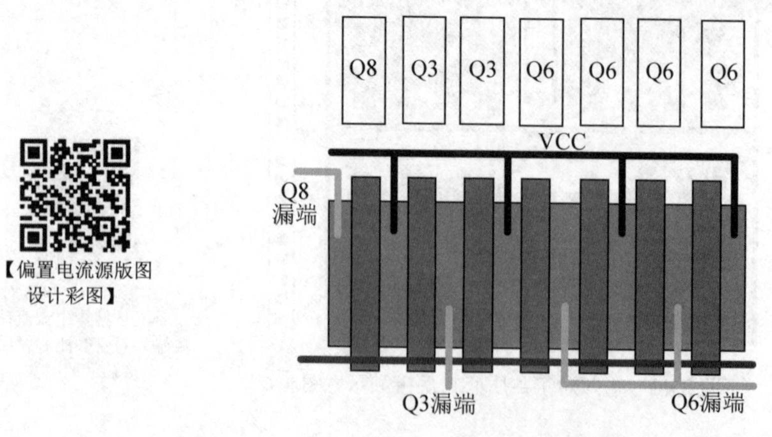

图 9.42　偏置电流源版图设计

在对称版图设计中，这种方式是属于低度对称方案设计。

(2) 第二种设计方案是将 3 个 MOS 管拆分，然后将每个拆分后的小管构成一些小组件，因为对于要设计的二级运算放大器来说，Q3 和 Q6 管的对称性要优于与 Q8 管的对称性。基于此，版图设计时，重点考虑 Q3 和 Q6 的对称性，则有其版图设计方案如图 9.43 所示。

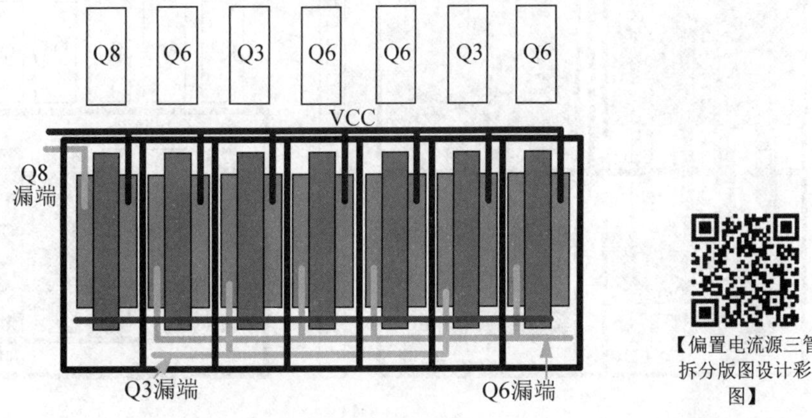

【偏置电流源三管拆分版图设计彩图】

图 9.43　偏置电流源三管拆分版图设计

注意事项如下：

① 为了保证运算放大器的对称性，运算放大器中所有晶体管的栅极都要朝同一个方向。

② 尽量达到以下要求：输入引线要短，用最上层金属设计，输入输出引线远离且不要交叉。

(3) 第三种设计方案也是将 3 个 MOS 管拆分，也是重点考虑 Q3 和 Q6 管的对称性的高优先级，将 Q3 和 Q6 管利用叉指结构方式设计，属于高度对称版图设计，如图 9.44 所示。

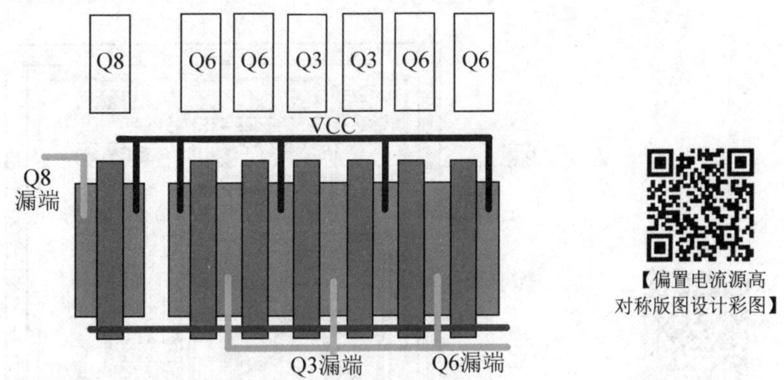

【偏置电流源高对称版图设计彩图】

图 9.44　偏置电流源高度对称版图设计

9.6.4　有源负载管版图设计

该运算放大器的负载 MOS 管由 Q4 和 Q5 构成，为电流镜结构，为保证运算放大器的对称性，负载 MOS 管的画法一定程度也决定运算放大器的性能。

(1) 高度匹配设计：要使负载 MOS 管高度对称时，一定要采取与输入差分对管结构一致的共质心对称结构。设计的负载 MOS 管的具体设计如图 9.45 所示。

(2) 中度匹配设计：当运算放大器对称性不同时，可以采用叉指结构设计版图，如图 9.46 所示。

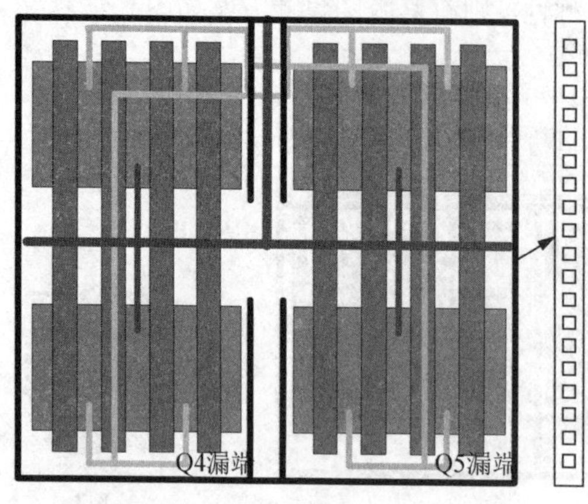

图 9.45　有源负载管高度匹配设计

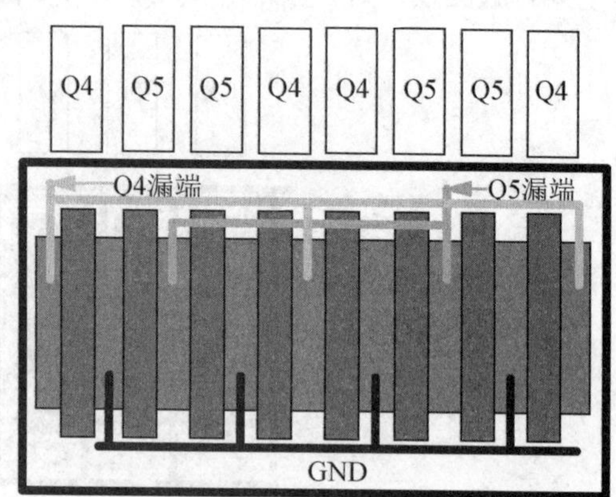

图 9.46　有源负载管中度匹配设计

【有源负载管高(中)度匹配设计彩图】

9.6.5　运算放大器总体版图

因为对电阻和电容的对称性不作要求，所以电阻和电容的具体版图设计省略。完成以上各个组件的版图后，按照整体布局，完成二级运算放大器版图设计，完成后如图 9.47 所示。

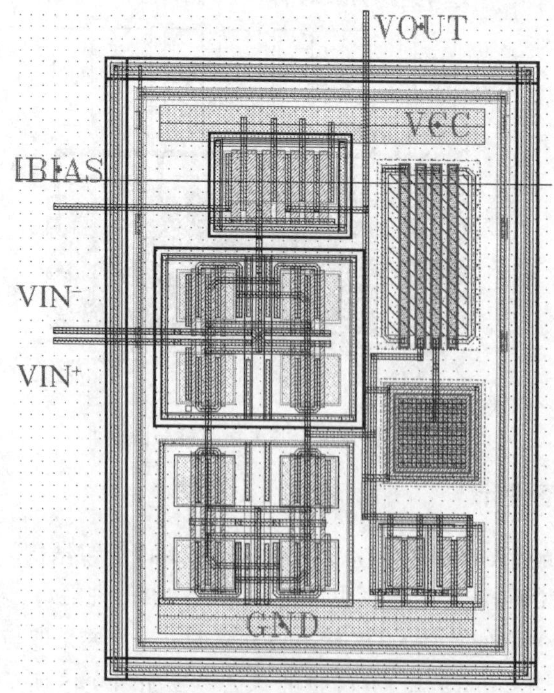

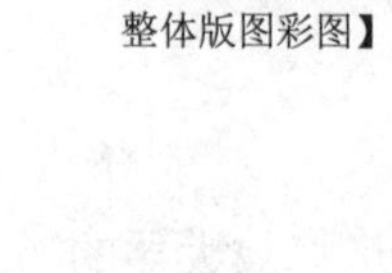

【二级运算放大器整体版图彩图】

图 9.47　二级运算放大器整体版图

小思考：在图 9.47 中，哪些图形为虚拟器件部分？

9.7　带隙基准源版图设计实例

在模拟集成电路版图设计方面，CMOS 工艺的带隙基准源也是具有代表性的，带隙基准电压源的结构很多，不同的结构有不同的布局方案。但是不论电路如何变化，在 CMOS 工艺下，电路一般都要包含匹配 BJT 和匹配电阻，而且影响带隙基准电压源精度的因素主要也是匹配 BJT 和匹配电阻的布局。带隙基准源电路如图 9.48 所示。

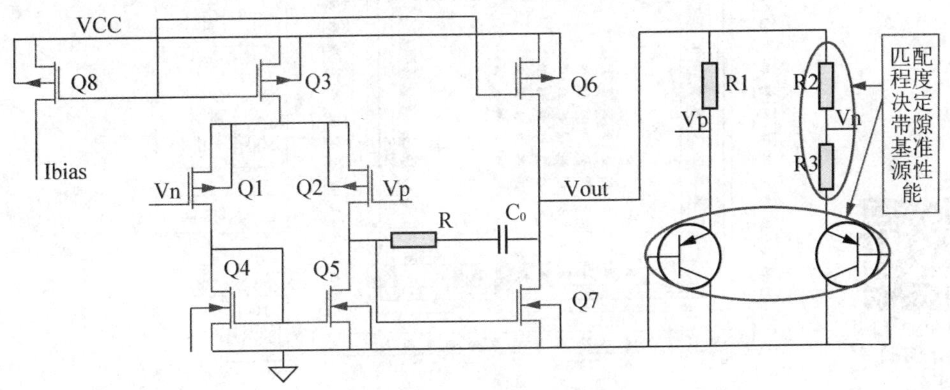

图 9.48　带隙基准源电路

因为运算放大器的设计已在上一部分讲过，在此不再重复。需要强调的是，带隙基准源中运算放大器的设计必须采用高度对称设计，差分对管以及负载 MOS 管都需要采用共质心设计，目的就是在版图层面降低运算放大器的失调电压。

9.7.1　寄生 PNP 双极型晶体管版图设计

在设计带隙基准源的版图时，必须采用 CMOS 工艺实现 PNP 双极型晶体管。在 N 阱工艺条件下，PNP 晶体管一般采用图 9.49 中的结构实现，N 阱中的 P^+区(与 PMOS 管的源漏区相同)为发射区，N 阱本身为基区，P 型衬底为集电区。因为是 N 阱工艺，所以 P 型衬底接至系统最负电源(或地)。

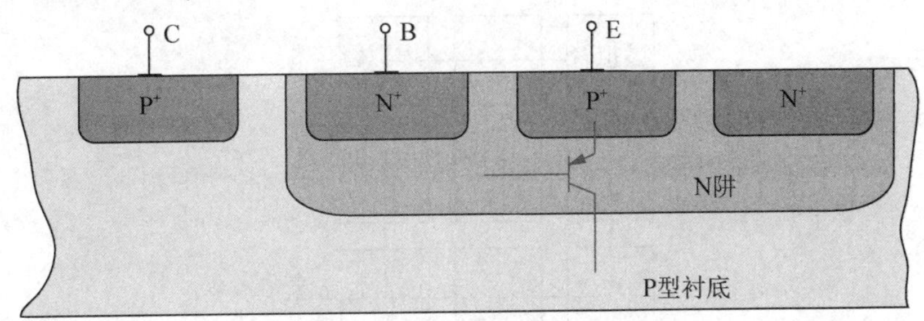

图 9.49　寄生 PNP 双极型晶体管剖面图

在进行 PNP 晶体管的版图设计前，需要先查看厂商提供的电路图—版图一致性检查文件(lvs 文件)，查看关于 PNP 管的构成，查看该工艺支持几种 PNP 晶体管。一般可以制造的 PNP 晶体管有 3 种，分别为 PNP5、PNP10、PNP25，三者的区别在于晶体管的面积不同。图 9.50 所示为 PNP 晶体管的版图实例。

带隙基准源中，PNP 晶体管的比例一般是 1∶4 或 1∶8，为对称起见，采用 3×3 排列。对 1∶8 比例的设计如图 9.51 所示。

还有一种比例是 1∶4 的结构，这种结构的示意图如图 9.52 所示。

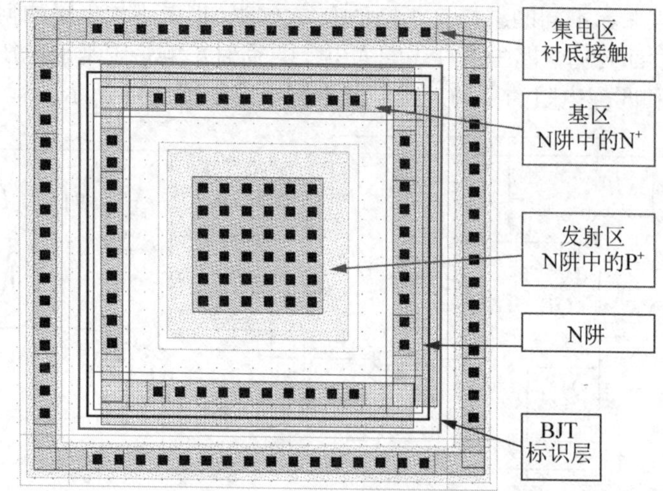

【寄生 PNP 管版图设计彩图】

图 9.50　寄生 PNP 管版图设计

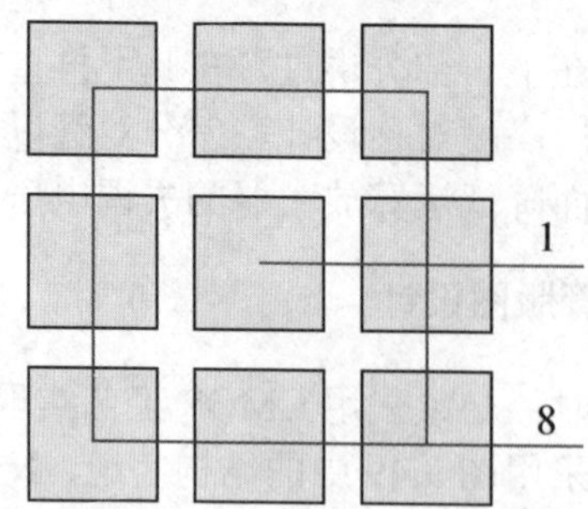

图 9.51　1∶8 比例 PNP 管对称设计

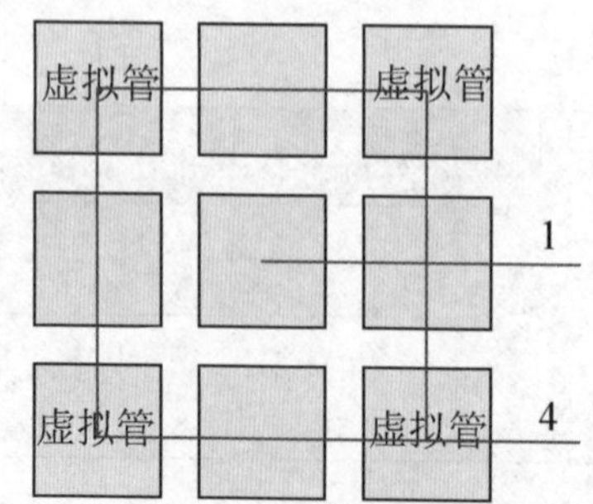

图 9.52　1∶4 比例 PNP 管对称设计

1∶8 比例的 PNP 管的实际版图如图 9.53 所示。

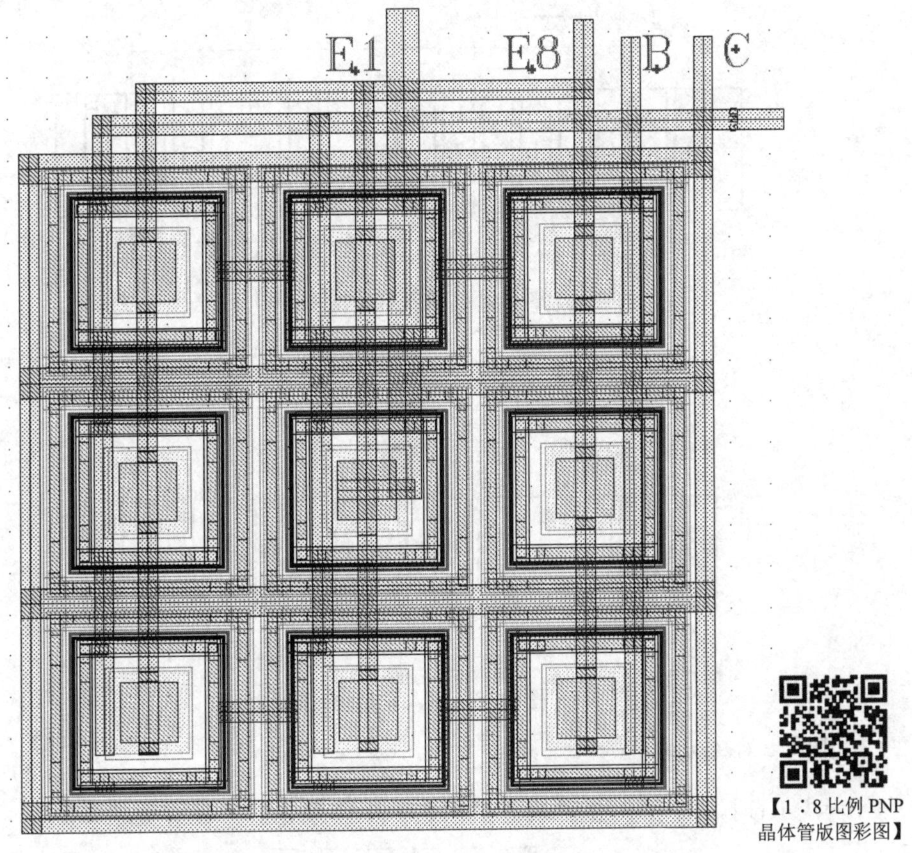

【1∶8 比例 PNP 晶体管版图彩图】

图 9.53　1∶8 比例 PNP 晶体管版图

9.7.2　对称电阻版图设计

在本设计中，为保证带隙基准源性能，3 个电阻 R_1、R_2、R_3 需要相互对称，在此以 3 个电阻之间的比分别为 8∶8∶1 为例来设计对称电阻。

1. 叉指对称方案

如果不考虑 R_3，则 R_1、R_2 的叉指结构版图可以如图 9.54 所示，该图将电阻交叉对称。

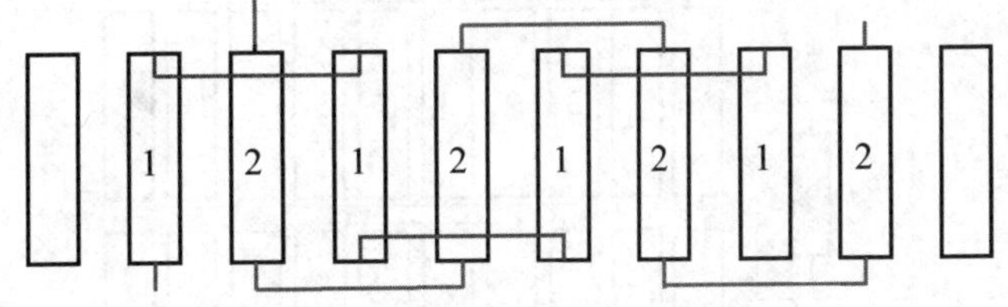

图 9.54　R_1 与 R_2 的叉指结构

如果加入 R_3，将其分成 8 份，插入 R_1、R_2 中，然后分别通过串并联方式，使其值等于 R_3 的值。通常加入 R_3 的方法有两种，分别如图 9.55 和图 9.56 所示。

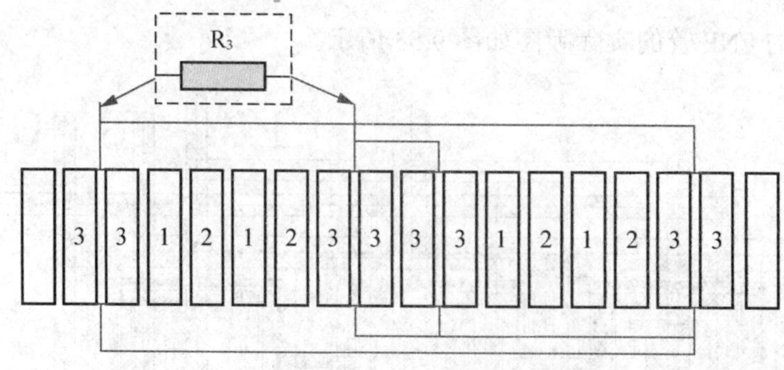

图 9.55　插入 R_3 后的结构 1

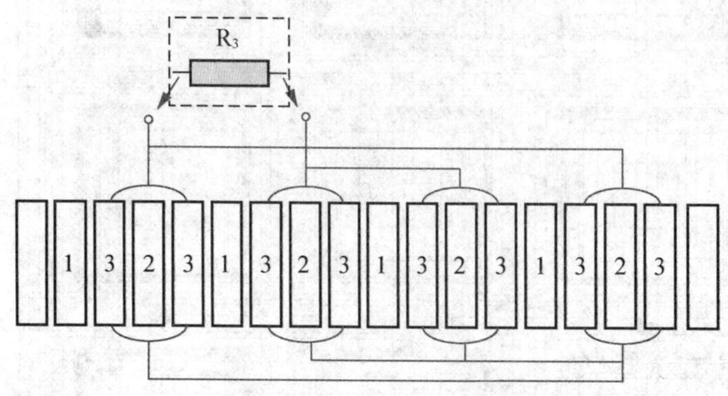

图 9.56　插入 R_3 后的结构 2

2. 共质心对称方案

不考虑 R_3 时，R_1 和 R_2 的共质心结构如图 9.57 所示。

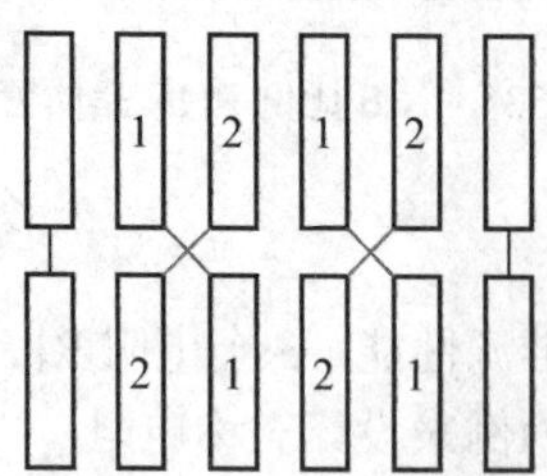

图 9.57　R_1 和 R_2 的共质心结构版图设计

加入 R_3 后的共质心结构版图设计，如图 9.58 所示。

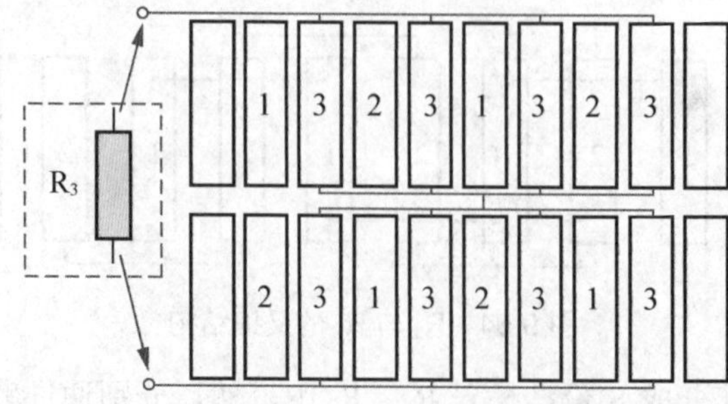

图 9.58　加入 R_3 后的共质心版图设计

9.7.3　带隙基准源总体版图

综合上述运算放大器、PNP 管和匹配电阻版图，完成该带隙基准源版图设计，如图 9.59 所示，其对应的电路布局如图 9.60 所示。

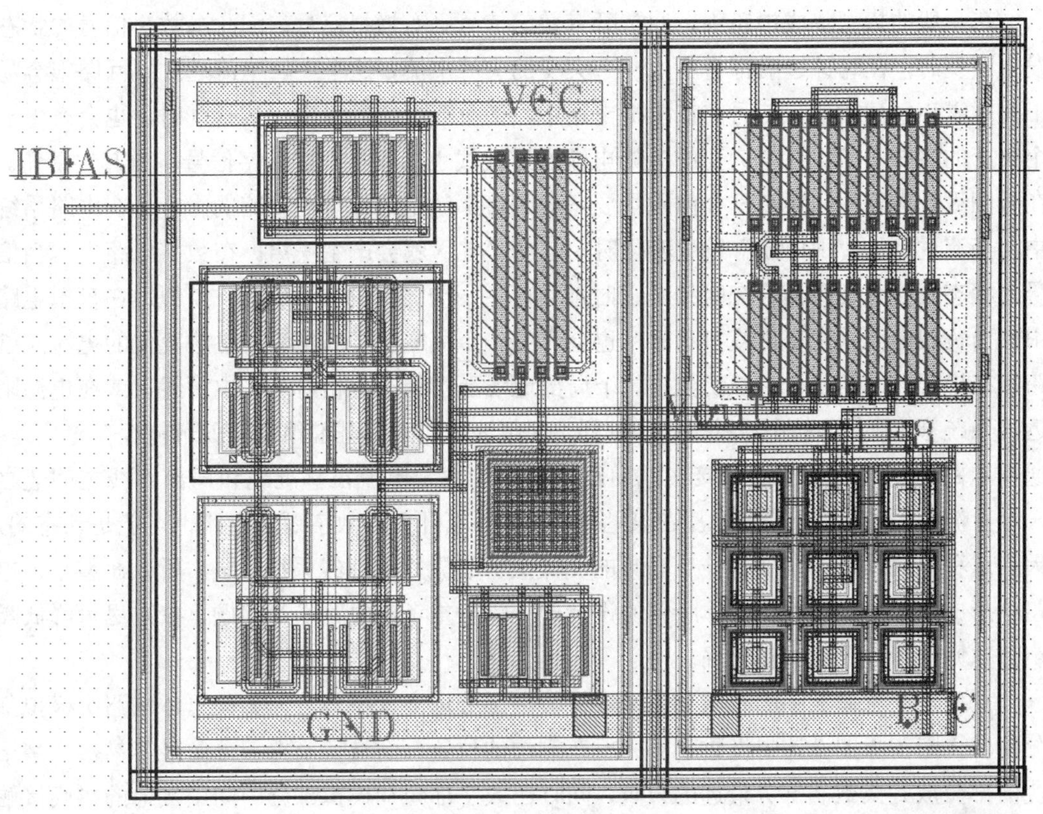

图 9.59　带隙基准源版图

【带隙基准源版图彩图】

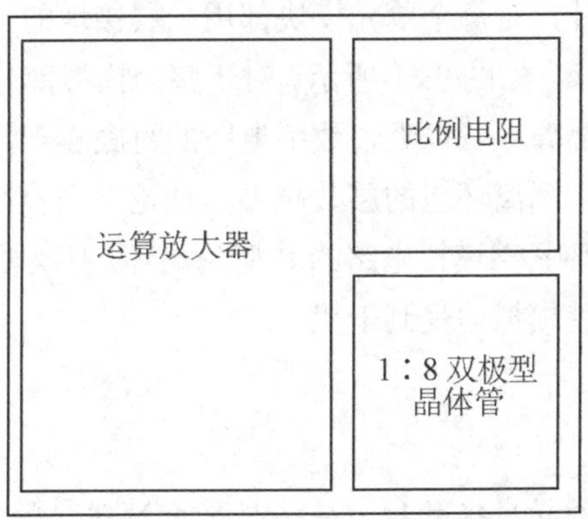

图 9.60　带隙基准源电路布局图

9.8 芯片总体设计

9.8.1 噪声考虑

在一般的模拟集成电路中，通常既有数字信号又有模拟信号，因此当数字信号的状态发生突变时，在时钟边沿都会产生一个突变的尖峰电流，这个尖峰电流通过地回路很容易干扰对噪声敏感的模拟信号。在模拟电路中，当负载电流发生变化或抖动时，也会产生一个突变的尖峰电流，这个突变的尖峰电流通过地线也很容易干扰数字信号，引起误动作。在版图设计过程中，还有一个问题需要考虑到，那就是地噪声对电路的影响。在电路系统中，当流过地的“地电流”发生变化时，这个“地”就会产生噪声。在数字电路中，当信号的状态发生突变和信号在时钟边沿时都会产生一个突变的尖峰电流；类似地在模拟电路中，当负载电流发生变化或抖动时，也会产生一个突变的尖峰电流。这些变化的电流流过跨接在地回路的阻抗上时，就会在这个局部地线上引起一个相对于在电源线上或在电源附近的系统基准“地”的电压的变化。这样，局部地线相对于基准地之间就可能存在电压差。通常电路是通过一个流过跨接在地回路电阻上的恒定电流在基准地和局部地线之间建立一个直流偏置。但这个偏置电压在某些电路，如频繁开关的数字逻辑电路也可能是动态的，因为这种电路最终总是要将一个高频的交流成分引到局部地线系统中去，所以在整个地电路中形成地噪声。所以在整体版图的设计中，需着重考虑电路噪声问题，按照尽量降低噪声的原则进行电路的整体布局。

首先，在总体版图的布局上，尽量将数字部分远离模拟部分，如果总体电路中模拟部分偏多，则在版图设计中将数字部分放在靠边的位置，而且把模拟部分中最容易被数字干扰的部分放到离数字部分最远的位置，同时在数字部分和模拟部分中间用接地的衬底接触来进行隔离；反之亦然。

其次，采用隔离环设计，对每个单元模块都用一层接地的衬底接触，一层接电源的 N 阱构成的隔离环来进行隔离，如图 9.61 所示。对于整个模拟部分和数字也分别采用相同的隔离环隔离，数字电路的隔离环可以吸收数字电路的衬底噪声，从而可以减少通过衬底串扰到模拟电路的衬底噪声。隔离环包的层数越多，理论上吸收衬底噪声效果越好。但是，要避免数字电路的 P 隔离环紧靠模拟电路的 P 型隔离环，因为在这种情况下，数字地的噪声会串扰到模拟地，从而使模拟地受到干扰。

知识要点提醒

隔离环是由一层接地的衬底接触和一层接电源的 N 阱接触共同构成的。

最后，除了数字模块之外的其他单元模块尽量将距离缩短，这样一方面能尽量减少互连线经过别的区域引入噪声；另一方面也能降低引线过长而引起电压信号的衰减。

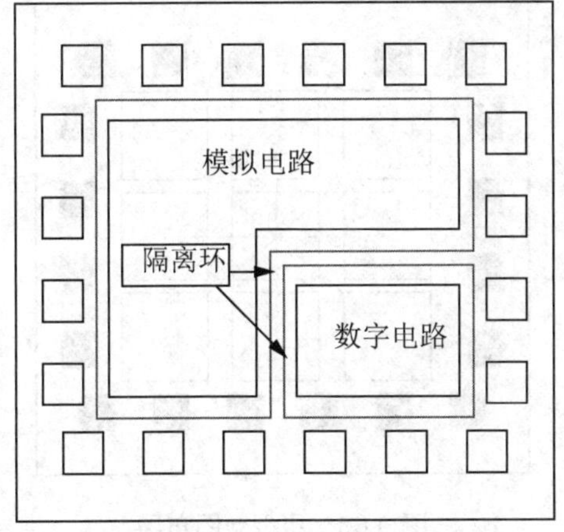

图 9.61　总体版图布局

9.8.2　布局

在对一个芯片进行最终布局时，应按照以下几个原则进行：

(1) 根据模块的引出线确定 PAD，原则上就近引出，如果是关键信号线，最好用上层金属。

(2) 模块之间的连线要尽量短，不经过敏感区域，必要的连线需要考虑屏蔽。

(3) 有的信号线要求对称，优先考虑这样模块的位置。

(4) 模块的放置应该与信号的流向一致，每个模块一定按照确定好的引脚位置引出自己的连线。

(5) 保证主信号信道简单通畅，连线尽量短、少拐弯、等长。

(6) 不同模块的电源、地分开，以防干扰，电源线的寄生电阻尽可能减小，避免各模块的电源电压不一致。

(7) 尽可能把电容、电阻和大管子放在侧旁，有利于提高电路的抗干扰能力。

总体模块布局按照连线方式可以分为总线型布线、星型布线方式，分别如图 9.62 和图 9.63 所示。

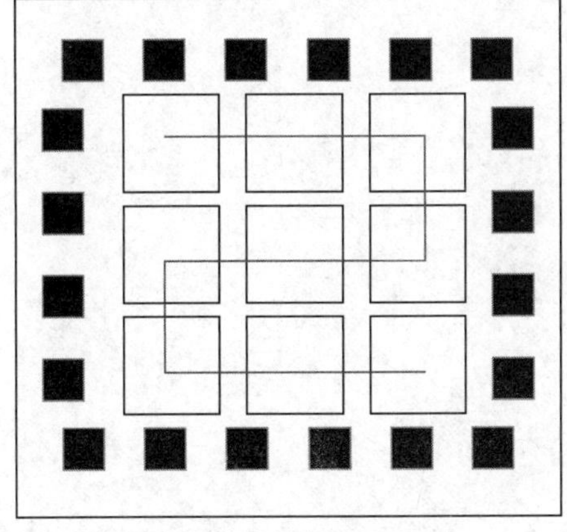

图 9.62　总线型版图布局

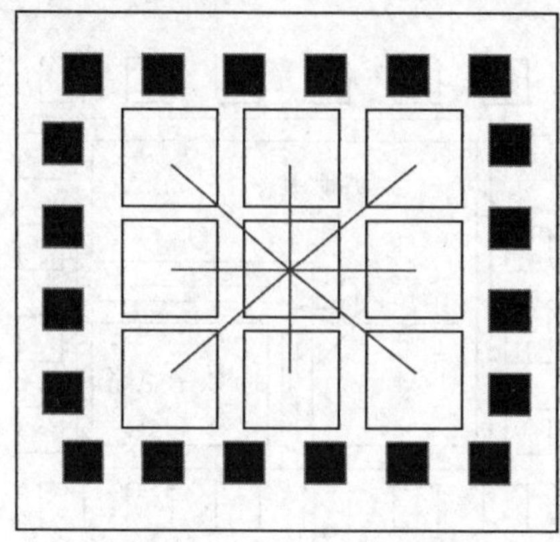

图 9.63　星型版图布局

本章小结

本章主要介绍集成电路中的版图设计注意事项和设计实例，主要内容如下：

1. 常用版图设计技巧
2. 数字版图设计实例
3. 模拟版图设计注意事项
4. 模拟版图设计实例

【习题】

【第 9 章习题解答】

1. 版图设计关于数字地和模拟地的考虑事项是什么？
2. 总结自己的版图设计技巧和经验。
3. 共质心 MOS 管设计时的注意事项是什么？
4. 简述静电保护的种类以及版图设计注意事项。

参 考 文 献

[1] 关旭东. 硅集成电路工艺基础[M]. 北京：北京大学出版社，2003.

[2] 兰吉昌. Cadence 完全学习手册[M]. 北京：化学工业出版社，2010.

[3] 刘恩科，朱秉升，罗晋生. 半导体物理学[M]. 北京：国防工业出版社，1994.

[4] 刘永，张福海. 晶体管原理[M]. 北京：国防工业出版社，2002.

[5] 邵国金. Linux 操作系统[M]. 北京：电子工业出版社，2008.

[6] 王春海. VMware Workstation 与 ESX Server 典型应用指南[M]. 北京：中国铁道出版社，2011.

[7] 魏红. Red Hat Linux 实用宝典[M]. 北京：中国铁道出版社，2008.

[8] 曾庆贵. 集成电路版图设计[M]. 北京：机械工业出版社，2008.

[9] 张兴，黄如，刘晓彦. 微电子学概论[M]. 北京：北京大学出版社，2005.